中国石油大学（北京）学术专著系列

气力输送颗粒系统的静电发生与颗粒静电

赵彦琳　姚　军　王啓華　著

科学出版社
北　京

内 容 简 介

气力输送颗粒系统中的静电发生现象非常普遍。本书从气力输送颗粒系统静电发生现象到单颗粒静电发生规律，建立了系统颗粒静电发生原则，用来评估系统静电的发生。作者首先根据静电作用下的气固两相流流态变化对其进行了分类，并从实验测量与数值计算两方面进行分析。单颗粒静电发生主要研究因素包括颗粒滑动速度、颗粒长径比、滑动前冲角、环境湿度、静电饱和、颗粒接触表面粗糙度、颗粒接触面形状、颗粒材料、正应力等。最后创建了颗粒形状分析法与颗粒尺寸分析法评价系统内颗粒静电发生原则，由此计算系统中颗粒流静电变化大小，其评估结果与系统实验测量结果一致。

本书适用于与粉尘颗粒静电相关领域的研究者、大专院校的师生及工业生产部门的技术人员。

图书在版编目(CIP)数据

气力输送颗粒系统的静电发生与颗粒静电 / 赵彦琳，姚军，王啓華著. —北京：科学出版社，2019. 10

ISBN 978-7-03-062525-0

Ⅰ. ①气… Ⅱ. ①赵… ②姚… ③王… Ⅲ. ①管道气力运输-静电-研究 Ⅳ. ①U17

中国版本图书馆 CIP 数据核字（2019）第 219373 号

责任编辑：韦 沁 / 责任校对：张小霞

责任印制：赵 博 / 封面设计：北京东方人华科技有限公司

科学出版社 出版

北京东黄城根北街 16 号

邮政编码：100717

http://www.sciencep.com

北京凌奇印刷有限责任公司印刷

科学出版社发行 各地新华书店经销

*

2019 年 10 月第 一 版 开本：787×1092 1/16

2025 年 2 月第三次印刷 印张：12

字数：290 000

定价：168.00 元

（如有印装质量问题，我社负责调换）

序

颗粒气力输送系统广泛应用于能源、化工、医药、食品等领域。颗粒与颗粒及颗粒与管壁之间的碰撞导致静电产生。静电可能造成颗粒团聚和颗粒黏附壁面；静电积累导致的放电可引发可燃气体燃烧，甚至爆炸，给工业生产带来严重的安全隐患。

随着科学技术的不断进步，检测仪器精度的提高与高性能计算机的发展，气力输送系统颗粒静电的研究逐渐被世界各国科学家们所关注。然而，由于静电发生量非常微小，很难通过普通仪表精确测量。另一方面，静电发生非常容易受其他因素的影响，如环境湿度、颗粒材料、颗粒尺寸、颗粒形状、表面粗糙度、表面洁净度、气流速度、气固流动状态等，造成静电发生与测量的重复性差。此外，测量技术的局限性、气固流动的复杂性等原因造成了气力输送颗粒静电发生的研究进展非常缓慢。目前与静电发生相关的科学问题远未澄清，工业生产中的静电防护理论与技术有待发展。因此，迫切需要开展气力输送系统颗粒静电发生的理论研究。

该专著将赵彦琳、姚军、王啓華所在研究团队近十五年在气力输送系统中颗粒静电现象的研究成果进行了系统的梳理，内容包括通过多种实验测试手段对静电现象特征的描述与表征，以及应用计算机数值模拟技术对静电现象进行仿真再现与机理分析。另一方面，该著作从单颗粒的表面滑动发生静电入手，通过控制实验条件，逐一考察和确定了湿度、颗粒材料、颗粒表面积、颗粒表面粗糙度等关键因素对颗粒滑动过程中静电发生的影响。从而系统地将单颗粒静电产生与气力输送中颗粒群的静电发生紧密联系起来，形成了一套非常完整的气力输送颗粒系统静电发生理论。

该专著的出版将为气力输送系统中颗粒静电领域的研究者、大专院校的师生及工业生产部门的技术人员提供一份颇有价值的参考资料。

特此作序

毕晓涛

加拿大英属哥伦比亚大学，教授

加拿大国家工程院，院士

2019 年 3 月 17 日

目　　录

第二部分　单颗粒静电发生

绪　论

气力输送颗粒系统中的静电发生现象非常普遍。其发生与多种因素有关，如颗粒与管道的材料、颗粒大小、颗粒形状、环境湿度及流动状况等。其发生的物理机制与颗粒本身的属性息息相关。本书按照从气力输送颗粒系统静电发生现象到单颗粒静电发生的规律进行研究，再应用此规律对气力输送颗粒系统静电发生（如图 0.1 所示）的顺序进行系统叙述。

气力输送颗粒系统静电发生后可以由颗粒流动状态来体现。本书作者首先在实验中发现了静电作用下的流态变化，结合系统流量定义了三种不同的流态（分散流、半环流及环形流）。基于三种流态，对感应电流、颗粒电荷密度、带电颗粒流的等效电流进行静电特征的描述。影响气固两相流静电发生的因素较多，本书中着重分析了颗粒-管道材料、颗粒大小、颗粒形状、管道使用新旧、环境湿度、颗粒混合、抗静电剂、系统循环、管壁厚度及管道初始带电状况等因素的影响。三种流态下的静电场用计算方法分别获得。此外，通过实验测量与数值模拟方法分别进行了三种流态的力学分析、流场分析。颗粒流动的实验测量主要应用电容层析成像系统（ECT）、粒子图像测速系统（PIV）等；数值模拟主要应用大涡模拟（LES）与离散单元法（DEM）相耦合的方法。总之，从实验测量与数值计算两方面系统证实并解释了气力输送颗粒系统中静电效应下的颗粒流动状态。

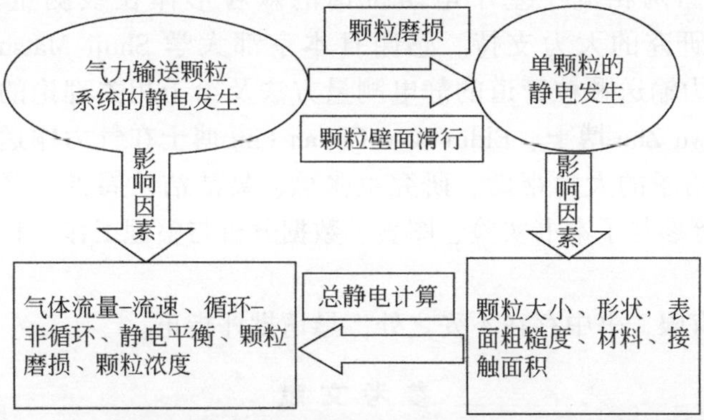

图 0.1　气力输送颗粒系统静电发生与单颗粒静电发生研究的基本思路

在实际工程应用中，气力输送颗粒系统中的颗粒与管道、机械部件及颗粒-颗粒之间都发生碰撞。旋转机械工作过程中对颗粒进行挤压、碰撞，这些机械作用造成颗粒的破碎与断裂。由此可见，气力输送颗粒系统中的颗粒往往其形状与大小都是非均匀的，不断变化的。Yao 与 Wang（2006）在实验中发现气力输送颗粒系统中的静电发生与颗粒形状、大小有非常紧密的联系。颗粒输运过程伴随着颗粒磨损，同时静电发生也在随之变化。因此，气力输送颗粒系统静电发生与单颗粒静电发生机理紧密相连，如要澄清气力输送颗粒系统中静电发生的机理就必须了解单颗粒发生静电的物理机制。

Yao 等（2004）在应用气力输送颗粒系统实验时发现，颗粒在直管道中（除了弯管）与管道壁面作用的主要方式是颗粒沿管道壁面滑行。因此本书中单颗粒静电发生是按照颗粒沿壁面滑动方式来进行的。影响单颗粒静电发生的主要因素有：颗粒滑动速度、颗粒长径比、滑动前冲角、环境湿度、静电饱和度、颗粒接触表面粗糙度、颗粒接触面形状、颗粒材料、正应力等。本书研究利用单颗粒沿一倾斜的金属平板自然滑动发生静电的简单实验装置，严格控制实验条件，逐一尝试不同因素对颗粒静电发生的影响。不仅包括了通常情况下颗粒形体因素对静电发生的影响，而且还就一些特定因素进行研究，例如，正应力的变化与环境湿度、颗粒接触面积对颗粒静电发生的影响；颗粒表面粗糙度与环境湿度、颗粒材料、颗粒表面接触面积等对颗粒静电发生的影响。

单颗粒静电发生规律获得后，可以应用该规律来计算气力输送颗粒系统中静电的发生量。Yao 与 Wang（2006）分别利用颗粒磨损后颗粒不同大小（图 3. B1）与形状（附录 3. B，图 3. B2）的统计方法准确计算气力输送颗粒系统中静电的发生量。通过使用颗粒形状分析与颗粒尺寸分析方法建立单颗粒静电发生准则，颗粒流静电变化重建后与系统测量结果基本一致。因此，书中所提出颗粒尺寸分析与颗粒形状分析方法是一种较实用的工具，可以用来表征由不同大小与几何形状的颗粒组成的复杂颗粒系统的静电特性。

本书得到中国石油大学（北京）学术出版专著基金的资助；感谢国家自然基金面上项目“基于电阻抗谱法的多场作用下液固两相射流材料冲蚀测量方法研究”（编号：51776225）、“方管湍流多效应协同作用下颗粒运动机理研究”（编号：51876221）、“气固两相流中颗粒形体因素影响静电产生的机理研究”（编号：51376153）；国家自然科学基金青年基金项目“液固两相流中基于电阻抗谱的颗粒形体在线测量方法研究”（编号：51406235）对本书研究的大力支持。感谢日本京都大学 Shuji Matsusaka 教授、Hiroaki Masuda 教授传授气力输送颗粒管道的静电测量方法及给予相关理论的支持与帮助；感谢新加坡国立大学 Kewu Zhu 博士、Eldin Wee Chuan Lim 博士在气力输送颗粒系统静电实验与数值模拟研究中给予的大力帮助。研究生张燕、吴洁洁、周芳、葛少恒、丛烁、李金缀、房佳、王亚茹等参与了本书实验、图表、数据分析与整理工作，在此向他（她）们表示感谢！

由于本人水平有限，书中存在不妥之处，恳请批评指正。

参考文献

Yao J, Wang C H. 2006. Granular size and shape effect on electrostatics in pneumatic conveying systems. Chemical Engineering Science, 61: 3858 ~ 3874

Yao J, Zhang Y, Wang C H, Matsusaka S, Masuda H. 2004. Electrostatics of the granular flow in a pneumatic conveying system. Industrial & Engineering Chemistry Research, 43: 7181 ~ 7199

第一部分

气力输送颗粒系统的静电发生

第1章　气力输送颗粒系统中的静电研究

摘要：本章对气力输送颗粒系统中静电发生及其对气流输送颗粒系统中的颗粒流行为的影响进行了实验研究与理论分析。其中，用于定量现象特征的主要参数，包括感应电流、颗粒电荷密度与带电颗粒流的等效电流分别用数字静电计、法拉第杯与模块化参数电流互感器（MPCT）测量获得。实验过程中观察到气力输送颗粒系统中在静电效应作用下导致三种不同的颗粒流动模式，根据颗粒流动特征分别命名为分散流、半环流与环形流。研究发现随着颗粒流动速度的减小，感应电流、颗粒电荷密度与等效电流均增大。静电影响随着时间的推移变得更强，它导致即使在颗粒流动速度大时的分散流也会因为静电作用发生颗粒团聚现象。本章还研究了管壁材料、颗粒组分、相对湿度与抗静电剂等因素影响静电的发生。

关键词：气力输送　静电　颗粒　流动模式

1.1　引　　言

气力输送颗粒系统广泛应用于能源、化工、制药等行业及材料加工中颗粒物料的运输。在气力输送颗粒系统中由于颗粒与管壁不同材料表面间发生碰撞、摩擦，颗粒与系统管道壁面因此获得静电（Masuda et al.，1976）。系统组件上静电积累伴随着随时放电的危险，同时系统中静电的存在严重影响了颗粒物的传输效率。因此，研究气力输送颗粒系统中静电对颗粒物料流动的影响具有非常重要的意义。

静电效应与静电发生机制是一个非常复杂的问题，它依赖于多种因素的影响，如物理、化学、材料与环境条件，这导致静电研究具有较差的再现性与重复性。因此，与静电相关的测量及颗粒静电计算受到很大限制。1996年，Zhang等（1996）研究了静电力对颗粒黏附作用的影响。基于稀相气固两相系统中页岩颗粒瞬时速度实验数据的测量，发现混乱模式中颗粒在平均值附近振荡，速度分布可以由麦克斯韦分布函数表示，动力学理论是描述气固两相流系统很有前途的方法。Matsusaka和Masuda（2003）建立了颗粒反复撞击壁面静电变化的计算公式，并用此公式计算在气力输送颗粒系统中每个颗粒携带不同数量的静电，理论分析颗粒静电分布。Nieh和Nguyen（1988）研究了接地铜管（2in，1in＝2.54cm）回路中玻璃颗粒流动产生的静电，考虑了气流湿度、颗粒输送速度及颗粒粒径对静电发生与分布的影响。研究证明气流湿度对颗粒静电有重要的影响。当系统中水分含量超过临界相对湿度76%时，玻璃颗粒电荷被有效中和。Kanazawa等（1995）研究了颗粒传输串联系统中颗粒在管道内表面产生静电与电荷积累。研究发现管道壁面表面静电电荷密度与电荷极性分别取决于连续实验次数与管道材料。此外，管道壁面在玻璃颗粒与工业颗粒输运过程中的带电特性依赖于管道材料和输运方法。Diu与Yu（1979）分析了带电气溶胶颗粒在穿过二维弯管时由于惯性力与静电力同时作用而产生的沉积。由此获得理想旋转流的收集效率，与现有实验数据结果进行了定性比较，结果发现带电颗粒受静电力作用而产生的颗粒轨迹变化导致了弯管收集颗粒效率的变化。Al-Adel 等（2002）测试了上升气固两相流静电特性与横向分离作用，分析了垂直上升管流中稳定与充分发展的气固两相流动。Wolny 与 Opalinski（1983）研究了流化床中添加颗粒用于消除静电的机理。根据此机理，这些颗粒改变流化床中颗粒之间的接触条件，并在颗粒间转移电荷，以至于整个流化床中的静电得到中和。例如，Zhang 等（1996）与 Chang 和 Louge（1992）使用 Larostat-519 抗静电粉末消除静电，但它的作用机理没有澄清。静电对颗粒流动的影响已经得到一些研究者的关注（Smeltzer et al., 1982；Joseph and Klinzing, 1983；Nieh and Nguyen, 1988；Gajewski, 1989），但在气力输送颗粒系统中静电对颗粒流动的影响还未见报道。Tsuji 与 Morikawa（1982）在水平输送颗粒管道中发现气固两相流流量不同决定五种不同的颗粒流形，但没有分析静电对颗粒流流形的影响。本书作者在前期工作（Rao et al., 2001；Zhu et al., 2003, 2004）中发现，垂直气力输送颗粒系统中的静电决定着颗粒流形。本章内容叙述了在垂直与水平气力输送颗粒管道中观察到颗粒流动的三种流形，并分别命名为分散流、半环流与环形流。这些颗粒流形是由静电力与气固两相间常见作用力之间的相对重要性而决定的。

1.2 实验部分

本章中实验装置是借鉴 Rao 等（2001）和 Zhu 等（2003，2004）的气力输送颗粒系统改装而成，如图 1.1 所示，实验条件见表 1.1。颗粒在重力及气力作用下引入旋转阀，在压缩机产生的压力空气作用下在系统中运动。旋转阀（生产商：明尼苏达州通用资源公司）有八个旋转腔，转速 30r/min（rpm）。管道内径为 40mm，两个 90°弯管（$R/r=2$）之间的垂直管段长为 2.97m，水平管段长约为 4.12m。实验所用管道材料为聚氯乙烯（PVC），管道壁厚 5mm。静电感应电流测量装置安装在距底部弯头 1.36m 的垂直管处。静态压力传感器（生产商：Gems；型号：K054205；产地：英格兰贝辛斯托克）与微分压力传感器（生产商：星球技术有限公司，型号 STI510-15G-000Stellar，产地：美国纽约）分别安装在垂直管道离底部弯头 1.22m 和 1.49m 处。压力数据收集 30s 后确定不同条件下的平均压力梯度。本实验使用两种材料的颗粒，一种为聚丙烯颗粒，另一种为聚丙烯颗粒与玻璃颗粒（质量分数 3%）混合物。实验中还使用一种抗静电粉末。因为 PVC 管道透明，所以实验过程中可观察到不同的颗粒流流形。整个实验装置使用金属铸件固定，用连接段支撑连接，不同管段使用硅凝胶加固。

具有一定压力的气流从压缩机中出来后经旋转阀，驱动颗粒从进料斗进入输送系统。控制阀（图 1.1 中标号分别为 1、11、14）用来调节颗粒流量与气流流量。气流流量还可以通过转子流量计（图 1.1 中标号 3）控制，其最大流量为 2000L/min。气流湿度由干燥剂（蓝色硅胶，图 1.1 中标号 2）控制，相对湿度 $RH=5\%$，并在每次实验前后使用高性能数字温湿度计（型号：RH411；生产厂家：欧米茄技术有限公司）核实。当聚丙烯颗粒

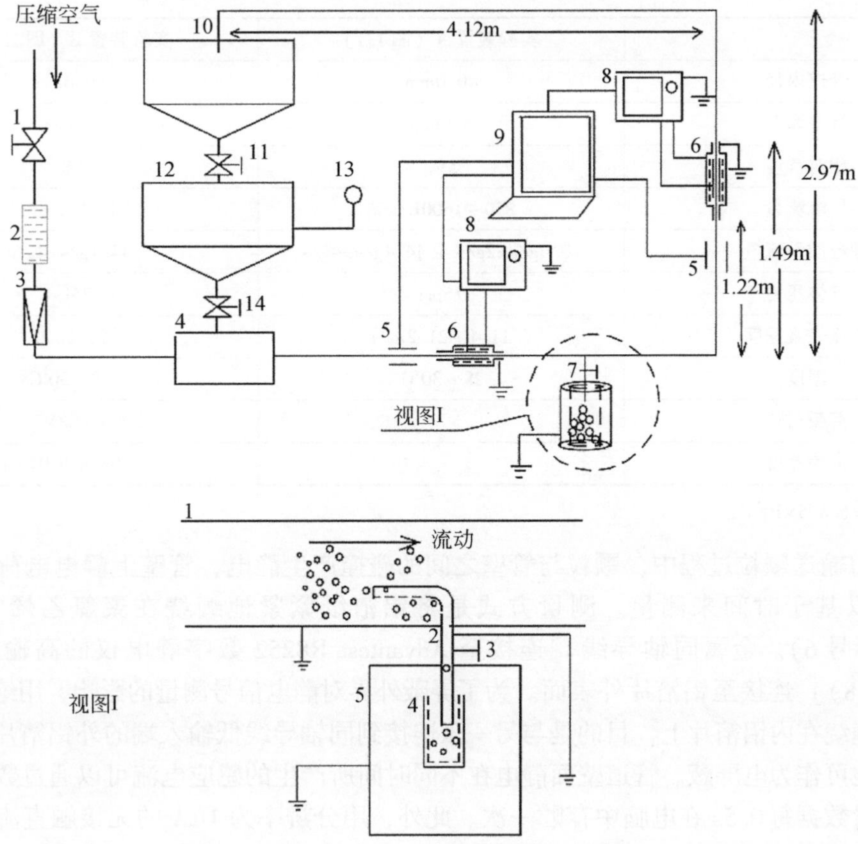

图1.1　实验装置图A

气力输送颗粒系统示意图：1. 气流控制阀；2. 气流干燥器（带蓝色指示硅胶）；3. 转子流量计；4. 旋转阀；5. MPCT；6. 感应电流测量装置；7. 法拉第杯（详见视图Ⅰ）；8. 静电仪；9. 计算机；10. 进料回收料斗；11. 进料控制阀；12. 中间料斗；13. 电子称重器；14. 进料控制阀。视图Ⅰ：1. PVC管；2. 颗粒取样管（铜）；3. 控制阀；4. 法拉第杯；5. 电磁屏蔽

循环回至料斗（图1.1，标号12），需要经过一个进料控制阀（图1.1，标号11）。关闭阀11就能用电子称重器（图1.1，标号13）测量颗粒重量。阀14是用来控制颗粒由料斗进入输送系统的速率。环境温度控制在28～30℃，其他实验条件如表1.1所示。

表1.1　实验条件

	实验装置A（图1.1）	实验装置B（图1.14）
颗粒输送方式	循环	无循环
颗粒直径	2.8mm	2.8mm
颗粒材料	PP	PP
颗粒密度	1123kg/m^3	1123kg/m^3
管道材料	PVC	铜

续表

	实验装置 A（图 1.1）	实验装置 B（图 1.14）
管道内径	40.0mm	50.0mm
管壁厚度	5.0mm	1.0mm
相对湿度	5%	5%
气流流量	850～1600L/min	1600L/min
颗粒质量流量	10.0g/s±2g/s 至 44.4g/s±4g/s	44.4g/s±4g/s
气体压力	75psi	75psi
气流表观速度	11.4～21.2m/s	21.2m/s
温度	28～30℃	28～30℃
薄膜材料		PVC/PE
薄膜厚度		5.0mm/0.04mm

注：1psi＝6.895×10^3Pa。

在气力输送颗粒过程中，颗粒与管壁之间的碰撞产生静电，管壁上静电电荷产生的感应电流可以基于时间来测量。测量方式是将铝箔纸紧紧地缠绕在聚氯乙烯管外壁上（图 1.1，标号 6）。金属同轴导线［连接至 Advantest R8252 数字静电仪的高输入端（图 1.1，标号 8）］连接至铝箔片外表面。为了屏蔽外界对静电信号测量的影响，用绝缘聚合物膜紧紧地缠绕在内铝箔片上，目的是与另一张连接到同轴导线低输入端的外铝箔片分开。外铝箔片接地可作为电屏蔽。管道壁面静电在不同时间所产生的感应电流可以通过数字电流表测得，测量数据每 0.5s 在电脑中存贮一次。此外，用分辨率为 1μA 的无接触直流束流模块化参数电流互感器（MPCT，生产商：Bergoz；产地：法国）测量感应电流。颗粒电荷密度可以用法拉第杯（图 1.1，标号 7，型号 TR8031）测量获得，法拉第杯中颗粒质量可用精度为 10^{-4}g 的电子天平测量获得，因此可以计算获得颗粒单位质量的静电荷（荷质比）。

1.3 静电发生

如上所述，在气力输送颗粒系统的垂直管道中观察到的颗粒流动模式可以分为分散流、半环流和环形流。每种流动模式发生的气流流量、气流表观速度及对应的单位长度管道压降（$\Delta P/L$）如表 1.2 所示。

表 1.2 垂直输送管中的三种颗粒流动模式*

流动模式	气流流量/(L/min)	气流表观速度/(m/s)	颗粒质量流量/(g/s)	G_s/[kg/(m^2·s)]	$\Delta P/L$/(Pa/m)
分散流	1600	21.2	44.4±4	35.3±3.2	132.3
半环流	1000	13.3	17.4±3	13.8±2.4	263.7
环形流	850	11.4	10.2±2	8.1±1.6	518.9

*分散流：气流表观速度大于 16.2m/s，$\Delta P/L$ 小于 182.3Pa/m；半环流：气流表观速度为 12.1～15.7m/s，$\Delta P/L$ 为 235.5～389.7Pa/m；环形流：气流表观速度小于 11.6m/s，$\Delta P/L$ 大于 446.3Pa/m。

1.3.1 垂直管中颗粒流静电

1.3.1.1 颗粒流动模式

Ⅰ. 分散流：当气流量超过 1200L/min 时，颗粒以高速度在垂直管道中输送，不会很快在管壁上聚集［图 1.2（a）］。经历一段时间后（约 2 小时），发现一些颗粒不时地聚集在管壁上［图 1.2（b）、（c）］形成微团。由于强大气流作用，颗粒微团很不稳定，沿垂直管道方向表现明显波动，颗粒聚集位于垂直管中较高位置并沿管壁向上做曲线运动［图 1.2（b）］。这些颗粒时而聚集，时而分散为个体颗粒，无法预期。

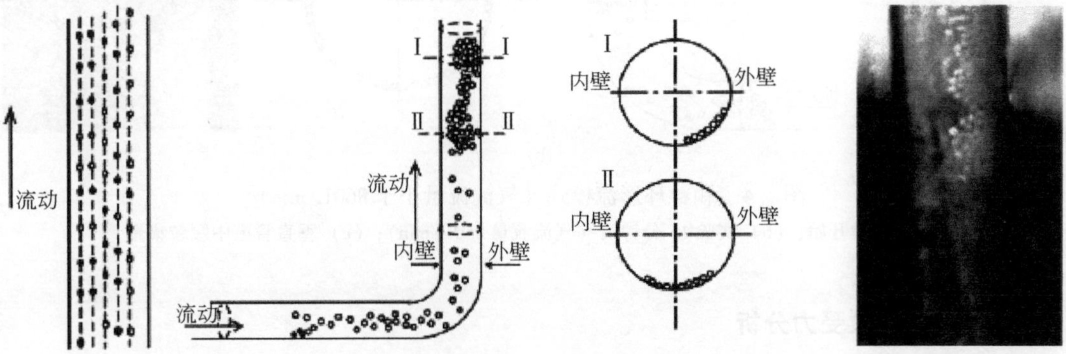

图 1.2　颗粒分散流模式（气流流量大于 1200L/min）

（a）实验开始；（b）实验 2 小时后（气流流量 1600L/min）；（c）垂直管道中颗粒集聚

Ⅱ. 半环流：当气流量为 900～1150L/min 时，颗粒在垂直管道内沿曲线轨迹向上移动［图 1.3（a）］。在气力输送颗粒系统中经过约半小时循环后，可发现颗粒在垂直管壁高处位置积聚成半环形结构［图 1.3（b）］，该结构位于距离底部上方 30cm 的位置。

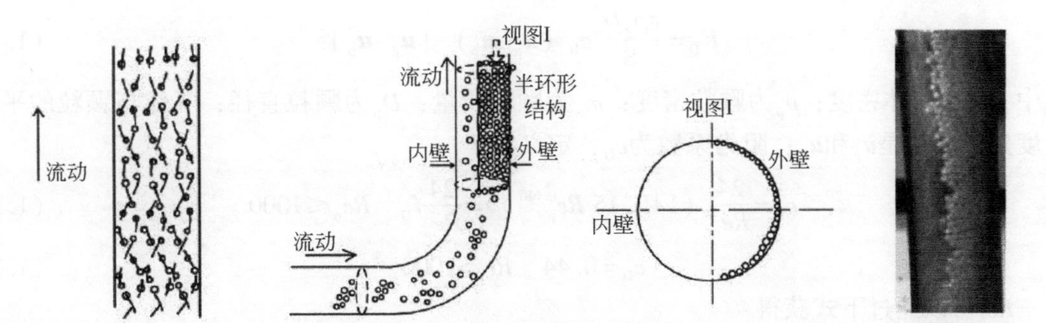

图 1.3　颗粒半环流模式（气流流量 900～1150L/min）

（a）实验开始；（b）实验 30 分钟后（气流流量 1000L/min）；（c）垂直管道中颗粒集聚

Ⅲ. 环形流：当气流量小于 860L/min 时，重力和静电力影响显得更加重要。开始时颗粒沿管壁表面向上滑动［图 1.4（a）］，15 分钟后颗粒沿垂直管道壁面呈螺旋状上升，最终导致颗粒附着管壁，形成颗粒沿壁面环形分布而管道中心无颗粒的环形结构［图 1.4（b）、（c）］。该结构同样不稳定，并在垂直位置上沿管道方向波动。当气流量达到 880L/min 时，颗粒流动状态呈现出介于半环流与环形流之间的特征，意味着在该气流量流动区域存在不稳定的振荡转换。

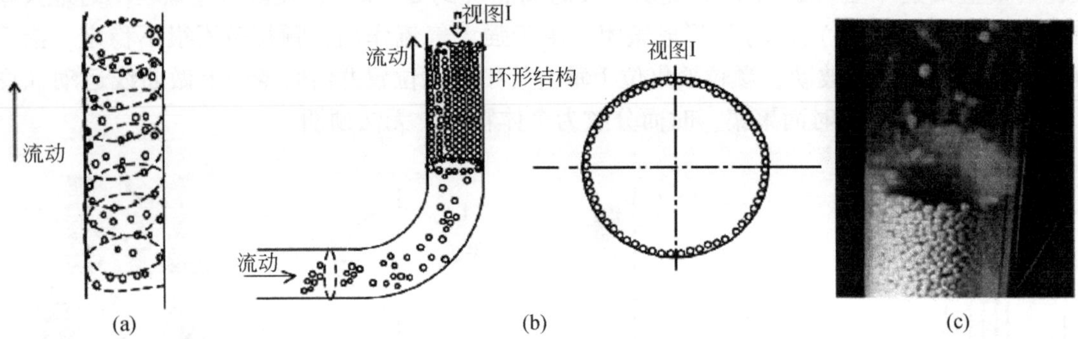

图 1.4　颗粒环形流模式（气流流量小于 860L/min）

（a）实验开始；（b）实验 15 分钟后（气流流量 850L/min）；（c）垂直管道中颗粒集聚

1.3.1.2　颗粒受力分析

在垂直气力输送颗粒管道中，作用于颗粒的主要作用力是曳引力、重力与静电力。如果颗粒在管道壁面上滑动，摩擦力会与其运动方向相反。一般情况下，流体曳引力 $\boldsymbol{F}_{\mathrm{D}}$是影响颗粒行为最具有决定作用的因素（Sommerfeld，2003）：

$$\boldsymbol{F}_{\mathrm{D}}=\frac{3\rho_{\mathrm{g}}m_{\mathrm{p}}}{4\rho_{\mathrm{p}}D_{\mathrm{p}}}c_{\mathrm{D}}(\boldsymbol{u}_{\mathrm{g}}-\boldsymbol{u}_{\mathrm{p}})\ |\boldsymbol{u}_{\mathrm{g}}-\boldsymbol{u}_{\mathrm{p}}|$$

如果颗粒形状为球形，上述方程可以简化为

$$\boldsymbol{F}_{\mathrm{D}}=\frac{\pi\rho_{\mathrm{g}}D_{\mathrm{p}}^{2}}{8}c_{\mathrm{D}}(\boldsymbol{u}_{\mathrm{g}}-\boldsymbol{u}_{\mathrm{p}})\ |\boldsymbol{u}_{\mathrm{g}}-\boldsymbol{u}_{\mathrm{p}}| \tag{1.1}$$

式中，ρ_{g}为气体密度；ρ_{p}为颗粒密度；m_{p}为颗粒质量；D_{p}为颗粒直径；气体与颗粒的平移速度矢量分别是$\boldsymbol{u}_{\mathrm{g}}$和$\boldsymbol{u}_{\mathrm{p}}$；阻力系数为$c_{\mathrm{D}}$，定义为

$$c_{\mathrm{D}}=\frac{24}{Re_{\mathrm{p}}}(1+0.15\,Re_{\mathrm{p}}^{0.687})=\frac{24}{Re_{\mathrm{p}}}f_{\mathrm{D}}\quad Re_{\mathrm{p}}\leqslant 1000 \tag{1.2}$$

$$c_{\mathrm{D}}=0.44\quad Re_{\mathrm{p}}>1000 \tag{1.3}$$

Re_{p}可以通过下式获得

$$Re_{\mathrm{p}}=\frac{\rho_{\mathrm{g}}D_{\mathrm{p}}\,|\boldsymbol{u}_{\mathrm{g}}-\boldsymbol{u}_{\mathrm{p}}|}{\mu_{\mathrm{g}}} \tag{1.4}$$

如果颗粒浓度低，管道壁面静电对颗粒静电力 F_{E}（Yu，1977）是影响颗粒聚集的主要因素。对于圆柱形：

$$F_E = \frac{q^2 r^2}{16\pi R^2 \varepsilon_0 (R-r)^2} \tag{1.5}$$

式中，R 为圆柱形容器半径；r 是径向距离；ε_0是气流介电常数；q 是颗粒表面所带静电电荷。

众所周知，由于管道中气体速度分布不均匀，作用于颗粒上的曳引力随着颗粒与管壁之间距离不同而发生变化。在管壁边界层中，气流速度急剧下降，如式（1.1）所示，作用于颗粒上的曳引力相应减小。在类似问题的基础上（Fan et al.，2002），管壁边界层与核心区域曳引力估计数量级如表 1.3 所示。在分散流中，管道中心区与边界层区，气体流速足够高导致流体曳引力的数量级远远大于重力。当气体流速较低出现半环流与环形流时，壁面边界层内气体曳引力降低到与重力相同的数量级，使得两种力达到动态平衡。结果，其他力如静电力就可能会成为主导颗粒行为的决定因素。静电力由式（1.5）计算获得，当气流速度很低或颗粒静电电荷密度较高，颗粒与壁面距离很近时静电力会显著增大。这表明，静电力可能导致了颗粒黏附在管道壁面上形成半环流或环形流。

表 1.3　颗粒上的作用力

作用力（N）	重力（F_G）	曳引力（F_D）					
		核心区域			边界区域		
		分散流	半环流	环形流	分散流	半环流	环形流
数量级	10^{-4}	10^{-2}	10^{-3}	10^{-3}	10^{-3}	10^{-4}	10^{-4}

1.3.1.3　感应电流

分析上述实验中得到的三种垂直管中颗粒流动模式（图 1.2～图 1.4）的感应电流。如图 1.5 所示，在垂直管道上使用 Advantest R8252 数字静电计测量感应电流。由图可见，感应电流随时间在正负区域内上下波动。

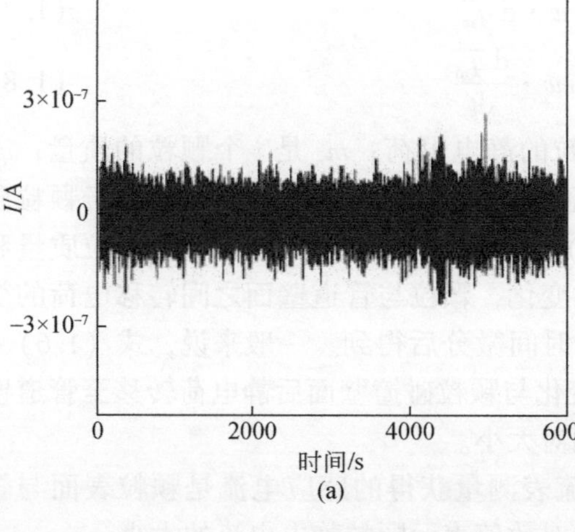

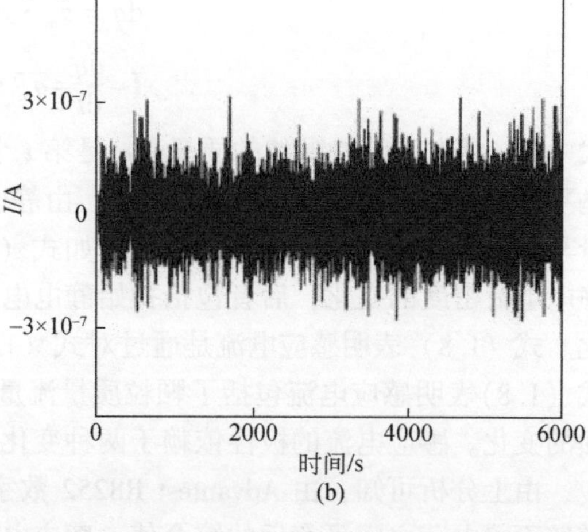

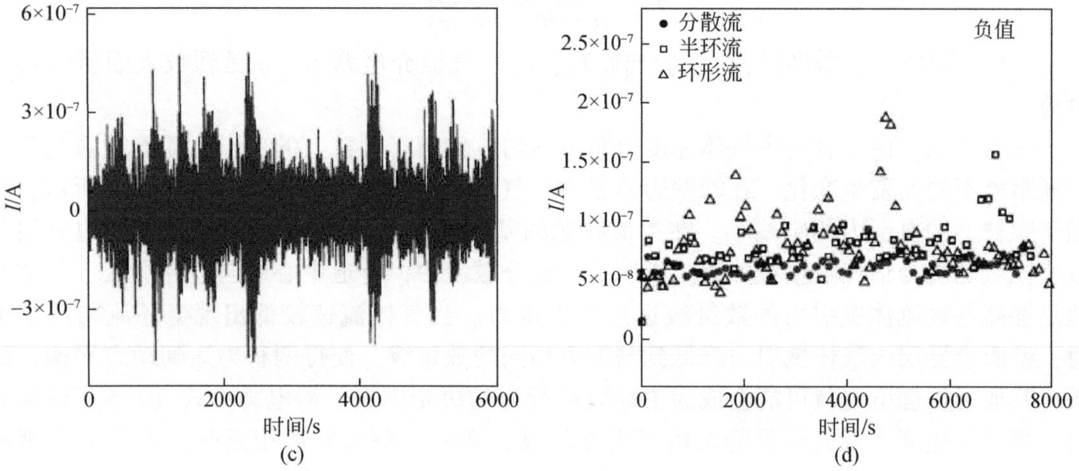

图 1.5 垂直管感应电流

(a) 分散流［气体流量 1600L/min，颗粒进料速率 35.3±3.2kg/(m^2·s)］；(b) 半环流［气体流量 1000L/min，颗粒进料速率 13.8±2.4kg/(m^2·s)］；(c) 环形流［气体流量 850L/min，颗粒进料速率 8.1±1.6kg/(m^2·s)］；(d) 气力输送颗粒系统中三种颗粒流动模式的静电电流比较（负值）

气力输送颗粒系统中的颗粒与壁面碰撞导致在颗粒表面及管道壁面上产生静电（Masuda，1976）。在前期工作中使用过的 PP 颗粒与 PVC 管道实验基础上（Zhu et al., 2004）得知，聚丙烯颗粒表面产生正电荷，PVC 管壁积累等量负电荷。在测量段中，如果颗粒在管壁以半环形或环形方式黏附在管壁上，在管道壁面上的静电电荷与颗粒表面上电荷部分中和，从而导致感应电流较低。另一方面，当测量段没有颗粒滑动时，因为管道壁面上仍然有静电保留，会导致感应电流较高。静电电荷量可以由下列公式计算获得

$$q=\frac{w\left(\sum_{i=1}^{i=n}\frac{q_i}{m_{p_i}}\right)}{n}=w\cdot\overline{q_{\mathrm{m}}} \tag{1.6}$$

$$\mathrm{d}q=\overline{q_{\mathrm{m}}}\cdot\mathrm{d}w+w\cdot\mathrm{d}\,\overline{q_{\mathrm{m}}} \tag{1.7}$$

$$\mathrm{I}=\frac{\mathrm{d}q}{\mathrm{d}t}=\overline{q_{\mathrm{m}}}\cdot\frac{\mathrm{d}w}{\mathrm{d}t}+w\cdot\frac{\mathrm{d}\,\overline{q_{\mathrm{m}}}}{\mathrm{d}t} \tag{1.8}$$

式中，w 是在测量段颗粒的质量；q_i是第 i 个颗粒的静电电荷；m_{p_i}是 i 个颗粒的质量；$\overline{q_{\mathrm{m}}}$是平均电荷密度。如式（1.6）所示，由静电计测量获得的管道壁面静电电荷等于颗粒质量与测量段的静电电荷密度的乘积。如式（1.7）所示，静电电荷变化来自于颗粒质量和静电电荷密度的变化；后者包括初始静电电荷的变化，颗粒与管道壁面之间转移电荷的变化。式（1.8）表明感应电流是通过对式（1.7）时间微分后得到。一般来说，式（1.6）~式（1.8）表明感应电流包括了颗粒质量流量的变化与颗粒碰撞壁面后静电荷转移至管道壁面的变化。感应电流的极性依赖于两种变化的相对大小。

由上分析可知，由 Advantest R8252 数字电流表测量获得的感应电流是颗粒表面与管道壁面静电荷之间平衡后的综合值。感应电流绝对数值表示颗粒静电电流的大小。

图 1.5 显示了感应电流随气流量减小而增大，图 1.5（d）显示以 200s^{-1}采样感应电流（负值）绝对值。很明显，电流绝对值随气流量降低而增加，意味着静电变强。

此外，为了消除正负值造成的波动（图 1.5），根据式（1.9）感应电流对时间的积分可得到静电荷电量 Q。

$$Q = \int_0^t I\mathrm{d}t \tag{1.9}$$

图 1.6（a）表明在 5000s 内测量段静电电荷 Q 随时间呈线性增加，且三种颗粒流形的静电电荷随时间增长率都是恒定的（表 1.4）。此外，测量到的负电流值普遍大于正电流值，说明管道壁面带有净电荷［图 1.6（b）］。

表 1.4　静电作用下三种颗粒流动模式的平均感应电流　（单位：A）

	垂直管［图 1.6（a）］	水平管（图 1.11）
分散流	1.77×10^{-9}	2.80×10^{-9}
半环流	6.98×10^{-9}	1.67×10^{-9}
环形流	1.24×10^{-8}	2.79×10^{-9}

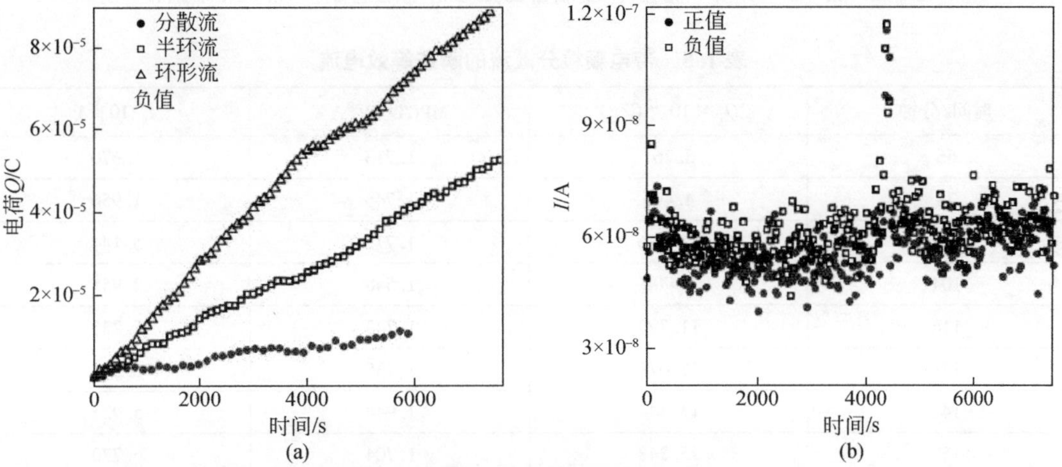

图 1.6　垂直管中的感应电流比较

（a）气力输送颗粒系统中三种颗粒流动模式中静电电流［图 1.5（a）~（c）］积分得到的静电电量图；（b）颗粒分散流感应电流的正值与负值（绝对值）［气体流量 1600L/min，颗粒进料速率 35.3±3.2kg/(m^2·s)］

1.3.1.4　颗粒电荷密度

三种颗粒静电作用下的流动模式中，颗粒电荷密度相对于时间变化如图 1.7 与表 1.5 ~ 表 1.7 所示。可以发现，半环流与环形流的颗粒电荷密度是相似的，两者都大于分散流的颗粒电荷密度。对于三种颗粒流动模式，颗粒静电电荷密度随时间增加的趋势表明静电电荷可能不断在颗粒表面积累。这可能是最终导致颗粒与管壁之间发生很强静电作用的直接原因。形成上述如颗粒半环形或者环形的颗粒聚集结构。

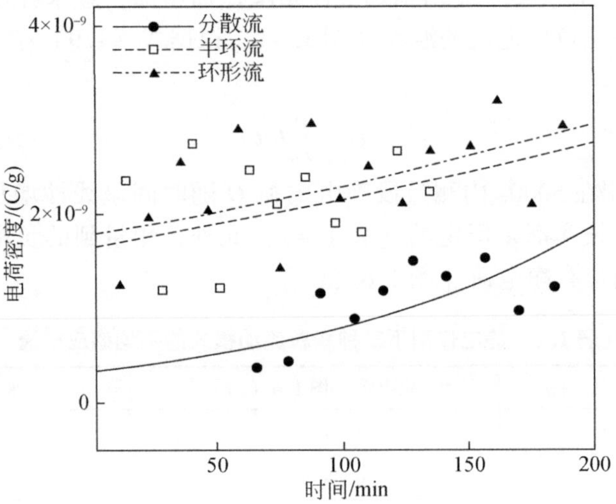

图 1.7　静电作用下三种颗粒流动模式的颗粒电荷密度对比

分散流［气体流量 1600L/min，颗粒进料速率 35.3±3.2kg/(m² · s)］；半环流［气体流量 1000L/min，颗粒进料速率 13.8±2.4kg/(m² · s)］；环形流［气体流量 850L/min，颗粒进料速率 8.1±1.6kg/(m² · s)］

表 1.5　带电颗粒分散流的瞬态等效电流

时间/分钟	$Q_P/(10^{-10}C/g)$	$MPCT/10^{-8}A$	$I_c/10^{-8}A$
66	3.761	1.713	1.670
78	4.406	1.746	1.956
91	11.586	1.715	5.144
104	8.908	1.548	3.955
116	11.790	1.743	5.235
128	15.076	1.735	6.694
141	13.344	1.944	5.925
157	15.248	1.704	6.770
170	9.705	1.703	4.309
184	12.216	1.763	5.424

注：Q_P为颗粒电荷密度；$I_c = Q_P\ (SF)$，$SF = 44.4 \pm 4g/s$。

表 1.6　带电颗粒半环流的瞬态等效电流

时间/分钟	$Q_P/(10^{-10}C/g)$	$MPCT/10^{-8}A$	$I_c/10^{-8}A$
12	1.258	2.859	2.190
23	1.946	3.124	3.386
36	2.531	3.417	4.404
47	2.022	2.537	3.518

续表

时间/分钟	$Q_P/(10^{-10}C/g)$	$MPCT/10^{-8}A$	$I_c/10^{-8}A$
59	2.911	2.841	5.065
75	1.425	2.734	2.479
88	2.968	2.326	5.164
99	2.146	2.096	3.735
110	2.499	1.970	4.349
124	2.108	1.974	3.668
135	2.679	1.881	4.661
151	2.716	2.060	4.725
162	3.190	2.105	5.550
175	2.097	2.058	3.650
187	2.942	2.106	5.118

注：Q_P为颗粒电荷密度；$I_c=Q_P$（SF），$SF=17.4\pm3g/s$。

表 1.7　带电颗粒环形流的瞬态等效电流

时间/分钟	$Q_P/(10^{-10}C/g)$	$MPCT/10^{-8}A$	$I_c/10^{-8}A$
2	1.494	2.444	1.524
14	2.355	2.609	2.402
29	1.189	2.319	1.213
63	2.471	2.573	2.520
74	2.091	2.172	2.133
85	2.387	2.342	2.435
97	1.906	2.351	1.944
107	1.800	2.416	1.836
122	2.653	2.003	2.706
135	2.249	2.894	2.294

注：Q_P为颗粒电荷密度；$I_c=Q_P$（SF），$SF=10.2\pm2g/s$。

1.3.1.5　MPCT 测量

气力输送颗粒系统垂直管段颗粒的三种流动模式（分散流、半环流与环形流）的等效电流如图 1.8 所示，图中每个点都是通过对 20s 内 400 个 MPCT 仪器测得的电流数据根据式（1.9）积分获得。可以看出，半环流与环形流的 MPCT 值非常相似，都明显比分散流大。这与上述测量得到颗粒三种流动模式的颗粒电荷密度趋势一致。如图 1.8 所示，颗粒在管道输送过程中带正电，这与 Zhu 等（2003，2004）接触电位差测量结果相吻合。

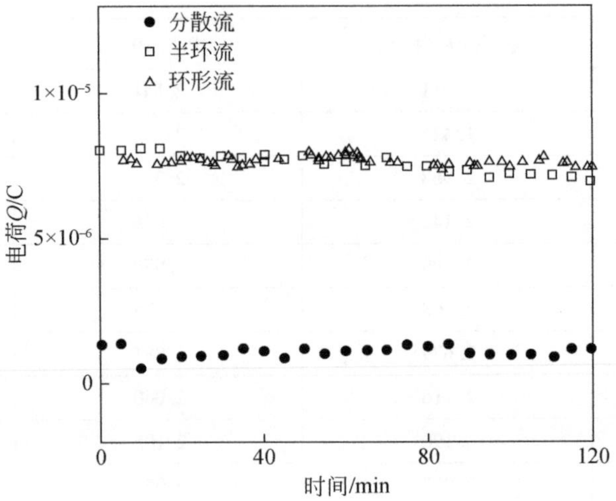

图 1.8　静电作用下三种颗粒流动模式，垂直管中每 20s，400 个 MPCT 值积分得到的电荷比较图

分散流［气体流量 1600L/min，颗粒进料速率 35.3±3.2kg/(m^2 · s)］；半环流［气体流量 1000L/min，颗粒进料速率 13.8±2.4kg/(m^2 · s)］；环形流［气体流量 850L/min，颗粒进料速率 8.1±1.6kg/(m^2 · s)］

1.3.2　水平管中颗粒流的静电

1.3.2.1　颗粒流形

气力输送颗粒系统垂直管道部分中观察到的三种流动模式同样也可以在水平管道中观察到，存在相对应的颗粒三种不同流动模式。在高速连续气流作用下，颗粒在管道中呈稀疏相均匀分布［图 1.9（a）］。随着气体流量减小流速下降，颗粒开始间歇性团聚一起［图 1.9（b）］。当气流速度降低到一定程度时，水平管道中的颗粒就会形成稳定的结构［图 1.9（c）］，以低于气流速度沿着管道前进。值得注意的是，水平管道中颗粒因为静电作用呈现出的流形与垂直管不同，半环流并未在水平段管道中发现颗粒呈“半环形”聚集，环形流也未在水平段管道中发现颗粒呈“环形”聚集。

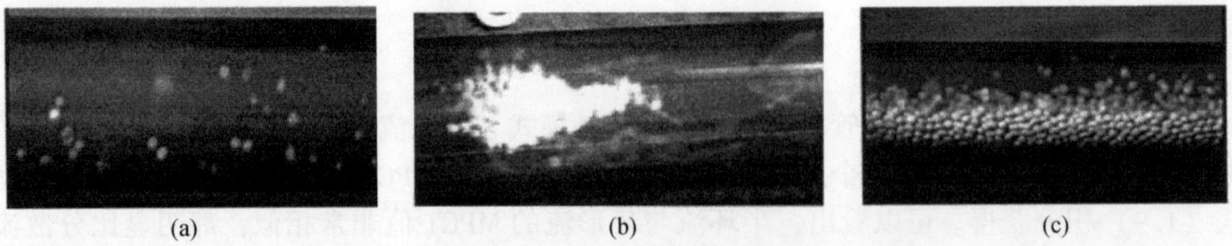

图 1.9　气力输送颗粒系统中水平管段颗粒流动模式

（a）分散流［气体流量 1600L/min，颗粒进料速率 35.3±3.2kg/(m^2 · s)］；（b）半环流［气体流量 1000L/min，颗粒进料速率 13.8±2.4kg/(m^2 · s)］；（c）环形流［气体流量 850L/min，颗粒进料速率 10.2±2kg/(m^2 · s)］

1.3.2.2　感应电流

使用 Advantest R8252 数字静电计同样测量水平管段三种颗粒流动模式的感应电流。如图 1.10 所示，感应电流波动幅度随着气流量降低而升高，如分散流 9.0×10^{-8}A、半环流 1.5×10^{-7}A、环形流 2.8×10^{-7}A。$200s^{-1}$采样速度测量得到感应电流中负值部分也是随着气流量的降低而升高［图 1.10（d）］，意味着当较低气流流速时颗粒与管壁之间存在着较强的静电相互作用，这可以从图 1.10（a）~（c）中感应电流随时间积分获得管壁总累积电荷量的变化推断出。如图 1.11 所示，电荷积累量在气体流量较低时较大，反之亦然。这说明经过一段时间积累，颗粒环形流与半环流动模式中管壁上的静电量比颗粒分散流模式中管壁静电量大。

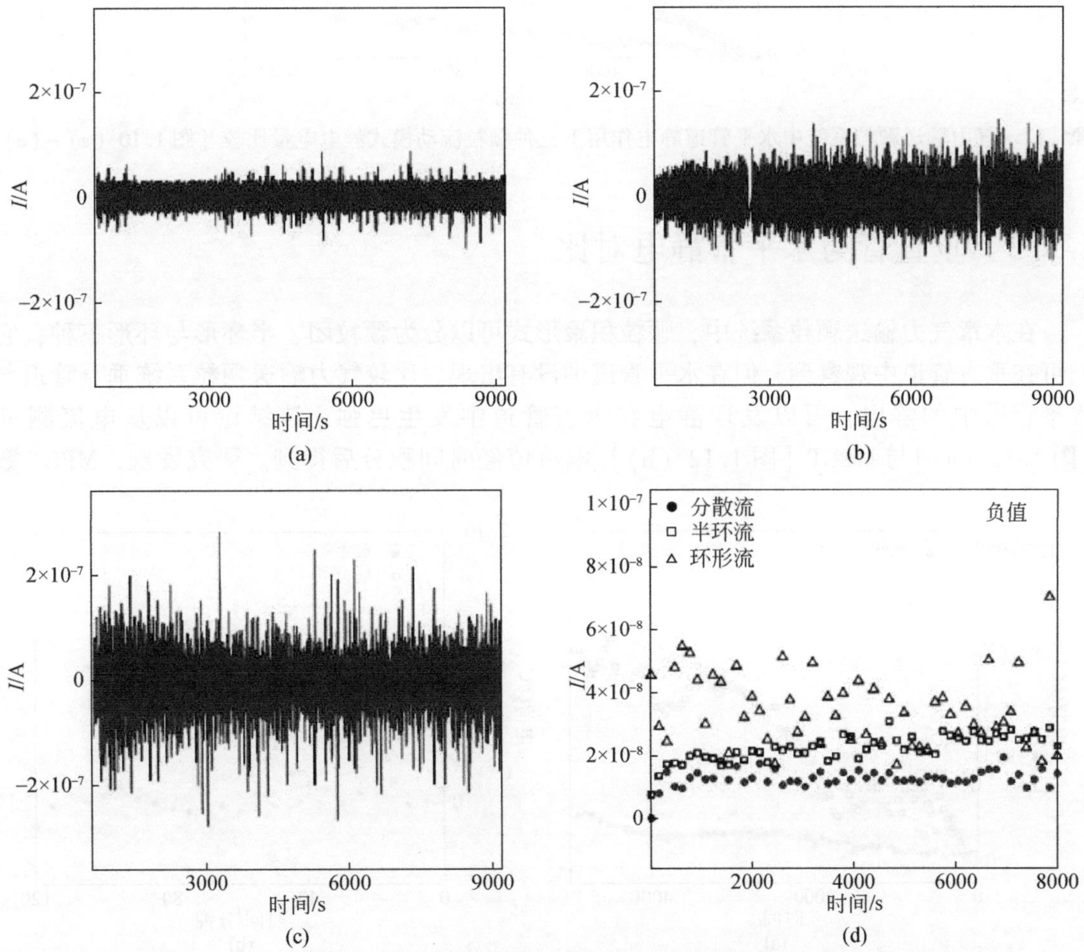

图 1.10　气力输送颗粒系统水平管段感应电流

（a）分散流［气体流量 1600L/min，颗粒进料速率 $35.3\pm3.2kg/(m^2\cdot s)$］；（b）半环流［气体流量 1000L/min，颗粒进料速率 $13.8\pm2.4kg/(m^2\cdot s)$］；（c）环形流［气体流量 850L/min，颗粒进料速率 $10.2\pm2kg/(m^2\cdot s)$］；（d）静电作用下三种颗粒流动模式感应电流（负值）比较

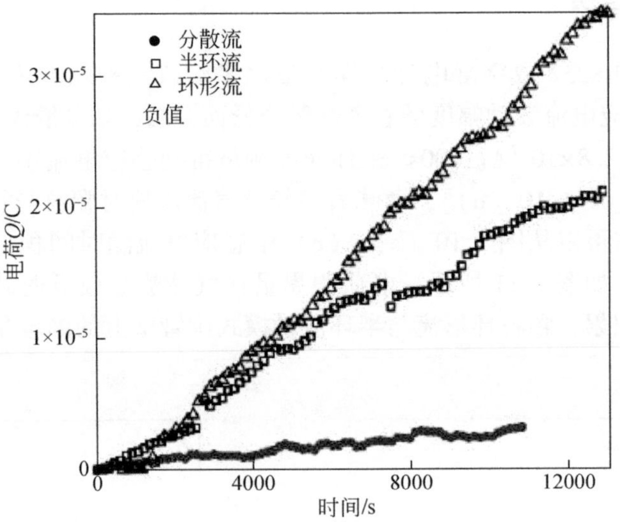

图 1.11　气力输送颗粒系统中水平管道静电作用下三种颗粒流动模式静电电量比较［图 1.10（a）~（c）］

1.3.3　垂直管与水平管静电对比

在本章气力输送颗粒系统中，颗粒积聚形式可以分为颗粒团、半环形与环形三种，它们可在垂直管道中观察到，但在水平管道中没有出现。比较气力输送颗粒系统垂直管道与水平管道中的静电，可以发现静电在垂直管道中发生更强。该结论可以从电流测量［图 1.12（a）］与 MPCT［图 1.12（b）］电流值经时间积分后得到。研究发现，MPCT 数

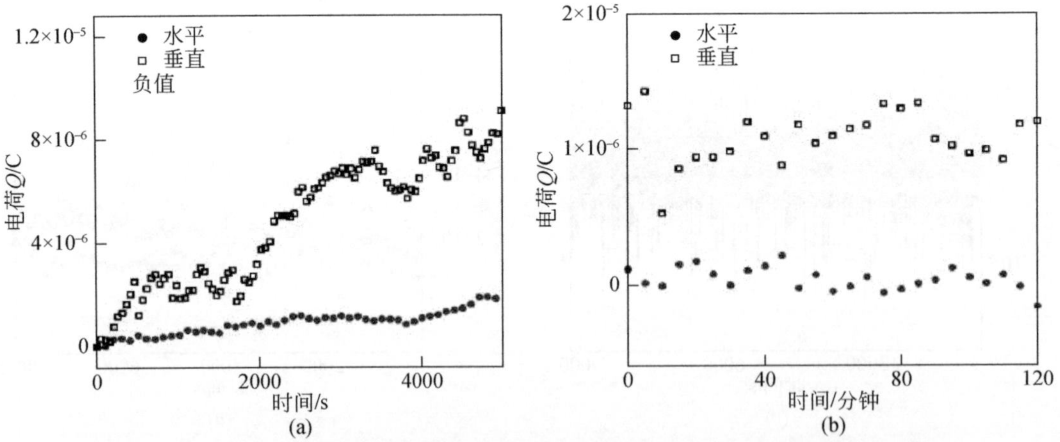

图 1.12　气力输送颗粒系统中垂直管与水平管的静电比较［气体流量 1600L/min，颗粒进料速率 35.3±3.2kg/(m²·s)］

（a）感应电流积分获得电荷电量［图 1.5（a）和图 1.10（a）］；（b）每隔 20s 由 400 个 MPCT 值积分得到的电荷电量

据在垂直输送管比水平输送管的波动更大［图 1. 12（b）］。此外，与水平输送管相比，垂直输送管中感应电流（负值部分）的绝对值较大（图 1. 13）。这些都充分说明，气力输送颗粒系统中垂直输送管发生的静电远远大于水平气力输送管发生的静电。需要指出的是上述分析忽略了连接水平管与竖直管的弯头的影响，可以预见颗粒撞击弯管时速度高，频率大，导致弯管处静电发生更加强烈。

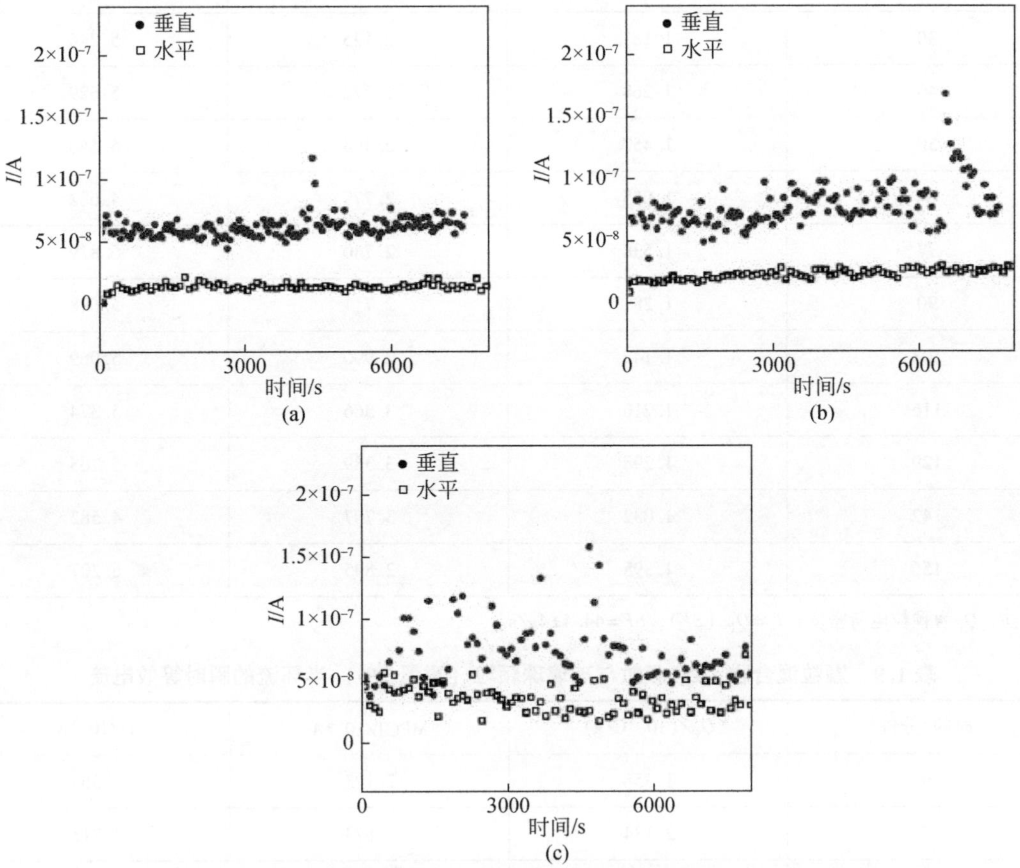

图 1. 13　气力输送颗粒系统中垂直管和水平管的感应电流值（负值）

（a）分散流［气体流量 1600L/min，颗粒进料速率 35. 3±3. 2kg/(m² · s)］；（b）半环流［气体流量 1000L/min，颗粒进料速率 13. 8±2. 4kg/(m² · s)］；（c）环形流［气体流量 850L/min，颗粒进料速率 10. 2±2kg/(m² · s)］

1. 3. 4　静电特性对比

颗粒流动系统中由于带电颗粒运动产生的等效电流I_c可以由以下公式计算：

$$I_c = Q_p (SF) \tag{1.10}$$

式中，Q_p为颗粒电荷密度，可用法拉第杯测量获得；SF 为单位时间内颗粒输运质量。三种颗粒流动模式产生的等效电流可以根据公式（1. 10）计算获得，如表 1. 5 ~ 表 1. 9 所示，计算值与 MPCT 测量值吻合良好，在较低流速下两者吻合度会更好。这可能是因为 MPCT 在以下两种情况下测量更精确，一是在较低气流速度中静电效应较强，另一是其他实验因素如颗粒流量波动在高速流动中变得重要，但该点在式（1.10）中没有考虑。

表 1.8　颗粒混合物：PP 颗粒与玻璃珠颗粒（重量 3%）分散流的瞬时等效电流

时间/分钟	$Q_P/(10^{-9}C/g)$	$MPCT/10^{-8}A$	$I_c/10^{-8}A$
30	1.181	2.135	5.246
40	1.268	2.772	5.629
50	1.457	2.498	6.466
64	1.055	2.779	4.682
77	1.538	2.740	6.829
90	1.281	2.711	5.688
103	1.142	2.990	5.069
116	1.210	3.366	5.374
129	1.298	3.389	5.765
142	1.032	3.707	4.582
156	1.398	2.895	6.207

注：Q_P为颗粒电荷密度；$I_c=Q_P\ (SF)$，$SF=44.4\pm4g/s$。

表 1.9　颗粒混合物：PP 颗粒与玻璃珠颗粒（重量 3%）半环流的瞬时等效电流

时间/分钟	$Q_P/(10^{-9}C/g)$	$MPCT/10^{-8}A$	$I_c/10^{-8}A$
6	1.358	2.193	2.363
17	2.134	1.673	3.715
28	1.553	2.093	2.703
39	1.283	1.759	2.232
51	1.224	2.056	2.130
63	1.274	2.420	2.216
74	1.436	2.201	2.499
88	1.549	2.009	2.695
99	1.591	1.935	2.769
109	1.969	2.331	3.426

续表

时间/分钟	$Q_P/(10^{-9}C/g)$	MPCT/10^{-8}A	$I_c/10^{-8}$A
120	1.487	3.260	2.588
131	1.558	3.139	2.711
141	1.909	4.288	3.321
153	1.604	3.517	2.854
165	1.522	4.098	2.648
178	1.582	3.571	2.753

注：Q_P为颗粒电荷密度；$I_c=Q_P(SF)$，$SF=17.4\pm3$g/s。

1.4　静电发生机理

众所周知，颗粒-颗粒或颗粒-管道壁面碰撞产生静电是由于摩擦起电。它依赖于材料性质，在实际中也有很重要的应用，如照片印刷与静电喷涂机等。在已有研究中，常见的绝缘材料根据摩擦起电时带电能力强弱形成带电排序系列，排序在前的材料与排序在后的材料摩擦或接触后倾向带正电。

如图 1.14 所示实验装置是用来研究聚丙烯颗粒（PP）与聚氯乙烯（PVC）、聚乙烯（PE）材料表面碰撞摩擦后的带电特性。输送管道由铜制成，测试段使用聚氯乙烯（PVC）或聚乙烯（PE）材料。图 1.14 显示管道静电测量部分的具体细节，它是参考 Matsusaka 等（2003）研究设计而成。测量部分由多层材料组成，包括 PVC（5mm）/PE（0.04mm）、导电胶（0.07mm）、电极铜薄板（0.10mm）、非导电黏合剂（0.12mm）和电屏蔽铜片（0.10mm）。铜电极连接到数字静电仪（R8252），电屏蔽接地。整个输送系统接地良好，颗粒在与金属管壁碰撞时产生静电，实验条件保持不变。当气体压力和流量分别为 75psi（$1psi=1lbf/in^2=6.89476\times10^3Pa$）与 1600L/min 时，颗粒连续以 44.4±4.0g/s 的流量通过水平管。试验段产生的静电感应电流用数字静电仪（R8252）测量，实验数据以 0.1s 频率储存在计算机中，颗粒电荷密度由法拉第杯（TR8031）测量获得。所有的颗粒都收集在一个金属容器中，每次实验结束后接地放电。

图 1.15 为薄膜产生的感应电流，由单颗粒在薄膜上滑动引起感应电流为脉冲形式，用静电计测量得到的感应电流是代表众多此类脉冲之和，由大量颗粒运动形成的连续电流。采样频率为 $200s^{-1}$，两种材料（PVC 与 PE）获得的感应电流负值部分绝对值在图 1.15（c）中进行了比较。可以发现，感应电流发生于 PVC 材料高于 PE 材料。如图 1.16 所示，通过对图 1.15（c）进行时间积分获得的两种材料总积累电荷随着时间以恒定速率增加。由聚丙烯（PP）颗粒与聚氯乙烯（PVC）管壁之间相互作用所产生的静电比聚丙烯（PP）颗粒与聚乙烯（PE）薄膜相互作用产生的静电更多，由法拉第杯测量获得的颗粒电荷密度也证实前者发生的静电要高于后者（图 1.17）。

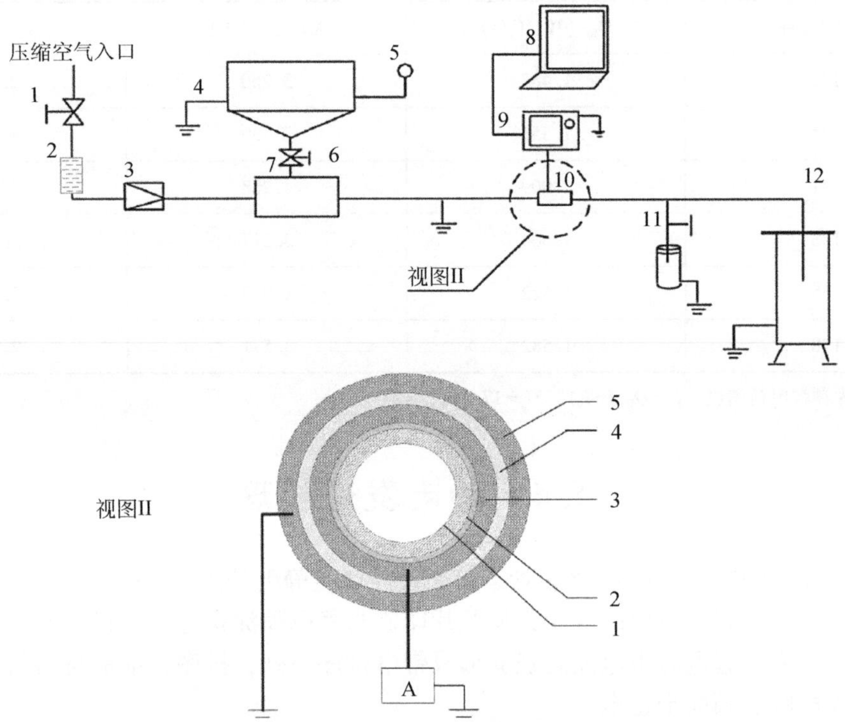

图 1.14　实验装置图 B

1. 气流控制阀；2. 气流干燥器（蓝色指示硅胶）；3. 转子流量计；4. 进料斗；5. 电子称重器；6. 进给控制阀；7. 旋转阀；8. 计算机；9. 静电仪；10. 测试段（详见视图Ⅱ）；11. 法拉第杯（详见图 1.1，视图Ⅰ）；12. 金属容器。视图Ⅱ：测试段横截面（内径 50mm，长 72mm）：1. 薄膜（PVC，5mm/PE，0.04mm）；2. 导电胶（0.07mm）；3. 电极铜薄板（0.10mm）；4. 非导电黏合剂（0.12mm）；5. 电屏蔽铜片（0.10mm）

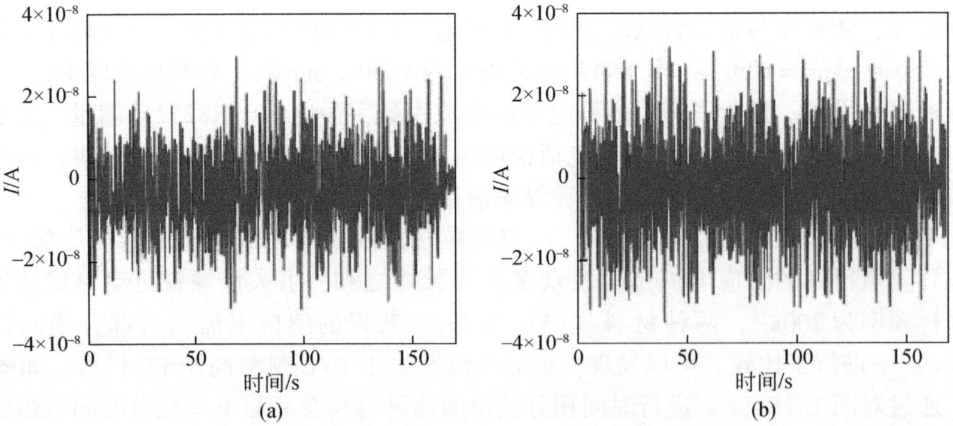

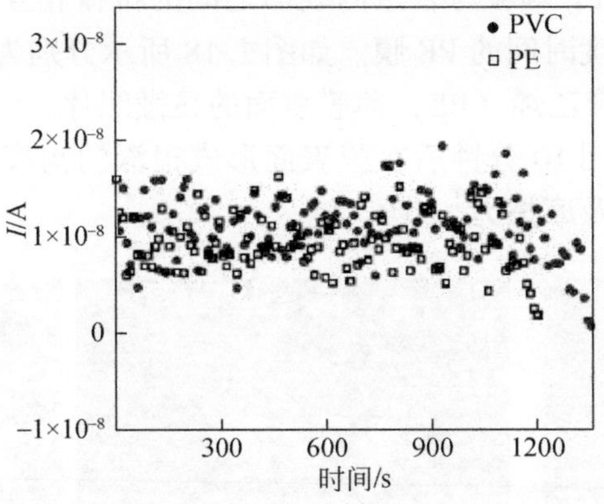

(c)

图 1.15　薄膜感应电流［实验装置图 B，水平管，气流流量 1600L/min，颗粒进料速率 35.3±3.2kg/(m^2 · s)］

(a) PVC；(b) PE；(c) PVC 与 PE（负值）

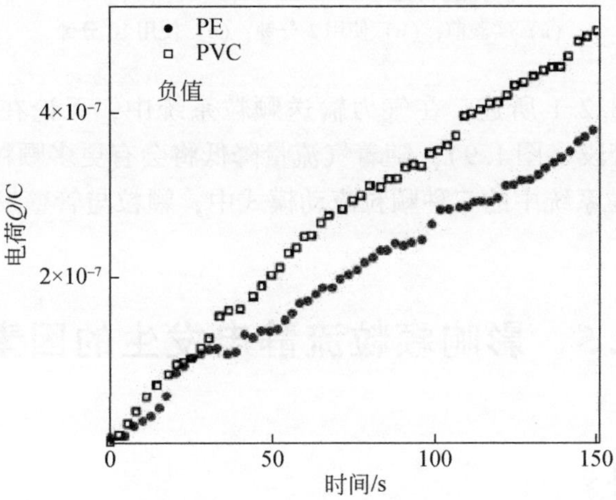

图 1.16　PVC 与 PE 感应电流积分获得静电电荷量［如图 1.15（a）、（b）所示，实验装置 B］

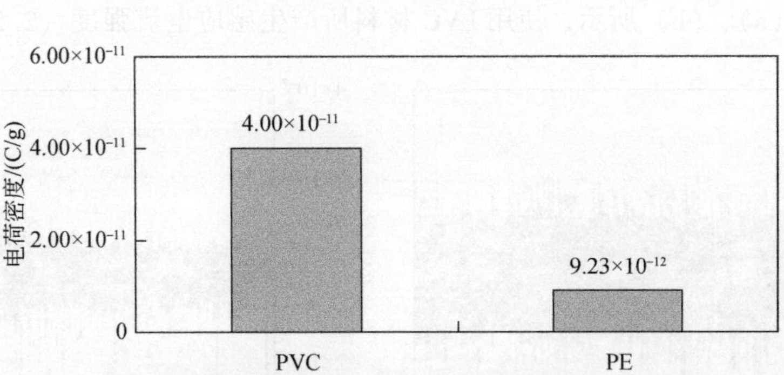

图 1.17　法拉第杯测量获得颗粒电荷密度［实验装置 B，气体流量 1600L/min，颗粒进料速率 35.3±3.2kg/(m^2 · s)］

为了表征输送过程中 PP 颗粒与管道内表面之间的机械相互作用程度，应用扫描型电子显微镜检测实验不同长度时间的 PE 膜。如图 1.18 所示分别为使用前、使用 2 分钟和使用 10 分钟后放大 1000 倍聚乙烯（PE）薄膜表面的显微照片。清楚发现，薄膜表面使用过程中很快被破坏，薄膜使用 10 分钟后在膜表面形成很深的沟痕，它证实了颗粒与管壁面之间存在很强的滑动作用及摩擦力。

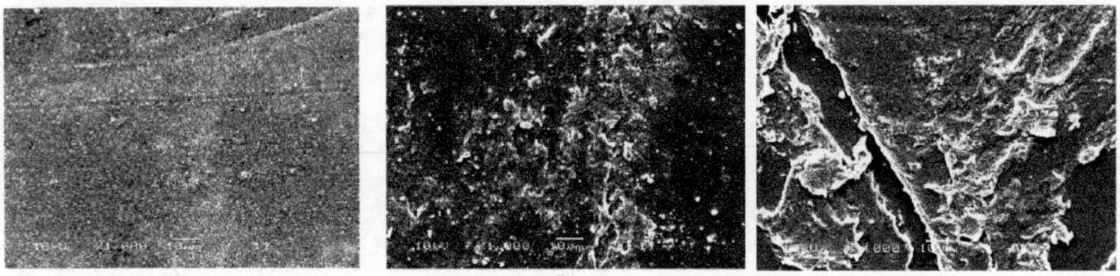

(a)　(b)　(c)

图 1.18　PE 薄膜（厚度 0.04mm）扫描电子显微镜照片［实验装置 B，气体流量 1600L/min，颗粒进料速率 35.3±3.2kg/(m^2・s)］

（a）实验前；（b）使用 2 分钟；（c）使用 10 分钟

如 1.3.1.1 和 1.3.2.1 所述，在气力输送颗粒系统中，无论在垂直管段（图 1.2 ~ 图 1.4）还是在水平管段（图 1.9），随着气流量降低将会有更多颗粒在管壁上滑动。由此可知，在气力输送颗粒系统中的三种颗粒流动模式中，颗粒与管壁发生静电的机理主要取决于摩擦起电。

1.5　影响颗粒流静电发生的因素

1.5.1　静电材料

如图 1.19（a）、（b）所示，使用 PVC 材料所产生感应电流强度（2.5×10^{-7}A）要大

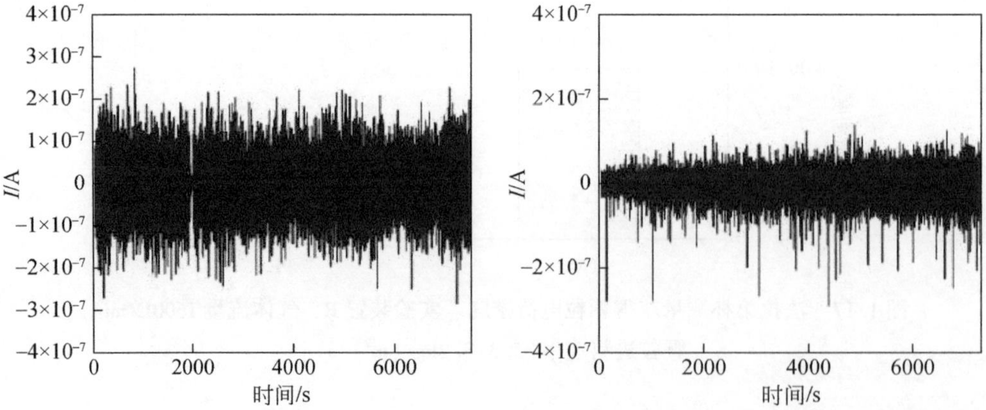

(a)　(b)

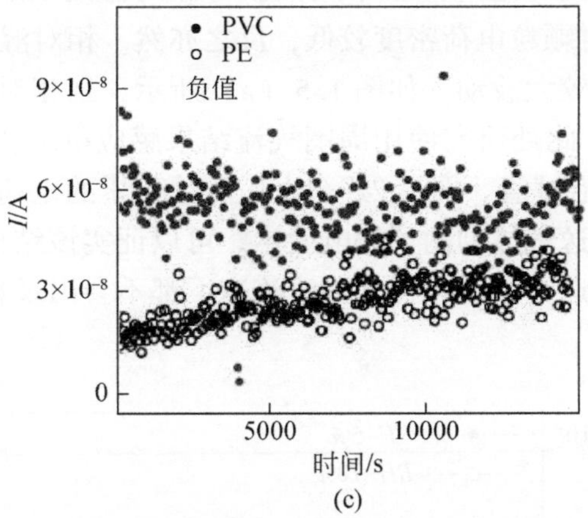

图 1.19　气力输送颗粒系统垂直管中薄膜获得感应电流［实验装置 A，分散流气流流量 1600L/min，颗粒进料速率 35.3±3.2kg/(m^2·s)］

(a) PVC；(b) PE；(c) 负值（绝对值）：PVC 与 PE

于 PE 材料产生感应电流强度（1.0×10^{-7}A）。图 1.20 为感应电流对时间积分，表示材料表面静电电荷积累量。由图 1.20 可知，PVC 材料积累的静电荷电量要大于 PE（聚乙烯）材料（图 1.20）。因此，气力输送颗粒系统中的管道材料是影响系统静电产生的重要因素。

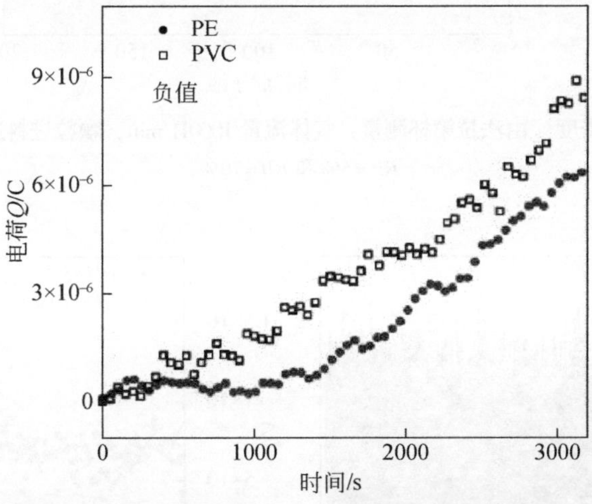

图 1.20　气力输送颗粒系统垂直管中［图 1.19（a）、(b)］感应电流积分所得电荷电量［分散流气体流量 1600L/min，颗粒进料速率 35.3±3.2kg/(m^2·s)］

1.5.2　湿度

实验环境的相对湿度是任何静电实验中一个重要因素。在本章实验中，使用相对湿度

(*RH*) 70% 左右的自然气流与通过硅胶干燥剂获得相对湿度 5% 的干燥气体（图 1.14）。图 1.21 显示，当湿度高时颗粒电荷密度较低，反之亦然。相对湿度 5% 时颗粒电荷密度与管壁感应电流大小都会有较大波动。如图 1.5（a）所示，当相对湿度 *RH* 为 5% 时感应电流测量范围为 $\pm2\times10^{-7}$ A，此处研究使用周围气流结果感应电流测量范围为 $\pm1\times10^{-7}$ A［图 1.22（a）］。感应电流的绝对值［图 1.22（b）］及总积累的电荷（图 1.23）都呈现出类似趋势。总之，高湿度输送气体抑制了静电发生。可以证实该结论的另一个现象是，当使用高湿度气流作为气力输送介质时，任何气流流速下都不会出现颗粒聚集的半环形或环形结构。

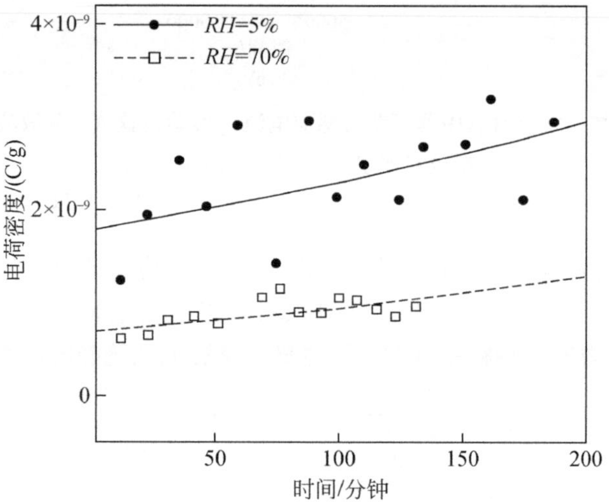

图 1.21　半环流颗粒电荷密度［由法拉第杯测量，气体流量 1000L/min，颗粒进料速率 13.8±2.4kg/(m^2·s)］*RH*=5% 和 *RH*=70%

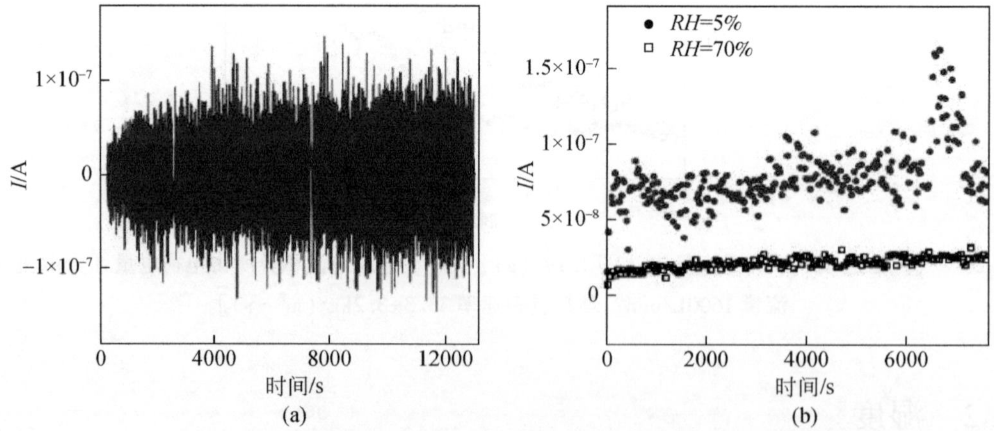

图 1.22　气力输送颗粒系统垂直管中的感应电流［半环流，气体流量 1000L/min，颗粒进料速率 13.8±2.4kg/(m^2·s)］

（a）*RH*=70%；（b）*RH*=70% 与 *RH*=5%

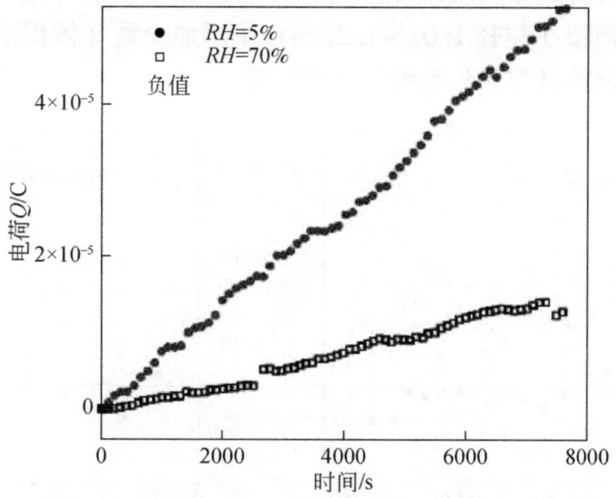

图 1.23　气力输送颗粒系统垂直管中感应电流积分所得电荷

$RH=5\%$ [图 1.5（b）] 与 $RH=70\%$ [图 1.22（a）]

1.5.3　颗粒混合物静电

本章中，颗粒材料对气力输送颗粒系统中静电行为的影响可以通过比较 PP 颗粒与 PP 颗粒和玻璃珠颗粒（质量比 3%，平均直径为 3mm）混合颗粒的静电发生。发现混合颗粒的流动行为类似于纯 PP 颗粒。当气体流量为 1600L/min 与 1000L/min 时，混合颗粒荷电密度大于单一材料颗粒的荷电密度（图 1.24）。图 1.25 为 MPCT 测量结果，图 1.25 中每个数据点都是通过 400 组 MPCT 测量数据在 20s 范围积分后得到。研究证实混合颗粒产生的感应电流大于单一材料颗粒产生的感应电流。因此，气力输送颗粒系统的静电特性可以

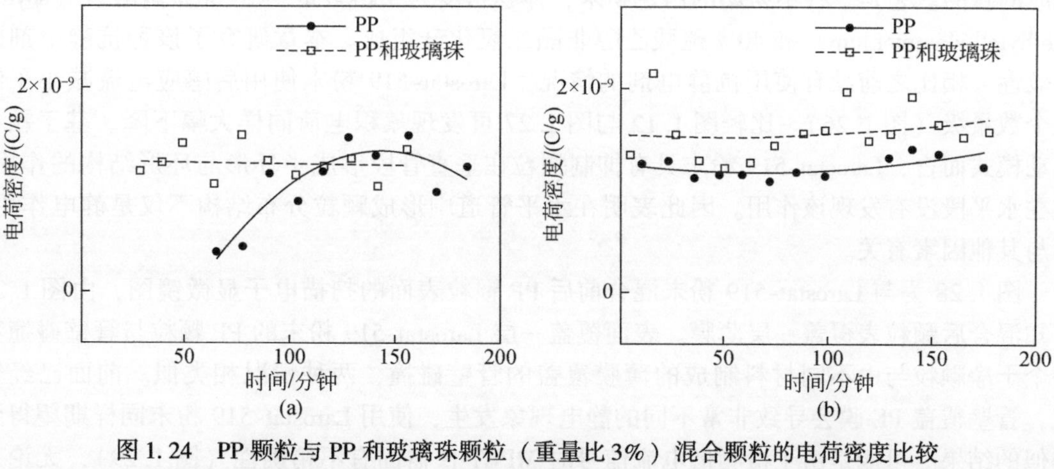

图 1.24　PP 颗粒与 PP 和玻璃珠颗粒（重量比 3%）混合颗粒的电荷密度比较

（a）分散流 [气体流量 1600L/min，颗粒进料速率 35.3±3.2kg/(m² · s)]；（b）半环流 [气体流量 1000L/min，颗粒进料速率 13.8±2.4kg/(m² · s)]

通过改变输运颗粒物材料成分实现改变。这种方法已被 Wolny 与 Opalinski（1983）使用，他们通过向聚苯乙烯颗粒（粒径 1.02 ~ 1.2mm）中添加少量（体积浓度 0.1%）粉末达到中和静电目的，提高颗粒材料的流动性与传热特性。

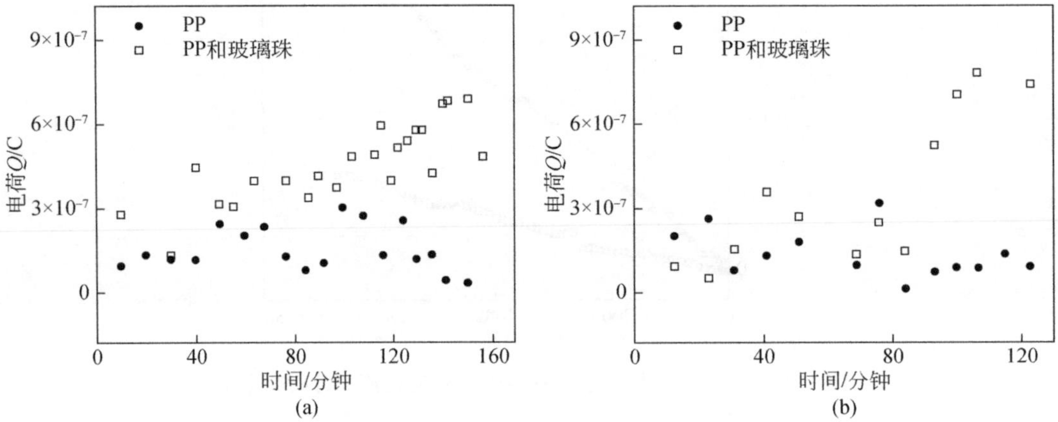

图 1.25　气力输送颗粒系统水平管中每隔 20s 400 次 MPCT 测量值积分所得电荷电量，颗粒与 PP 和玻璃珠颗粒（重量比 3%）混合颗粒比较

（a）分散流［气体流量 1600L/min，颗粒进料速率 35.3±3.2kg/(m^2 · s)］；（b）半环流［气体流量 1000L/min，颗粒进料速率 13.8±2.4kg/(m^2 · s)］

1.5.4　抗静电剂

在气力输送颗粒系统中有效地控制和减少静电效应的能力是一个重要但知之甚少的研究领域。一种市场常用抗静电剂 Larostat-519 粉末（Zhang et al.，1996）可以达到降低静电效应的目的。它是一种不易燃的白色粉末，体积密度为 520kg/m^3，由 60% 磷酸铵（soyadimethylethylammonium）和 40% 硫酸乙醇非晶二氧化硅组成。本章研究了该种抗静电剂的有效性。相比之前没有使用抗静电剂的情况，Larostat-519 粉末使用后感应电流减小了约三个数量级（图 1.26）。比较图 1.12 与图 1.27 可发现累积电荷同样大幅下降。基于颗粒流动模式而言，Larostat-519 粉末具有抑制颗粒在垂直管段形成半环形与环形结构的作用，但在水平段没有发现该作用。因此表明在水平管道中形成颗粒分布结构不仅是静电作用，还与其他因素有关。

图 1.28 为与 Larostat-519 粉末混合前后 PP 颗粒表面的扫描电子显微镜图，由图 1.28 可知混合后颗粒表覆盖一层薄膜。表面覆盖一层 Larostat-519 粉末的 PP 颗粒与管壁碰撞和一个干净颗粒与由不同材料制成的薄膜覆盖的管壁碰撞，两种情况相类似。前面已经知道，管壁覆盖 PE 膜会导致非常不同的静电现象发生，使用 Larostat-519 粉末同样期望得到类似的结果。可能是由于检测低电流信号时 MPCT 仪器固有不精确性（图 1.29），无论系统中是否存在 Larostat-519 粉末，MPCT 测量结果几乎相同。

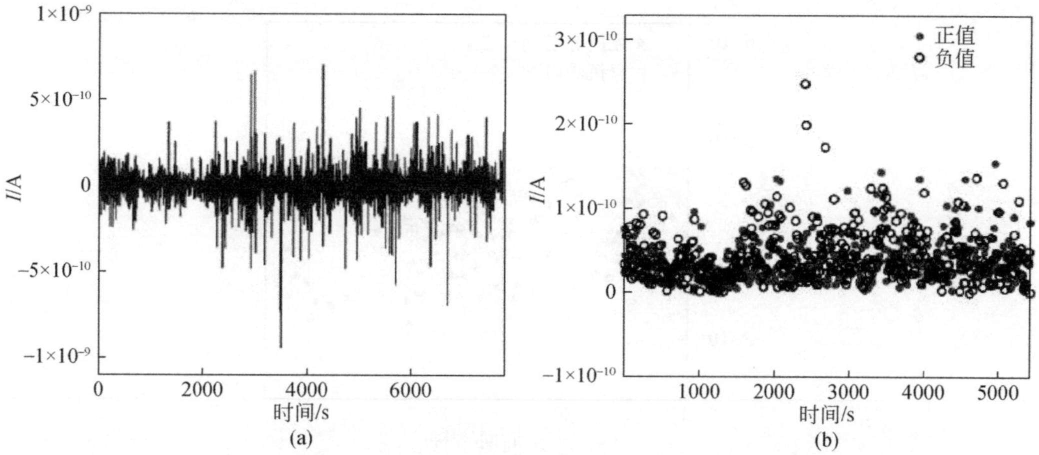

图 1.26　在气力输送颗粒系统垂直管道处测量含抗静电粉末分散流的感应电流

[气体流量 1600L/min，颗粒进料速率 35.3±3.2kg/(m^2·s)]

(a) 感应电流的时间演化；(b) 正值与负值的绝对值

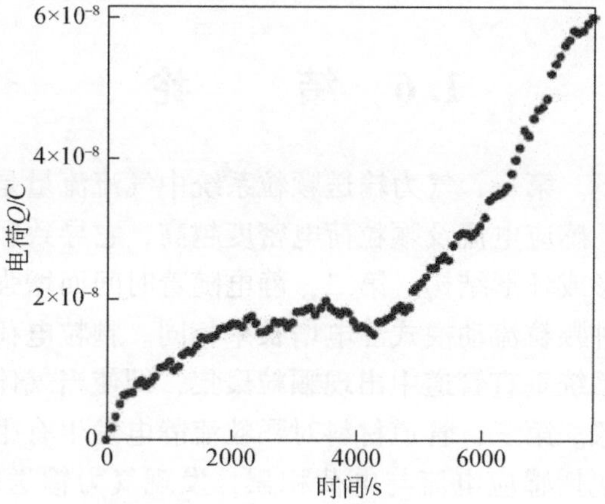

图 1.27　感应电流 [图 1.26 (a)] 积分所得电荷电量

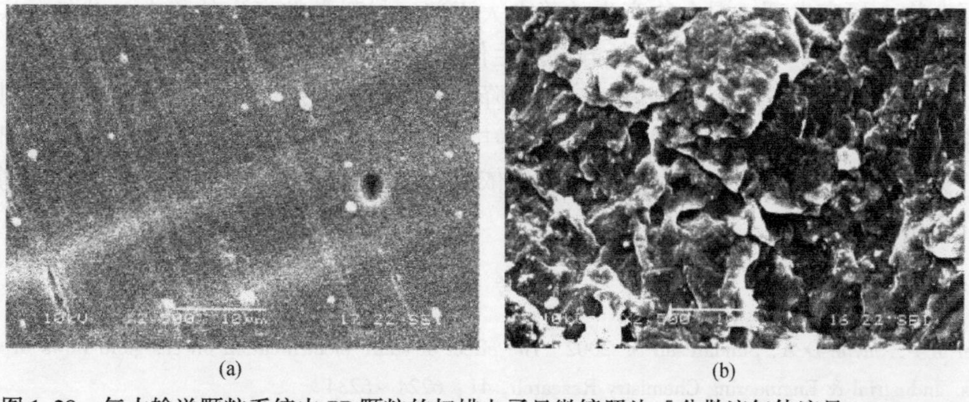

图 1.28　气力输送颗粒系统中 PP 颗粒的扫描电子显微镜照片 [分散流气体流量 1600L/min，颗粒进料速率 35.3±3.2kg/(m^2·s)]

(a) 未使用抗静电粉末；(b) 使用 Larostat-519 粉末

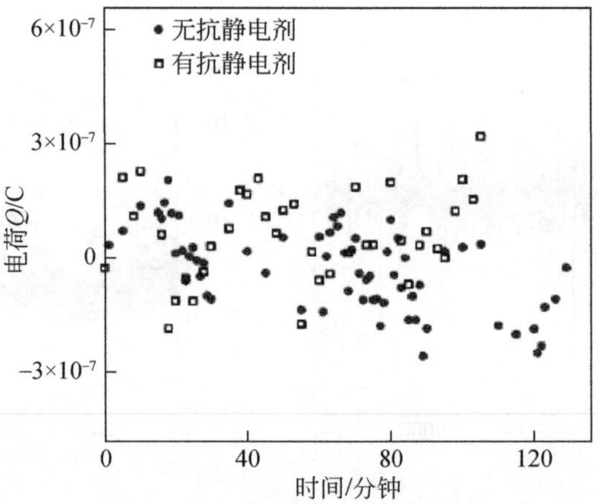

图 1.29 每隔 20s，400 次 MPCT 测量值积分所得电荷电量

普通颗粒流与加抗静电粉末颗粒流动［气力输送颗粒系统垂直管中的分散流气体流量 1600L/min，颗粒进料速率 35.3±3.2kg/(m^2 · s)］

1.6 结 论

本章内容可总结如下。第一，气力输送颗粒系统中气流流量是决定颗粒流静电行为的主要因素。气流量越低，感应电流及颗粒荷电密度越高，它导致颗粒在气力输送颗粒系统垂直管处聚集形成半环形或环形结构。第二，静电随着时间而增强，积累在管壁处的静电荷随着时间而增多，三种颗粒流动模式静电增长率相同。颗粒电荷密度也是随着时间而增大，导致气力输送颗粒系统垂直管道中出现颗粒聚集，即使当气体流量高的颗粒分散流模式中也出现颗粒聚集现象。第三，管道材料对颗粒流静电发生有很大作用。本章中应用不同参数描述静电作用，包括感应电流与电荷积累，发现气力输送颗粒系统管道 PVC 材料比 PE 材料产生更多的静电。静电作用还依赖于颗粒组成，实验中使用 PP 颗粒与玻璃珠颗粒的混合物，研究发现，混合物产生的静电大于单一材料颗粒产生的静电。此外，实验证明 Larostat-519 粉末具有显著的降低静电发生作用。

气力输送颗粒系统中，高湿度气流将会降低静电发生。当工作环境相对湿度达到 70% 时，半环形与环形颗粒聚集模式对应的强静电效应将不复存在，颗粒不再聚集。研究证实，气力输送颗粒系统中静电发生机理主要依赖于颗粒在管道壁面的滑动，它对管道壁面很强作用后摩擦起电。

参 考 文 献

Al-Adel M F, Savile D A, Sundaresan S. 2002. The effect of static electrification on gas-solid flows in vertical risers. Industrial & Engineering Chemistry Research, 41: 6224 ~ 6234

Chang H, Louge M. 1992. Fluid dynamic similarity of circulating fluidized beds. Powder Technology, 70: 259 ~ 270

Diu C K, Yu C P. 1979. Deposition from charged aerosol flows through a two-dimensional bend. Journal of Aerosol Science, 11: 391 ~ 395

Fan J R, Yao J, Cen K F. 2002. Antierosion in a 90° bend by particle impaction. AIChE Journal, 48: 1401 ~ 1412

Gajewski A. 1989. Measuring the charging tendency of polystyrene particles in pneumatic conveyance. Journal of Electrostatics, 23: 55 ~ 66

Joseph S, Klinzing G E. 1983. Vertical gas-solid transition flow with electrostatics. Powder Technology, 36: 79 ~ 87

Kanazawa S, Ohkubo T, Nomoto Y, Adachi T. 1995. Electrification of a pipe wall during powder transport. Journal of Electrostatics, 35: 47 ~ 54

Masuda H, Komatsu T, Iinoya K. 1976. The static electrification of particles in gas-solid pipe flow. AIChE Journal, 22: 558 ~ 564

Matsusaka S, Masuda H. 2003. Electrostatics of particles. Advanced Powder Technology, 14: 143 ~ 166

Matsusaka S, Nishida T, Gotoh Y, Masuda H. 2003. Electrification of fine particles by impact on a polymer film target. Advanced Powder Technology, 14: 127 ~ 138

Nieh S, Nguyen T. 1988. Effects of humidity, conveying velocity, and particle size on electrostatic charges of glass beads in a gaseous suspension flow. Journal of Electrostatics, 21: 99 ~ 114

Rao M S, Zhu K W, Wang C H, Sundaresan S. 2001. Electrical capacitance tomography measurements on the pneumatic conveying of solids. Industrial & Engineering Chemistry Research, 40: 4216 ~ 4226

Sommerfeld M. 2003. Analysis of collision effects for turbulent gas- particle flow in a horizontal channel: Part I. Particle transport. International Journal of Multiphase Flow, 29: 675 ~ 699

Smeltzer E E, Weaver M L, Klinzing G E. 1982. Individual electrostatic particle interaction in pneumatic transport. Powder Technology, 33: 31 ~ 42

Tsuji Y, Morikawa Y. 1982. Flow pattern and pressure fluctuation in air- solid two- phase flow in a pipe at low air velocities. International Journal of Multiphase Flow, 8: 329 ~ 341

Wolny A, Opalinski I. 1983. Electric charge neutralization by addition of fines to a fluidized bed composed of coarse dielectric particles. Journal of Electrostatics, 14: 179 ~ 289

Yu C P. 1977. Precipitation of unipolarly charged particles in cylindrical and spherical vessels. Journal of Aerosol Science, 8: 237 ~ 241

Zhang Y F, Yang Y, Arastoopour H. 1996. Electrostatic effect on the flow behavior of a dilute gas/cohesive particle flow system. AIChE Journal, 42: 1590 ~ 1599

Zhu K W, Rao S M, Huang Q H, Wang C H, Matsusaka S, Masuda H. 2004. On the electrostatics of pneumatic conveying of granular materials using electrical capacitance tomography. Chemical Engineering Science, 59: 3201 ~ 3213

Zhu K W, Rao S M, Wang C H, Sundaresan S. 2003. Electrical capacitance tomography measurements on vertical and inclined pneumatic conveying of granular solids. Chemical Engineering Science, 58: 4225 ~ 4245

第 2 章　气力输送颗粒系统中的静电平衡

摘要：本章提出了气力输送颗粒系统中“静电平衡”理论。该方法可用来估算气力输送颗粒系统中不同部位的静电场分布，解释观察到的不同静电现象的发生机理。本章中所有涉及的研究工况，系统都需要一定的“充电时间”达到“静电平衡”。气力输送颗粒系统实验显示不同部位达到静电平衡所需时间的递增顺序是：水平管、垂直管和弯管。研究发现，气力输送颗粒系统静电平衡与管道中颗粒行为与当地流体流动有关。总而言之，经过长时间达到静电平衡过程对应的是更加复杂的颗粒流形。在静电平衡状态中，静电场分布显示最高强度的静电场处于近管道壁面处，随着离管壁距离增加静电场强度逐渐减弱。在气力输送颗粒系统中，最高静电强度发生在弯管处，所以系统中电火花放电现象首先发生在弯管处。在垂直管道部分，使用电容层析成像系统（ECT）测量颗粒分布，粒子图像测速系统（PIV）测量管道截面的颗粒速度。研究发现，垂直管道处低气体流速时，静电力是导致颗粒吸附管壁的主要原因，形成半环形或环形颗粒聚集结构。气力输送颗粒系统中静电平衡状态受若干因素的影响。在循环输送系统中，崭新管道（或低湿度或无抗静电粉末）会加速达到静电平衡并获得较高静电电流。在无循环水平输送系统中，薄膜（或薄壁管道）会延迟达到静电平衡，而已带电薄膜（或管道）会快速达到静电平衡。

关键词：静电　平衡　颗粒　气力输送

2.1 引　　言

由于颗粒与不同类型材料的反复碰撞，根据摩擦起电原理，颗粒碰撞后会产生静电（Masuda et al., 1976）。这种带电过程可以解释系统中发生的许多现象，如颗粒聚集（Yao et al., 2004）、放电起火（Glor, 2003）等。Ciborowski 和 Wlodarski（1962）测量了聚乙烯乙酸、聚苯乙烯和石英砂流化床的静电，发现流化床中气流速度与流化床中气体湿度稳定 20～30 分钟后，流化床的静电趋于稳定。在聚乙烯粉末流化床中，Yao 等（2002）表征和量化了与气泡运动相关的静电，证实了聚乙烯流化床中加入抗静电剂（质量百分比是 1%）降低了静电电压信号的标准差和 1 小时内的净电荷传递速率。上述结果表明在气力输送颗粒系统中，静电“平衡”会在几分钟至 1 小时内达到。“静电平衡”理论对于估算颗粒系统中颗粒或者管壁所携带最大静电量十分重要，它能估计气力输送颗粒系统中存储的静电能。然而，该方向研究没有得到充分关注，远未达到完全理解的程度。本章内容主要研究气力输送颗粒系统中的“静电平衡”，并应用此概念对静电能量及相关现象进行全面综合评估。

静电是流化床中发生的一种比较常见的现象，已经得到越来越多研究者的关注。Ciborowski 和 Wlodarski（1962）在流化床顶部使用侵入式电极，发现流化态前，当电极放置在稳定床顶部时静电电势达到最高值。实验中，过多静电在流化床顶部放电。Gajewski（1985）使用了有机玻璃流化床，用铜片环覆盖其内表面，标定出静电发生与消散区域，研究发现静电消散最严重的区域是靠近流化床上部的位置，颗粒相互碰撞产生“对称静电力”，也就是一些颗粒携带正电荷，另一些颗粒携带负电荷。Jiang 等（1994）应用高斯定律研究球形颗粒，计算出一个颗粒理论上所能携带的最大电荷量，研究发现颗粒表面最大理论静电电荷量受到周围流体击穿强度的限制。Zhang 等（1996）研究稀相循环流化床系统中静电力对黏性颗粒的综合影响，通过应用激光多普勒风速系统测得页岩颗粒瞬时速度，发现颗粒在平均值附近呈现混乱震荡。速度分布可以利用麦克斯韦分布函数进行逼近，分子运动论是一种非常好的方法研究气体-颗粒流动系统。对于自由鼓泡流化床，Yao 等（2002）发现静电荷电压信号振幅随着气体表观速度的增加而增大，但随着相对湿度增加而减小。Chen 等（2006）研究开发二维流化床中单个气泡上升过程中周围电荷分布的测量技术，该项新技术不会受流化床中净电荷累积的干扰，也不会受到电荷转移的影响譬如碰撞探针，允许气泡周围完整电荷分布重建。此外，Wolny 和 Opalinski（1983）研究了通过加入粉末颗粒到流化床中中和静电的原理，发现粉末颗粒改变了流化床中颗粒间的接触条件与颗粒间静电荷转移，导致整个流化床中静电中和，如流化床中（Chang and Louge，1992；Zhang et al.，1996；Yao et al.，2002）加入抗静电粉末 Larostat-519 用来减少静电。

近些年来，研究静电作用下颗粒材料的行为日益增多。作为一种物理现象，研究者们热衷于已知电场中小颗粒（≪1mm）行为研究，其中颗粒是导电的，电场由一对交流-直流电平板形成。研究发现颗粒集聚形状随设置电压而不同（Yeh et al.，1997；Aranson et al.，2000；Sapozhnikov et al.，2003）并受湿度影响（Howell et al.，2001）。Yao 等（2004）发现大颗粒（2.8mm）在气动传输系统中也会出现类似的现象，由于静电的影响在垂直管道中会形成三种颗粒聚集模式（分散、半环形与环形）。Al-Adel 等（2002）研究了垂直管道中静电对气固两相流的影响并获得了静电效应下垂直管流的特性：中心环形颗粒分布、环形颗粒以较低速度向下流动和环形气流以较高速度向上流动。Joseph 和 Klinzing（1983）证实了垂直气力输送管道中，静电作用会导致颗粒流阻塞；另一方面，证实了静电作用依赖于很多不同因素，如物理、化学、所使用材料的电特性及环境条件。Smeltzer 等（1982）在气动传输系统中使用玻璃珠颗粒进行实验，发现用料恒定条件下，小颗粒比大颗粒产生更多的静电。Matsusaka 等（2003）建立公式表征颗粒反复碰撞壁面发生静电，并用此公式计算颗粒流动中静电发生量，每个颗粒携带不同的静电量，分析颗粒静电分布。Yao 与 Wang（2006）研究气力输送颗粒系统中颗粒大小与颗粒形状对静电效应的影响，提出了一种能有效描述由复杂颗粒组成包括不同颗粒大小与颗粒形状的气力输送颗粒系统的静电特性的方法。

在本章中，主要研究气力输送颗粒系统中三处典型部位（水平管、弯管与垂直管）的“静电平衡”，使用数字静电计测量感应电流。在建立“静电平衡”状态的基础上，分别计算气力输送颗粒系统中三处典型部位的静电场强度及垂直管道段作用于颗粒的静电力，结果用来解释静电发生现象。此外，本章分析了气力输送颗粒系统中一些工作因素对“静电平衡”的影响，如管道材料、管道寿命、湿度、有无抗静电粉、管壁厚度及管道带电状况。

2.2 研究方法

2.2.1 实验设计

本章使用两套实验气力输送颗粒系统，一套是循环系统，其管线部分包括水平管、弯头与垂直管；另一套是非循环系统，只有水平管。在循环系统中，实验管道材料是聚氯乙烯材料（PVC），主要测量三处静电，即水平管、管道弯头与垂直管。在垂直管中，分别使用电容层析成像（ECT）系统和颗粒图像测速系统（PIV）测量颗粒分布以及颗粒速度。在气力输送颗粒循环系统中，研究若干因素对静电发生的影响，如管道材料（聚氯乙烯材料 PVC，聚乙烯材料 PE）、管道新旧状态、环境湿度（$RH = 88\%$，5%）和抗静电粉末（Larostat-519 粉末）。在非循环系统中，实验管道材料是铜，测试段管道表面覆盖了一层聚乙烯（PE）/有机玻璃（PPMA）/聚氯乙烯（PVC）薄膜，研究薄膜厚度（PE：0.04mm，0.12mm；PPMA：0.12mm，0.24mm）、薄膜带电状态（有无带电）及薄膜材料（PVC、PE）对气力输送颗粒系统中静电发生的影响。

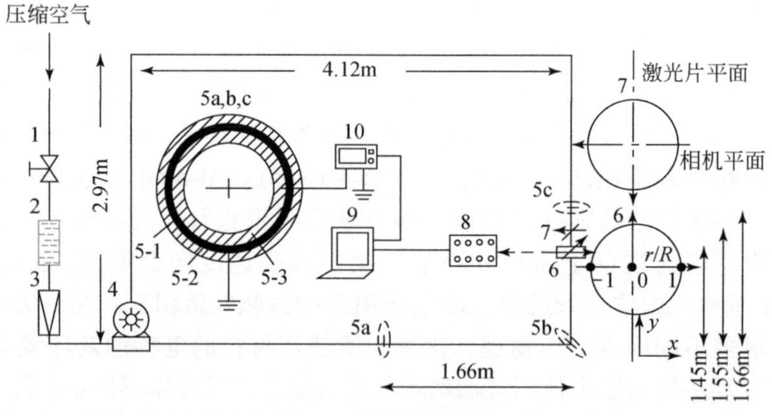

图 2.1　实验装置 I

1. 气流调节阀；2. 气流干燥器（蓝色显示硅胶）；3. 转子流量计；4. 旋转阀；5a ~ c. 静电感应电流测量；5-1. 铝箔纸（0.07mm）；5-2. 高分子膜（0.04mm）；5-3. 铝箔纸（0.07m）；6. 电容层析成像传感器；7. PIV 测量面；8. ECT 数据采集模块；9. 电脑；10. 数字静电仪

如图 2.1 所示为气力输送颗粒系统完整设备装置图，它是在图 1.1 基础上建立的。颗粒在压缩空气带动下进入旋转阀。旋转阀（生产商：明尼苏达州通用资源公司）有八个旋转腔，旋转速度为 30r/min。管道内径 40mm，在两个光滑 90°弯头间（弯管曲率为 2）的垂直管道长2.97m，水平管道部分长4.12m。透明输送管是由PVC材料制成，管壁厚5mm，管道内的颗粒流动行为可以用眼观察。测量感应电流（图2.1，标号5a～c）装置安装在实验系统三个位置，在水平管道离下游弯头1.66m处，弯管和在垂直管道离底部弯头1.66m处。有12电极ECT传感器（图2.1，标号6）安装在离底部弯头1.45m垂直管道处。PIV测量平面设置在离底部弯头1.55m垂直管道处。透明管道可满足PIV激光穿透管壁的需要。整个实验台架使用金属铸件固定，管道由连接头连接支撑并由硅凝胶加固。本章实验中使用聚丙烯（PP）颗粒（直径2.8mm，体积密度为1123kg/m^3），加入或不加入抗静电粉末（Larostat-519）。

从压缩机中出来的压缩空气（压力：75psi）流经旋转阀，驱动颗粒进入循环系统。气流调节阀（图2.1，标号1）用来调节气体流量，也可通过一个转子流量计（图2.1，标号3）来控制气体流量，该流量计允许的最大流量为2000L/min。在前章工作基础上，选择三种空气流量：1600L/min、1100L/min和950L/min，对应管内气体表观速度为21.20m/s、14.59m/s和12.60m/s。空气湿度由气流干燥器（蓝色显示硅胶，如图2.1，标号2所示）控制，相对湿度$RH=5\%$，每次实验前后用高性能数字湿度计（型号：RH411；生产厂家：欧米茄技术有限公司）检查确定。环境温度为28～30℃。本章所有实验，使用颗粒质量均为1100g。

在气力输送颗粒过程中，颗粒-颗粒和颗粒-管壁之间的碰撞会产生静电。经测量，在管壁表面由于静电作用产生的感应电流是时间的函数。静电感应电流测量（图2.1，标号5a～c）部分组成如下：首先，在聚氯乙烯PVC管外表紧紧包裹一层铝箔，将一根同轴线（连接Advantest R8252数字电流表高输入端）连接铝箔外表面，再将一层聚合物膜紧紧包裹在铝箔外，用来与电流表低输入端电线相连的外层铝箔相隔离。接着，外层铝箔接地，作为屏蔽电场。管壁处感应电流通过数字静电仪以时间为函数测量，并以0.5s间隔储存在电脑中。颗粒电荷密度由法拉第杯（TR8031）测量，颗粒质量用精度为10^{-4}g电子天平测量获得，单位质量的电荷率可计算得到。

2.2.1.1　电容层析成像（ECT）测量

将数据采集模块（过程成像；生产商：英国Wilmslow，Cheshire）连接至电容层析成像传感器上，采集不同运行条件下的电容数据。电容层析成像系统在40Hz的频率下采样，每隔30s采集一次数据。

颗粒当地体积分数除以颗粒最大体积分数F_P（聚丙烯颗粒为0.77），利用Su等（2000）给出的联合迭代重建方法（SIRT），通过对瞬态时间（t）ECT数据进行后处理得到$\alpha_S(x,y,z,t)$。x，y表示为横截面上的笛卡尔坐标系（图2.1），将管道直径作为特征长度无量纲化，轴向坐标z表示电容层析成像电极的位置。于是，颗粒浓度用α_S（粗略）表示，颗粒体积分数简化为$\alpha_S \cdot F_P$。颗粒体积分数时均值（$\bar{\alpha}_t$）可以对一段时间T内的$\alpha_S(x,y,z,t)$平均得到（每次数据采样30s）。

$$\bar{\alpha}_t(x,\ y,\ z,\ t)=\frac{1}{T}\int_0^T \alpha_S(x,\ y,\ z,\ t)\,\mathrm{d}t \tag{2.1}$$

横截面上颗粒平均浓度的瞬时值$\bar{\alpha}_S(z,t)$用下列公式表示（Rao et al., 2001；Zhu et al., 2003）。

$$\bar{\alpha}_S(z,\ t)=\frac{1}{A}\iint \alpha_S(x,\ y,\ z,\ t)\,dxdy \tag{2.2}$$

$\bar{\alpha}_S$（z，t）时间平均值用$<\alpha>(z)$表示：

$$<\alpha>(z)=\frac{1}{T}\int_0^T \bar{\alpha}_S(z,t)\,dt \equiv \frac{1}{A}\iint \bar{\alpha}_t(x,y,z)\,dxdy \tag{2.3}$$

2.2.1.2　颗粒图像测速技术（PIV）测量

在垂直管段距离下游弯头1.55m处，应用TSI公司Power View 2D PIV系统测量。激光器（Solo Mini Dual Nd：YAG激光）产生激光，通过管道壁进入去照亮管道中心（图2.1，标号7）处的颗粒。用Power View 4M 2K×2K照相机从垂直于激光平面捕捉颗粒图像，然后传输到电脑上进行处理。从第一次到第二次曝光非常短的时间间隔（$dT=100\mu s$）内颗粒在横截面运动距离，将距离除以时间得到颗粒速度。在本章中，测量了垂直管道中颗粒轴向速度的变化。

2.2.2　静电场

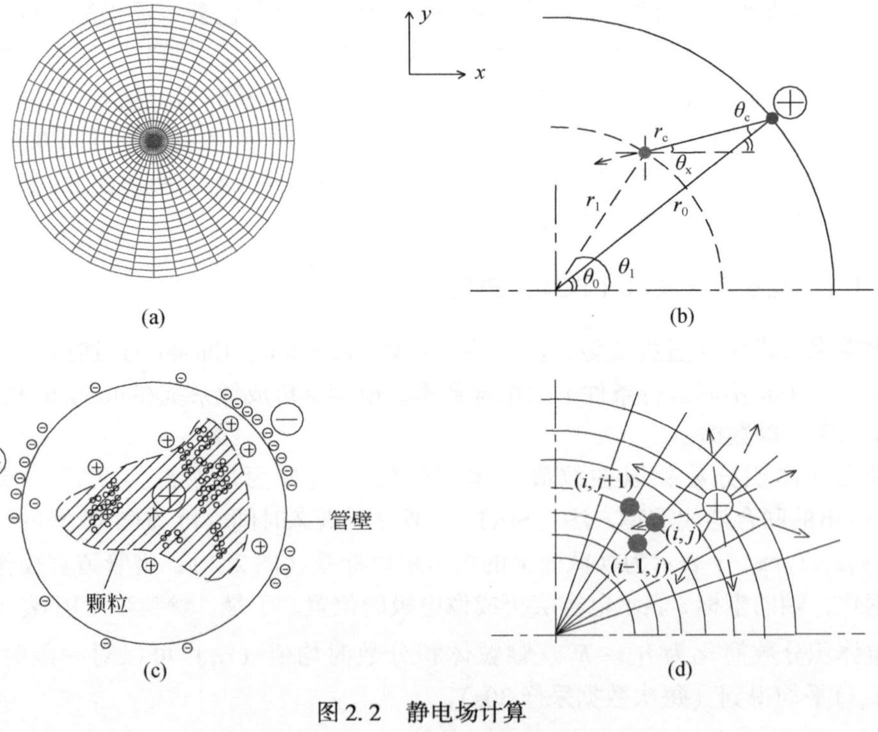

图2.2　静电场计算

（a）计算网格（20×40）；（b）带正电点电荷（r_0，θ_0）在某一点处产生静电场向量（r_1，θ_1）；（c）气动传输颗粒系统中颗粒与管壁产生的静电电荷，管道横截面示意图；（d）带正电点电荷（r_0，θ_0）周围若干点处产生静电场向量在管道横截面图 2.2（a）上，点电荷产生静电场力可以如下计算：

$$e=\frac{1}{4\pi\varepsilon_0}\cdot\frac{q}{r_c^2} \tag{2.4}$$

式中，ε_0为介电常数［真空：$8.85\times10^{-12}\,C^2/(N\cdot m^2)$］；$r_c$与点电荷距离；$q$为点电荷电量。可见，静电场场强与距离$r_c$平方成反比。基于附录 2.A 中简化分析，在 z 轴方向上其他横截面的静电影响相比于当地截面较小，因此静电电场强度计算忽略其他轴截面静电影响。

如图 2.2（b）所示电荷（r_0，q_0）、目标点（r_1，q_1）和场参考中心[(0，0)]，电荷点和目标点间距离可以通过余弦定理计算：

$$r_c^2=r_1^2+r_0^2-2r_1\cdot r_0\cdot\cos(\theta_0-\theta_1) \tag{2.5}$$

式中，r_1和r_0分别是目标点与点电荷所在位置与参考中心的距离，θ_1和θ_0分别是目标点与电荷点相对于参考中心的弧度。在目标点（r_1，θ_1）静电矢量方向可以应用三角形正弦定理通过式（2.6）计算获得［图 2.2（b）］。

$$\frac{r_c}{\sin|\theta_0-\theta_1|}=\frac{r_1}{\sin\theta_c}$$

$$\theta_c=\arcsin\left(\frac{r_1\cdot\sin|\theta_0-\theta_1|}{r_c}\right)$$

$$\theta_x=\theta_0-\theta_c \tag{2.6}$$

式中，θ_c［图 2.2（b）］是静电场矢量和点电荷与参考中心方向之间的夹角；θ_x是静电场矢量与 x 轴间的夹角。因此，静电场矢量在 x 与 y 方向分量可以计算获得。

$$e_x=e\cdot\cos\theta_x=\frac{1}{4\pi\varepsilon_0}\cdot\frac{q}{r_c^2}\cdot\cos\theta_x;$$

$$e_y=e\cdot\sin\theta_x=\frac{1}{4\pi\varepsilon_0}\cdot\frac{q}{r_c^2}\cdot\sin\theta_x \tag{2.7}$$

由 Yao 等（2004）与 Zhu 等（2004a，2004b）在气力输送颗粒系统中使用 PP 颗粒与 PVC 管道摩擦起电实验可知，PP 颗粒表面产生正电荷，PVC 管壁表面［图 2.2（c）］产生等量的负电荷。管道横截面网格 20×40［图 2.2（a）］，点电荷从点（l，k）到点（i，j）产生的静电场矢量［图 2.2（d）］可以通过以下公式求得。

$$e_{x(l,k,i,j)}=\frac{1}{4\pi\varepsilon_0}\cdot\frac{q(l,k)}{r_{c(l,k,i,j)}^2}\cdot\cos\theta_{x(l,k,i,j)}$$

$$e_{y(l,k,i,j)}=\frac{1}{4\pi\varepsilon_0}\cdot\frac{q(l,k)}{r_{c(l,k,i,j)}^2}\cdot\sin\theta_{x(l,k,i,j)} \tag{2.8}$$

式中，i 和 l 是径向坐标，取值范围是 $1\sim m$（m=20）；j 和 k 是极点方向坐标，取值范围是 $1\sim n$（n=40）。气力输送颗粒系统横截面上所有点电荷在点（i，j）处产生的总静电场强度计算为

$$E_{x(i,j)}=\sum_{l=1}^{m}\sum_{k=1}^{n}e_{x(l,k,i,j)}=\sum_{l=1}^{m}\sum_{k=1}^{n}\frac{1}{4\pi\varepsilon_0}\cdot\frac{q(l,k)}{r_{c(l,k,i,j)}^2}\cdot\cos\theta_{x(l,k,i,j)}$$

$$E_{y(i,j)}=\sum_{l=1}^{m}\sum_{k=1}^{n}e_{y(l,k,i,j)}=\sum_{l=1}^{m}\sum_{k=1}^{n}\frac{1}{4\pi\varepsilon_0}\cdot\frac{q(l,k)}{r_{c(l,k,i,j)}^2}\cdot\sin\theta_{x(l,k,i,j)} \tag{2.9}$$

式中，l 取值范围是 1 ~ m 除了 $l \neq i$；k 取值范围是 1 ~ n 除了 $k \neq j$。静电场向量在点（i，j）处的大小可以通过下式求得

$$E_{(i,j)} = \sqrt{E_{x(i,j)}^2 + E_{y(i,j)}^2} \tag{2.10}$$

2.2.3　颗粒电荷

本章实验中，气力输送颗粒系统三种流态中颗粒电荷密度均是用法拉第杯测量，如表 2.1 所示。由于颗粒（假设球形）体积已知，表面电荷均匀分布，可以通过下式求得

$$\sigma = \frac{\rho_p \cdot V_p \cdot Q_p}{S_p} = 1/3 \cdot r_p \cdot \rho_p \cdot Q_p \tag{2.11}$$

式中，V_p为颗粒体积；r_p为颗粒半径；S_p为颗粒表面积；σ 为颗粒表面电荷密度；ρ_p为颗粒密度，Q_p为颗粒电荷密度。

对于三种不同气流流量，颗粒表面电荷密度通过式（2.11）求得，计算结果如表 2.1 所示。

表 2.1　气力输送颗粒系统中三种典型颗粒流

气体流量 /(L/min)	颗粒质量/g	颗粒质量流速 /(g/s)	颗粒电荷密度 /(10^{-9}C/g)	颗粒表面电荷密度 /(10^{-9}C/m^2)
1600	1100	40.67±3.29	1.22	0.64
1100	1100	21.87±0.98	2.05	1.07
950	1100	14.50±0.47	2.36	1.24

在本章中，假设电荷在整个颗粒表面均匀分布。颗粒所带电荷总量可由颗粒表面电荷密度、颗粒材料面积与对应的颗粒体积分数（ECT 测量）乘积计算获得。

2.2.4　曳引力 $\boldsymbol{F}_D$（Sommerfeld，2003）

$$\boldsymbol{F}_D = \frac{3}{4} \cdot \frac{\rho_g m_p}{\rho_p D_p} c_D \cdot (\boldsymbol{u}_g - \boldsymbol{u}_p) \cdot |\boldsymbol{u}_g - \boldsymbol{u}_p|$$

假如颗粒形状为球形，则上式可以简化为

$$\boldsymbol{F}_D = \frac{\rho_g D_p^2}{8} c_D \cdot (\boldsymbol{u}_g - \boldsymbol{u}_p) \cdot |\boldsymbol{u}_g - \boldsymbol{u}_p| \tag{2.12}$$

式中，ρ_g为气体密度；m_p为颗粒质量；D_p为颗粒直径；$\boldsymbol{u}_g$和 $\boldsymbol{u}_p$分别为气体与颗粒的平移速度矢量。

曳引力系数定义为

$$c_D = \frac{24}{Re_p} \cdot (1 + 0.15 \cdot Re_p^{0.687}) = \frac{24}{Re_p} f_D \quad Re_p \leqslant 1000 \tag{2.13}$$

$$c_D = 0.44 \quad Re_p > 1000 \tag{2.14}$$

式中，Re_p可以由下式求得

$$Re_p=\frac{\rho_g D_p \mid \boldsymbol{u}_g-\boldsymbol{u}_p \mid}{\mu_g} \tag{2.15}$$

2.2.5 静电力 F_E（Halliday et al.，1997）

如图 2.2 所示，点（i，j）处静电场力已知，作用该点的静电力可以求得

$$F_{Ex(i,j)}=E_{x(i,j)} \cdot q\ (i,\ j)$$
$$F_{Ey(i,j)}=E_{y(i,j)} \cdot q\ (i,\ j) \tag{2.16}$$

式中，$F_{Ex(i,j)}$和$F_{Ey(i,j)}$分别是 x 和 y 方向静电力；$E_{x(i,j)}$和$E_{y(i,j)}$分别是 x 和 y 方向静电场场强［式（2.9）］；q（i，j）是点（i，j）处电荷量。因此，在点（i，j）处，静电力可以求得

$$F_{E(i,j)}=\sqrt{F^2_{Ex(i,j)}+F^2_{Ey(i,j)}} \tag{2.17}$$

2.3 结果与讨论

2.3.1 平均电流

本章中，测量了气力输送颗粒系统中三种不同流速下的感应电流，主要受三个因素影响：①管壁上静电荷；②没有接触管壁而通过测试部分的带电颗粒；③与管壁发生碰撞或滑动，滚动而直接接触的颗粒。实际上，无论是对于管壁还是颗粒发生的静电，第二因素影响可以忽略。这是因为，当一个带电颗粒靠近检测处时，等量于颗粒静电量的感应电荷在检测部分生成，当该颗粒离开检测处时，这些感应电荷消失。所以，在此过程中无净电荷生成。为了消除该因素影响，提出平均电流概念。

$$\bar{I}=\frac{1}{T}\int_0^T I \cdot \mathrm{d}t \tag{2.18}$$

式中，I 为感应电流，可用数字静电仪测量获得；T 为时间周期。

在气力输送颗粒系统［图 2.3（a）~（c）］中感应电流的极性在正负之间波动，其机理已经在第 1 章中解释。通过式（2.18）可得到三处管段的平均电流如图 2.3（d）~（i）所示。可以发现，经过一段时间所有情况下平均电流都达到恒定负值。该结果合理，因为颗粒（PP）与管道（PVC）碰撞（Yao et al.，2004；Zhu et al.，2004a，2004b）后管道表面产生负电荷。Davies（1969）研究绝缘体表面电荷产生时，发现聚氯乙烯（PVC）管道比聚丙烯（PP）颗粒具有更高的功函数，倾向于接受碰撞而产生电子。稳定感应电流的建立意味着“静电平衡”状态的建立。

2.3.2　静电平衡

图 2.3（g）~（i）表明，对于所有研究工况，平均电流达到静电平衡前需要经历一个过渡状态，到达稳定状态的时间随着气流量与管道部位不同而不同。为了研究此“充电过程”，瞬时平均电流与最终稳定电流的比值可以表示为

$$DI_{(h)}=\frac{|\bar{I}_{(h)}-\bar{I}_0|}{\bar{I}_0} \tag{2.19}$$

式中，$\bar{I}_{(h)}$是 h 时刻的平均电流；$\bar{I}_0$是稳定（平衡）状态的电流；$DI_{(h)}$是 h 时刻平均电流与平衡状态电流的比值。在本章中，$\bar{I}_0$假设等于实验结束时$\bar{I}_{(h)}$。当 $DI_{(h)}$小于或者接近 0.1 时，就认为达到了静电平衡。

此外，在一段时间 T 内，管壁上产生的电荷可以用下式计算：

$$Q=\int_0^T I\cdot \mathrm{d}t \tag{2.20}$$

如表 2.2 所示的是所有工况下静电平衡状态时获得的电荷量。可看出在气力输送颗粒系统中，气流量越高，静电发生达到平衡状态过程所需时间越短。在管道的三个不同部位（水平管、垂直管和弯管处）都能得到同样的结论。而且，无论气流量大小，水平管达到静电平衡状态所需要的时间最短，其次是垂直管道，弯头处达到静电平衡状态所需要的时间最长。除了弯头部分，处于静电平衡状态时，管壁上产生的静电量随着气体流量的减小而增加。对于弯头部分，气体流量越大时产生的静电量越大。

采用无量纲值 *DI* 评估不同条件下的静电平衡。当 *DI* 值小于或者接近 0.1 时，即认为达到了静电平衡。用一个固定比率与不同条件下的值进行比较。值得注意的是这个比率（0.1）是随意选取的，但是静电平衡敏感性需要进一步研究以确保静电行为的自然属性不对这种选择敏感。当该比率选取更小值时（<0.1），每种条件下达到静电平衡所需要的时间会更长，可以得到相同的结果。

2.3.3　静电平衡物理分析

在气力输送颗粒系统中，一方面，颗粒与管壁碰撞会在颗粒和管壁表面产生静电荷（Masuda et al., 1976），该过程可以视为充电过程；另一方面，假如颗粒与管壁一开始就已经带电，在颗粒-壁面碰撞过程中颗粒表面电荷可能被管壁上已有的静电荷中和，该过程可视为放电过程。

在本章气力输送颗粒实验开始时，颗粒和管壁已经放电，不携带静电荷，所以在碰撞过程中很容易带电，这就是充电过程。当系统运行一段时间后，静电电荷在颗粒和管壁表面都有积累，静电的放电效应逐渐增强。当充电、放电过程达到平衡状态，颗粒与管壁上静电荷量处于稳定状态，就达到了上文所提到的“静电平衡”。由上分析可知，这种平衡状态实际上是一种“动态平衡”。在气力输送颗粒系统中，存在着很多影响静电平衡的因

素，如气体流量、管道材料、管道使用时间、相对湿度、抗静电剂、管道厚度、管道带电状态等。在本章实验中发现气力输送颗粒系统中不同部位的静电平衡也是不同的。

通过以上分析［图 2.3（g）～(i)］，在气力输送颗粒系统中气体流量大会缩短到达静电平衡的时间，这是因为气体流量大时会引发更多的颗粒-壁面碰撞，导致充电与放电过程达到平衡状态的频率增大。

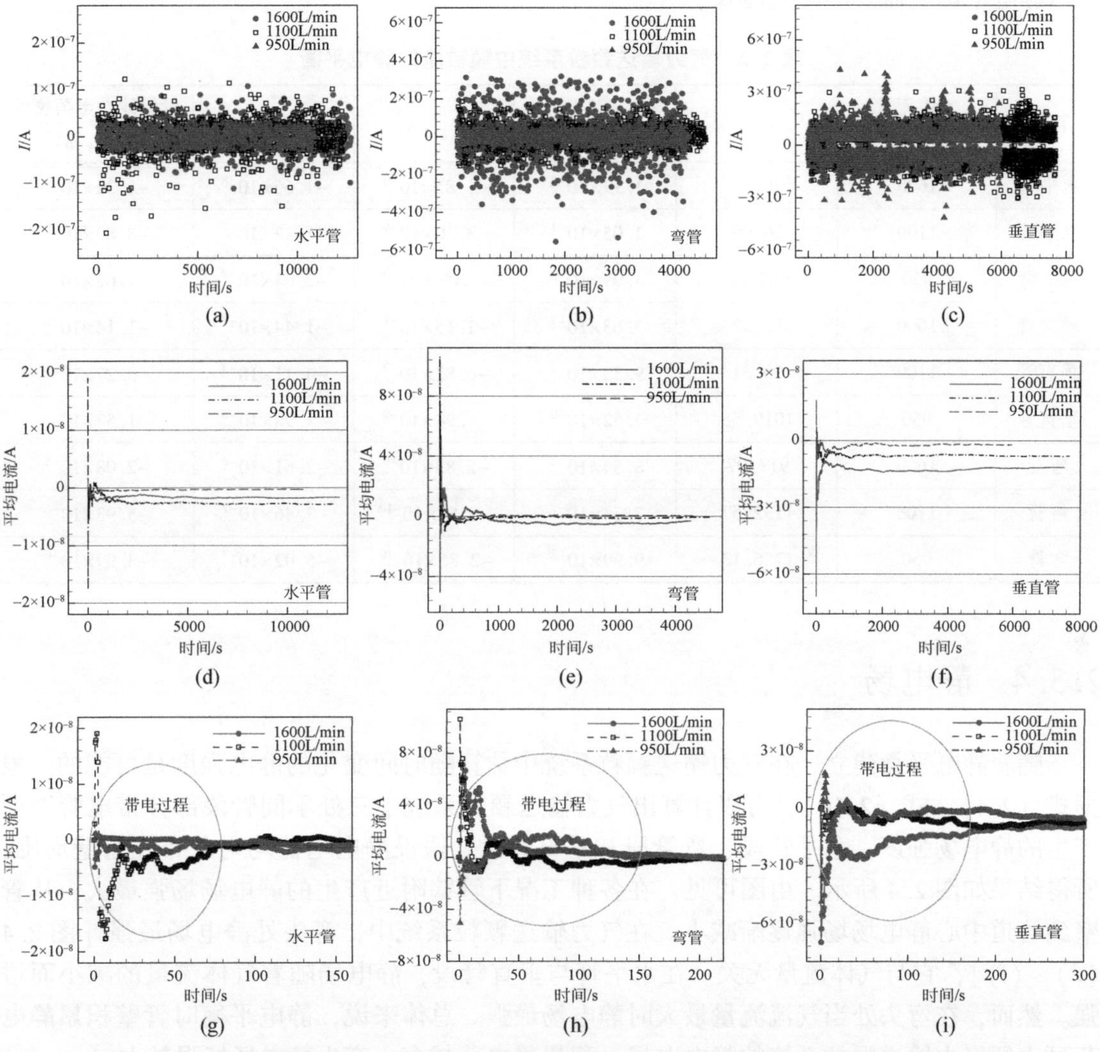

图 2.3　气力输送颗粒系统中三处不同管道部位的静电：水平管段、弯管段、垂直管段
(a)～(c) 感应电流；(d)～(f) 平均电流；(g)～(i) 充电过程

在气力输送颗粒系统中，颗粒-壁面发生碰撞最多的部位是在90°弯头处，此处颗粒轨迹相当复杂。在前期研究中（Yao et al., 2000；Fan et al., 2002；Lee et al., 2004），发现绝大多数颗粒-弯管碰撞都发生在弯管外侧壁上，发生在弯管内侧壁的碰撞很少，几乎没有发生碰撞。因此，可以合理认为颗粒-壁面碰撞产生的静电在弯管中分布是不均匀的，这可以

解释为什么在气力输送颗粒系统中弯管部位达到静电平衡需要的时间最长，如表 2.2 所示。

与上分析同理，颗粒在垂直管道中运动比在水平管道中运动更加复杂，因此垂直管道达到静电平衡所需要时间更长（Rao et al., 2001；Zhu et al., 2003, 2004a, 2004b；Lim et al., 2006），这些结论可以通过表 2.2 证实。因此，可以推断出涉及颗粒与管壁碰撞的静电平衡与颗粒的行为、当地气流流动特征（如湍流）具有很大相关性：颗粒运动越复杂，到达静电平衡所需要的时间越长。

表 2.2　气力输送颗粒系统中颗粒流的静电平衡

管段	气体流量 /(L/min)	t_h/s	$DI_{(h)}$	$\bar{I}_{(h)}$/A	电荷 Q/C	管壁线性电荷密度 λ/(C/m)
水平管	1600	9.01	1.17×10^{-1}	-1.85×10^{-9}	-1.66×10^{-8}	-1.32×10^{-7}
水平管	1100	36.09	1.05×10^{-1}	-3.10×10^{-9}	-1.12×10^{-7}	-8.89×10^{-7}
水平管	950	663.88	4.99×10^{-2}	-3.07×10^{-10}	-2.04×10^{-7}	-1.62×10^{-6}
垂直管	1600	12.52	3.63×10^{-2}	-1.15×10^{-8}	-1.44×10^{-7}	-1.14×10^{-6}
垂直管	1100	60.31	9.33×10^{-3}	-6.82×10^{-9}	-4.11×10^{-7}	-3.27×10^{-6}
垂直管	950	1019.58	7.52×10^{-2}	-1.94×10^{-9}	-1.98×10^{-6}	-1.57×10^{-5}
弯管	1600	917.97	8.54×10^{-2}	-2.85×10^{-9}	-2.61×10^{-6}	-2.08×10^{-5}
弯管	1100	1132.57	7.34×10^{-2}	-6.59×10^{-10}	-7.46×10^{-7}	-5.93×10^{-6}
弯管	950	1756.13	9.99×10^{-2}	-2.86×10^{-10}	-5.02×10^{-7}	-3.99×10^{-6}

2.3.4　静电场

随着静电平衡建立，在气力输送颗粒系统中估算随时间变化的静电强度是可能的。根据式（2.4）~式（2.10），可以计算出气力输送颗粒系统中三处不同管段部分带电管壁所产生的静电场强度：水平管段、弯管段和垂直管段。假设静电电荷均匀分布在管壁周围，所得结果如图 2.4 所示。由图可见，在各种工况下管壁附近产生的静电场场强最大，从管壁到管道中心静电场场强逐渐减小。在气力输送颗粒系统中，弯头处静电场最强［图 2.4 (d) ~ (f)］，它与气体流量无关。在水平管与垂直管段，静电场随着气体流量的减小而增强。然而，在弯头处当气流流量最大时静电场最强。总体来说，静电平衡时管壁积累静电荷可表征气力输送颗粒系统的静电电场。积累静电荷越多，产生静电场场强越大。

空气击穿电压是 3×10^6V/m，空气的介电常数是 8.85×10^{-12} $C^2/(N\cdot m^2)$。图 2.4 的结果可用下面的事实说明。例如，气力输送颗粒系统中出现的电火花，首先是发生在弯头处，气体高速流量大频繁发生。气力输送颗粒系统运行 30 分钟后，在水平管段可以看到电火花现象。当电火花出现时，感应电流数值可达到 6×10^7 A。与水平管段相比，垂直管段与弯管处产生电火花需要的时间更短，发生频率更高。研究发现工作条件会严重影响电火花的产生。颗粒流量越大，颗粒越大，以及湿度越低，这些都会促进气力输送颗粒系统中电火花越容易发生。

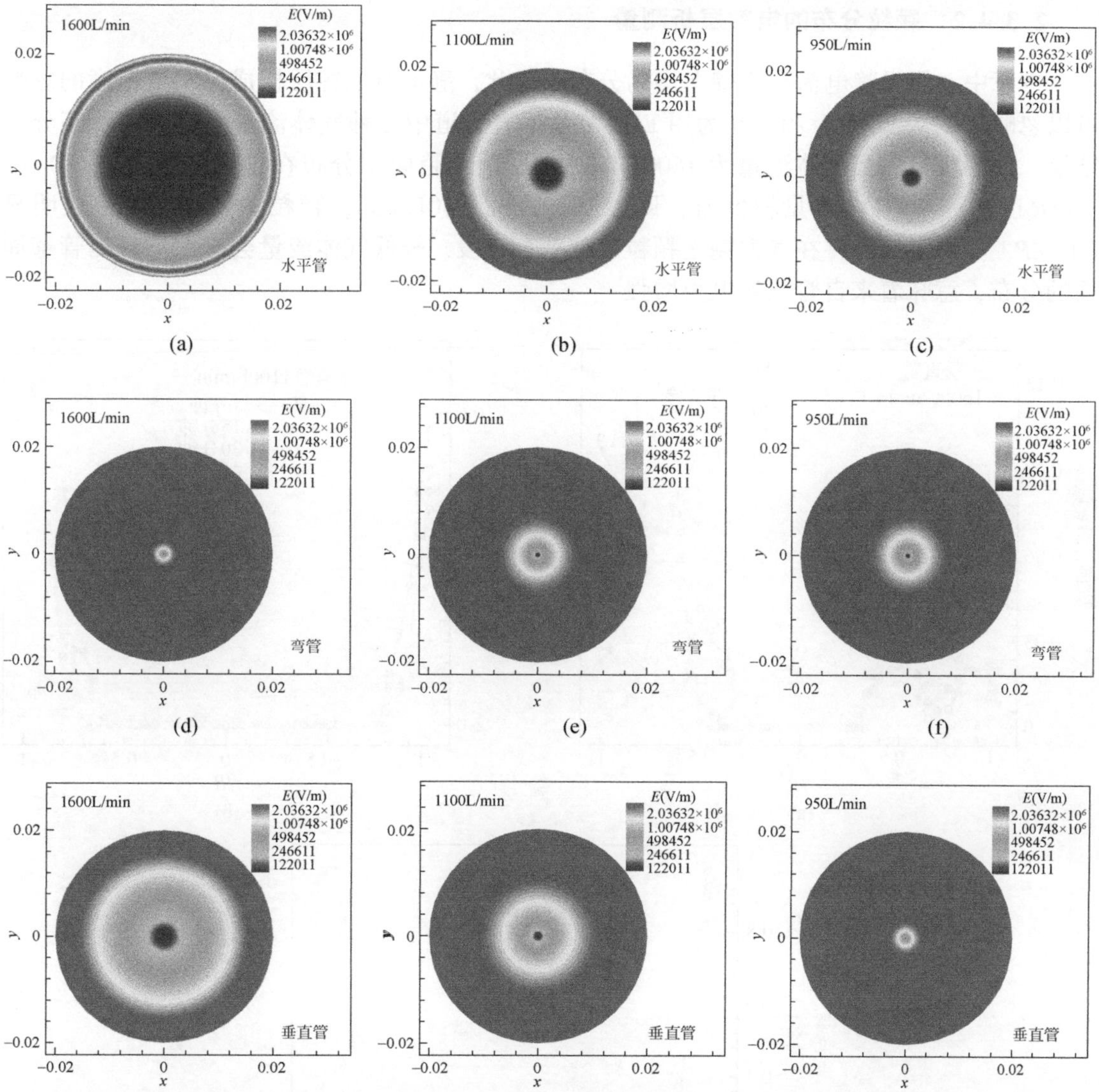

图 2.4　气力输送颗粒系统三种流态下静电平衡时的静电场强（$E=1.22\times10^5\sim1.22\times10^7$ V/m，最大与最小值之间线性平均 30 等份）：1600L/min、1100L/min、950L/min
(a)～(c) 水平管段；(d)～(f) 弯管段；(g)～(i) 垂直管段

2.3.4.1　垂直管颗粒流的静电力

如前章所述，在气力输送颗粒系统（Yao et al., 2004）垂直管道中可观察到三种不同气体流量所对应的颗粒流态，即分散流、半环流与环形流。然而，形成这三种颗粒流态的工作机理还没有完全澄清。根据本章建立的“静电平衡”概念及应用在线电容式成像系统测量，分析三种垂直管中颗粒流态的静电特征，比较静电与颗粒分布。

2.3.4.2　颗粒分布的电容层析测量

本章中，假设静电荷在管壁上均匀分布，因此，静电对电容层析成像测量精度的影响可以忽略（附录 2.B）。图 2.5 为用 ECT 测量垂直管道中三种气体流量下颗粒的瞬态分布结果。由图可见，当气体流量为 1600L/min 时，颗粒趋向于分布在管道的中心处（$0.3<|r/R|<1$），当气体流量较低时，即 1100L/min、950L/min，颗粒在管壁处聚集较明显（$|r/R|=1$）。因此，在气力输送颗粒系统垂直管段，较低气体流量会增加颗粒在管壁周围的分布，意味着来自管壁静电力增强。

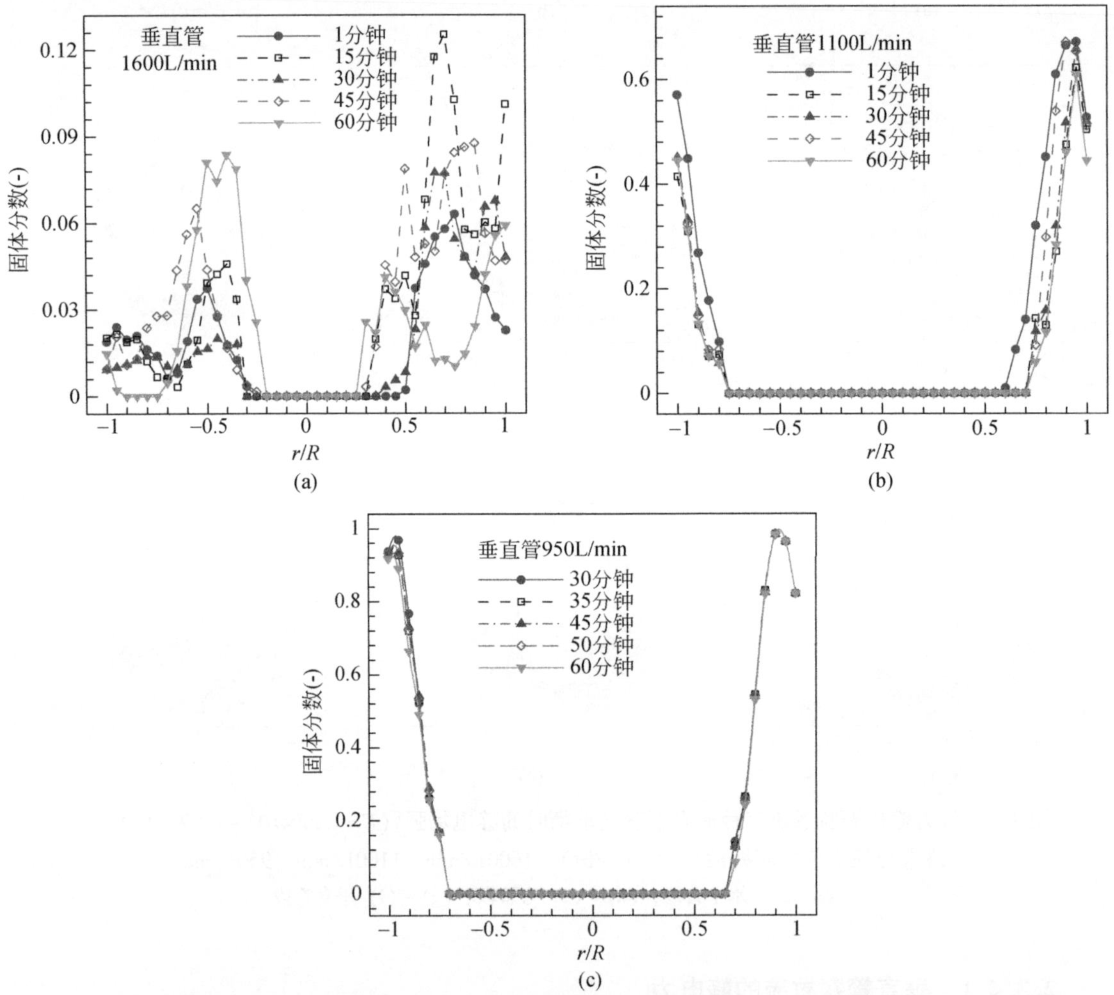

图 2.5　气力输送颗粒系统垂直管道处三种颗粒流态（距离底部弯头 1.45m）时，通过 ECT 测量颗粒径向分布时间平均浓度（$=F_P \cdot \bar{\alpha}_t$，平均每 30s 记录数据，聚丙烯颗粒 $F_P=0.77$）

（a）1600L/min；（b）1100L/min；（c）950L/min。图 2.1 显示了 r/R

2.3.4.3　带电颗粒的静电场强

根据上述颗粒分布（图 2.5）与颗粒表面电荷密度（表 2.1），可由式（2.4）~ 式（2.10）计算获得带电颗粒的静电场，结果如图 2.6 所示。当气体流量很高时（1600L/min）颗粒分布如图 2.6（a）所示，带电颗粒在管道中心附近具有明显的静电效应。与此相反，当气体流量较低时，如 1100L/min、950L/min，在管道壁面附近发现静电效应较高的区域。图 2.6 说明带电颗粒产生的静电强度随气体流量降低而增大，这可能是因为气体流量低时颗粒表面电荷密度高及颗粒浓度高。

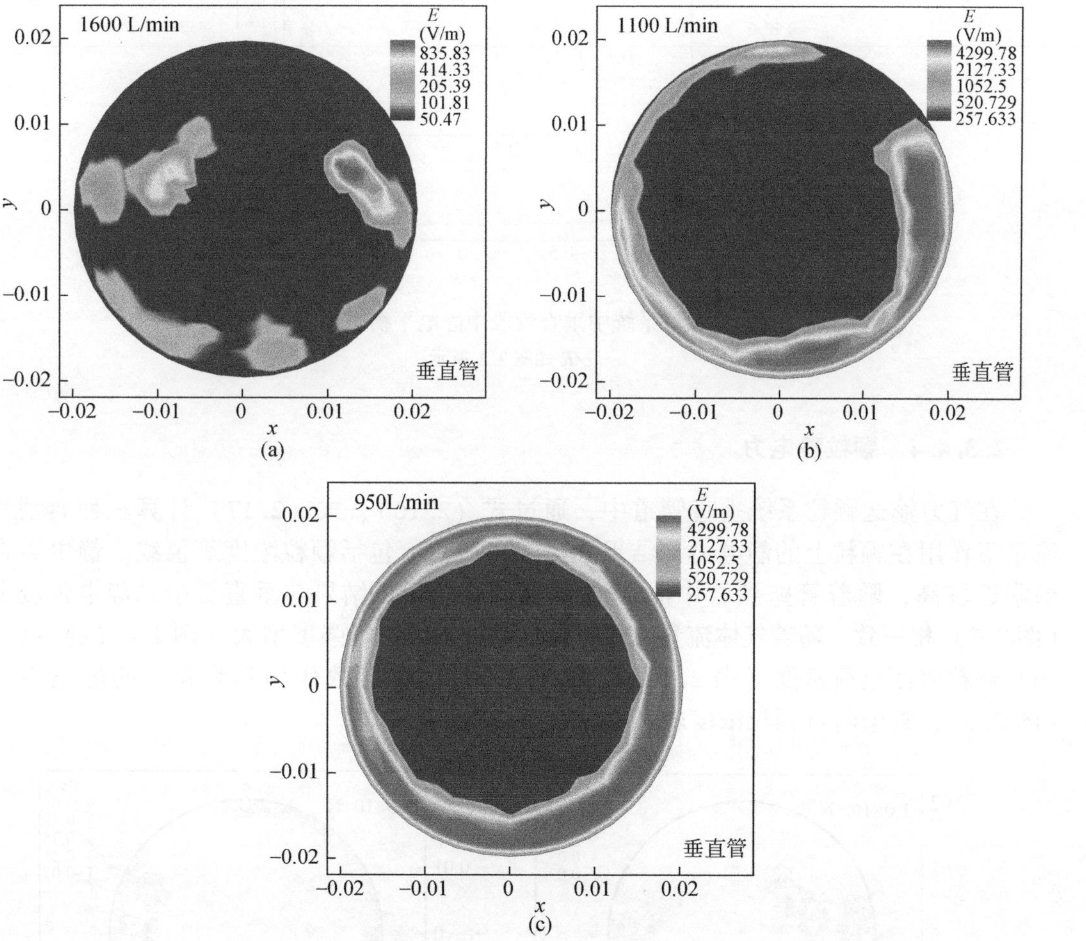

图 2.6　气力输送颗粒系统垂直管段中三种流态下的静电平衡所对应的静电场强

（a）1600L/min（E=50.47 ~ 1.51×10^3 V/m，30 等级）；（b）1100L/min（E=2.65×10^2 ~ 7.95×10^3 V/m，30 等级）；（c）950L/min（E=2.65×10^2 ~ 7.95×10^3 V/m，30 等级）。x-y 坐标系如图 2.1 所示

如图 2.7 所示是气力输送颗粒系统垂直管道中带电管壁与带电颗粒所产生的叠加静电场场强。结果显示静电场强从管壁至管中心逐渐减弱。该结论与式（2.4）~ 式（2.10）

计算垂直管道［图2.4（g）~（i）］带电管壁静电场强度的结果相一致。这是因为带电管壁（图2.4）产生的静电场强比带电颗粒产生的场强（图2.6）高三个数量级。因此，有理由相信在气力输送颗粒系统中垂直管道部分带电管道产生的静电场强决定了颗粒的行为。

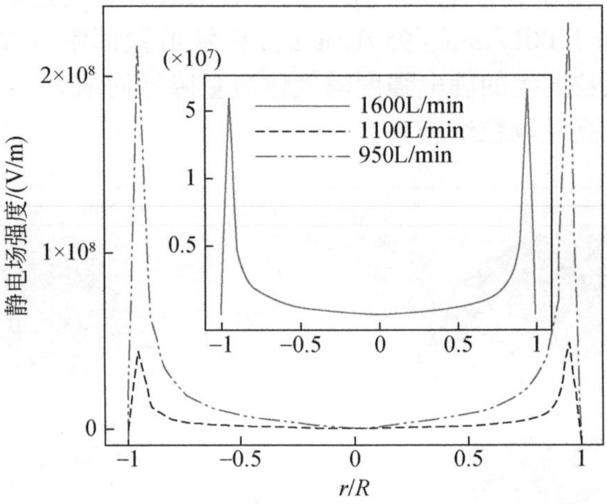

图2.7　气力输送颗粒系统中垂直管段中静电平衡时静电场强的径向分布

r/R 如图2.1所示

2.3.4.4　颗粒静电力

在气力输送颗粒系统垂直管道中，通过式（2.16）、式（2.17）计算三种典型气体流量下作用在颗粒上的静电力，结果如图2.8所示，包括颗粒浓度等值线。静电力在管壁附近较高，随着管壁到管中心静电力逐渐减弱，该结果与垂直管中总静电强度分布（图2.7）相一致。随着气体流量减弱，带电管壁的静电场强度增大［图2.4（g）~（i）］，同时颗粒表面电荷密度（表2.1）也增大。两种因素导致作用到颗粒上的静电力增大（图2.8），管壁附近颗粒浓度较高（图2.5）。

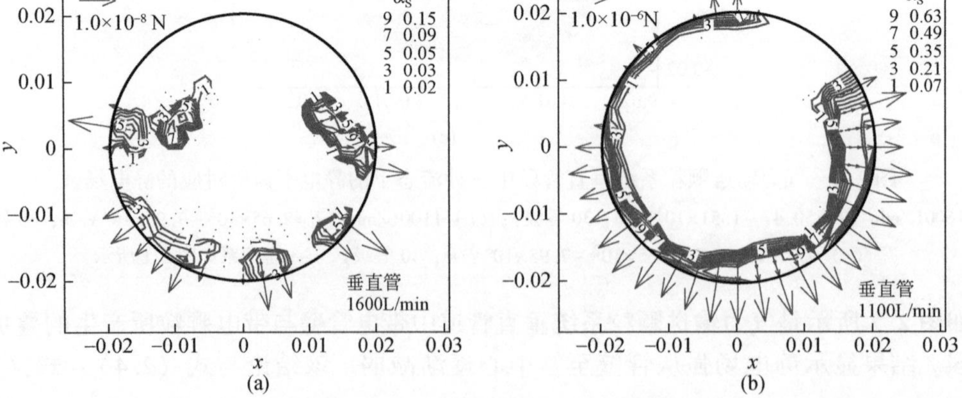

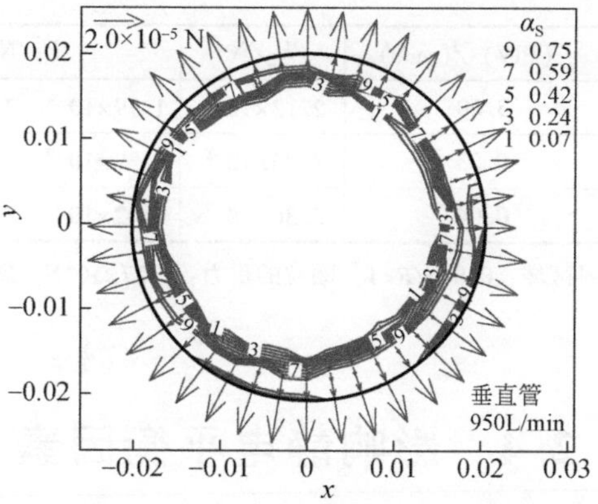

(c)

图 2.8　气力输送颗粒系统中垂直管段三种颗粒流态下作用在颗粒上的静电力

（a）1600L/min；（b）1100L/min；（c）950L/min。x-y 坐标系如图 2.1 所示

2.3.4.5　PIV 测量与动态分析

在气力输送颗粒系统垂直管段三种颗粒典型流态，利用 PIV 测量颗粒速度。表 2.3 为管道中心区域（$r/R<0.7$）与边界区域（$0.8<r/R<1$）颗粒的平均速度。可以发现管道中心区域的颗粒速度明显比边界区域高，它与气力输送颗粒系统中气体流量无关。此外，在垂直管段中，低气体流量会减小颗粒的速度。

在气力输送颗粒系统垂直管道部分，作用在颗粒上的力主要有重力与曳引力。假如颗粒在管道壁面滑动，摩擦力与颗粒运动方向相反。根据 PIV 测量得到的颗粒速度，作用在颗粒上曳引力可以通过式（2.12）~式（2.15）求得。作用在颗粒上的静电力可以通过式（2.16）和式（2.17）求得。摩擦力与静电力相垂直，它在数值上等于静电力乘以动态摩擦参数。结果，在气力输送颗粒系统垂直管段中，作用在颗粒上所有力的总结在表 2.3 中。如表 2.3 所示，在分散流中（气体流量 1600L/min），气体流量非常高，无论在管道中心区域还是边界区域，流体曳引力远大于重力，所以颗粒有较大的向上运动速度。当气流量降低导致形成半环流或环形流，管壁边界层内流体曳引力减小至与重力同一个数量级，二力作用建立了动态平衡。于是，平衡条件下，静电力可能成为影响颗粒行为的决定因素。具体来说，当气流量低时颗粒接近管壁或者管壁与颗粒获得很高的电荷密度，由式（2.17）计算得到静电力（F_E）显著增大（表 2.3），导致颗粒黏附在管壁上形成半环流或环形流，静电力起到关键性作用。

表 2.3　气动输送颗粒系统垂直管道中颗粒的受力分析

	气体流量/(L/min)	$\bar{v}_p$（PIV）/(m/s)	F_D/N	F_E/N	F_f/N
中心区域	1600	5.10	4.24×10^{-4}	$4.68\times10^{-12}\sim2.13\times10^{-9}$	—
	1100	0.30	3.33×10^{-4}	$1.93\times10^{-10}\sim3.82\times10^{-9}$	—
	950	0.15	2.53×10^{-4}	$1.73\times10^{-8}\sim1.03\times10^{-7}$	—

续表

	气体流量/(L/min)	$\bar{v}_p$ (PIV) /(m/s)	F_D/N	F_E/N	F_f/N
边界区域	1600	3.60	2.12×10^{-5}	$1.79\times10^{-9}\sim2.23\times10^{-8}$	$1.00\times10^{-9}\sim1.25\times10^{-8}$
	1100	0.23	8.26×10^{-8}	$9.39\times10^{-9}\sim4.19\times10^{-6}$	$5.26\times10^{-9}\sim2.35\times10^{-6}$
	950	0.04	2.30×10^{-9}	$6.42\times10^{-7}\sim3.37\times10^{-5}$	$3.60\times10^{-7}\sim1.89\times10^{-5}$

注：中心区域：$r/R<0.7$；边界区域：$0.8<r/R<1$。颗粒的重力：1.27×10^4N。颗粒接触管道摩擦力：$F_f=F_E\cdot f$，f 是 PP-PVC 摩擦系数，$f=0.56$。

2.4 影响静电平衡因素

2.4.1 气力输送颗粒系统（循环）

气力输送颗粒系统完整设备装置（图 2.1）是在图 1.1 基础上建立的。入口气流压力控制在 75psi，气流流量率和管内对应气流表速度分别为 1600L/min 和 21.20m/s。实验前使用管道不带电，所使用颗粒在实验前放电 24 小时，使用颗粒质量为 1100g。

2.4.2 管道材料

如图 2.9（a）所示为 PVC、PE 两种材料管道在静电平衡状态的平均电流。由图 2.9 可知，PVC 材料管道达到平衡所需时间比 PE 材料更长。在平衡状态，PVC 管道储存更多的静电电荷［图 2.9（b)］。因此，气力输送颗粒系统中管道材料是影响静电产生的一个重要因素。

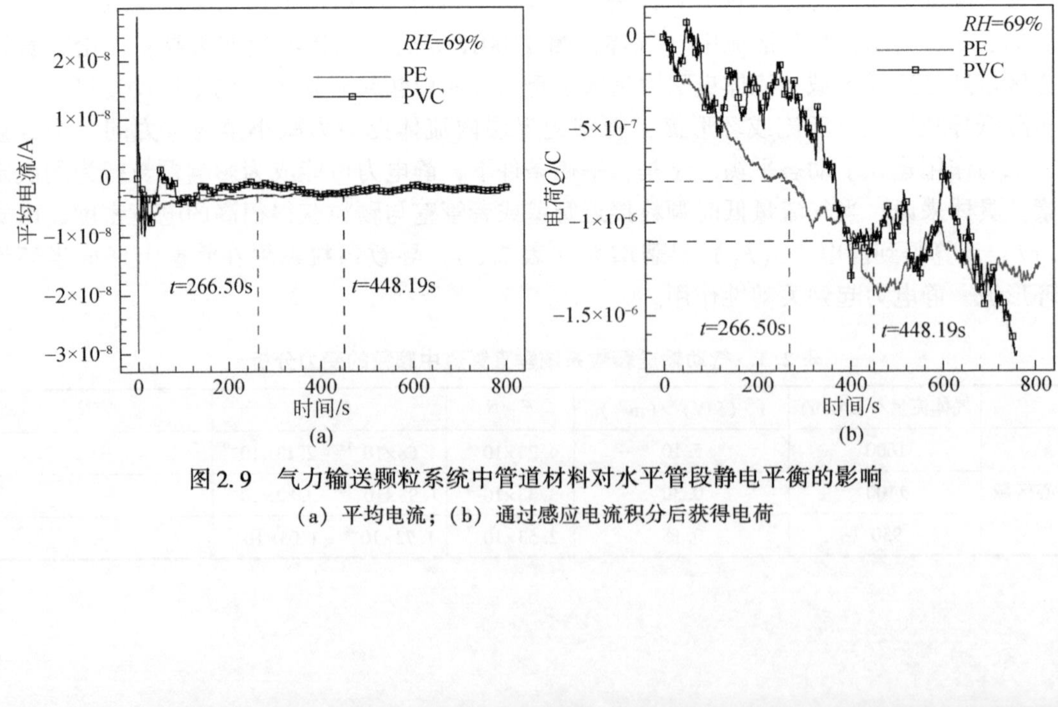

图 2.9　气力输送颗粒系统中管道材料对水平管段静电平衡的影响

(a) 平均电流；(b) 通过感应电流积分后获得电荷

2.4.3 管道状态（新、旧）

在气力输送颗粒系统中，颗粒与管壁上静电产生机理主要是依靠摩擦生电（Yao et al.，2004）。颗粒与管道碰撞机械作用导致管道粗糙并改变其静电特性。例如，在强烈机械碰撞下，管壁可能会被磨损（Lee et al.，2004），颗粒会吸附在管壁表面。在气力输送颗粒系统静电发生研究的前期工作（Yao et al.，2004），管道使用 10 分钟后，就会在 PE 薄膜（厚度：0.04mm）上形成较深的沟壑［图 1.18（c）］。本章实验比较了两种使用时间不同的管道（新、旧）的性能。旧管道使用超过 360 小时，新旧管道实验结果如图 2.10 所示。研究发现，与新管道相比，旧管道需要更多时间达到静电平衡［图 2.10（a）］而且此时感应电流较低，意味着壁面粗糙度大的旧管道静电性能降低。由于需要更长的时间达到静电平衡状态，旧管道壁面积累的电荷数量会更大［图 2.10（b）］。因此，在气力输送颗粒系统中，管道状态是另一个影响静电产生的重要因素。

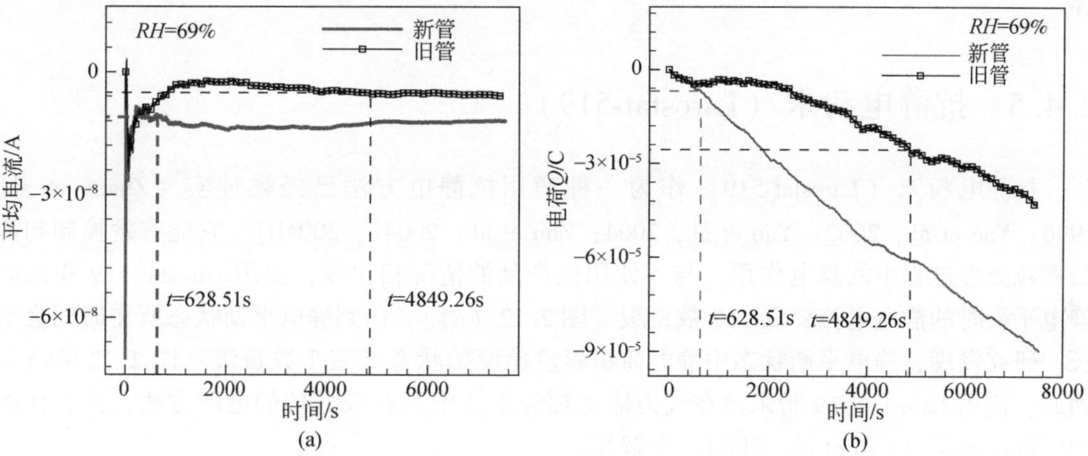

图 2.10　气力输送颗粒系统中管道状态（新、旧）对垂直管段静电平衡的影响

（a）平均电流；（b）通过感应电流积分后获得电荷电量

2.4.4 湿度

在任何静电实验中，外界气流相对湿度都是一个重要影响因素（Nieh and Nguyen，1988；Guardiola et al.，1996；Howell et al.，2001；Yao et al.，2004）。本章中，使用外界气体（$RH=88\%$）和干燥气体（$RH=5\%$，气流通过硅胶剂得到）。使用相同管道（新、旧）进行实验，在垂直管道中获得测量数据。如图 2.11 所示，较大湿度可延长到达静电平衡状态的时间并降低平衡状态时的电流，即湿度高会削弱静电产生。同理，在气力输送颗粒系统中使用高湿度气流时，无论气体流量如何都观察不到半环流和环形流的发生。

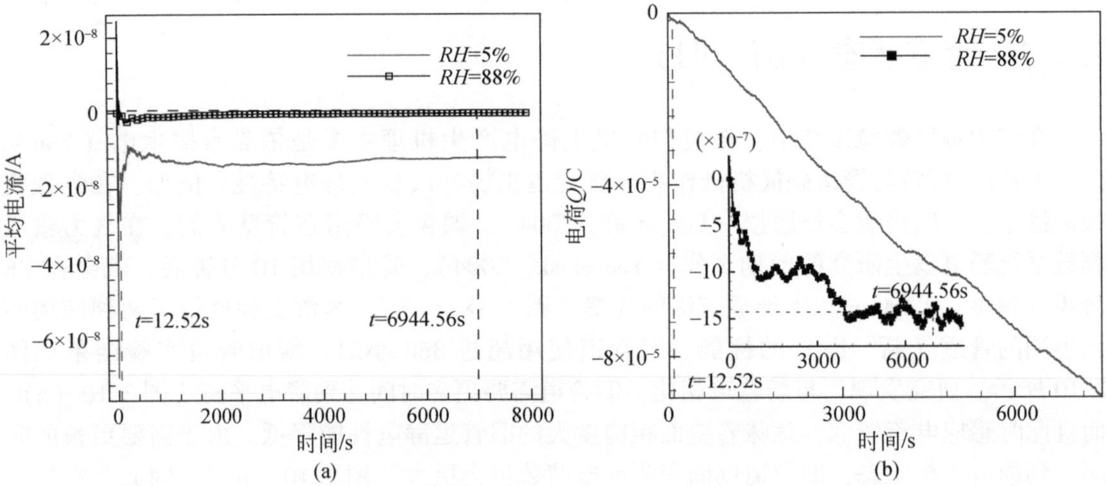

图 2.11 气力输送颗粒系统中垂直管段中湿度对静电平衡的影响

（a）平均电流；（b）通过感应电流积分后获得电荷电量

2.4.5 抗静电粉末（Larostat-519）

抗静电粉末（Larostat-519）作为一种商用抗静电方法已经被证实（Zhang et al., 1996；Yao et al., 2002；Yao et al., 2004；Zhu et al., 2004a，2004b）。它能有效控制与降低颗粒处理过程中的静电作用。与不使用该产品的情况相比较，使用 Larostat-519 粉末时静电平衡时的静电电流要低三个数量级［图 2.12（a）］，达到静电平衡状态所需时间会更长。研究发现，静电平衡状态中静电荷积累量比原始状态低三个数量级［图 2.12（b）］。因此，使用 Larostat-519 粉末是在气力输送颗粒系统中具有较好抗静电的方法，其工作原理已经在前章（Yao et al., 2004）中解释。

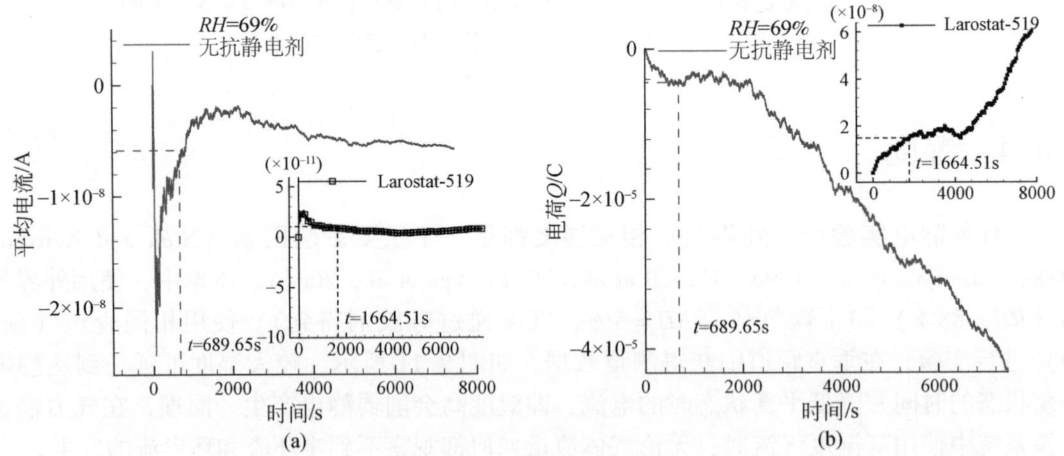

图 2.12 气力输送颗粒系统中垂直管段抗静电剂（Larostat-519）对静电平衡的影响

（a）平均电流；（b）通过感应电流积分后获得电荷

在气力输送颗粒系统中，管道壁面在静电平衡状态时积累静电量取决于两因素，到达平衡状态所需要时间与平衡状态时静电电流。由上述分析可知，具有强静电特征情况（新管道、低湿度、无抗静电粉）倾向于在静电平衡状态时具有高静电流，达到静电平衡状态所需要时间短，反之亦然。这可以作如下解释，在具有强静电特征下，气力输送颗粒过程中颗粒能更有效生成静电，周围环境更有效传输静电。然而，在高静电状况下静电平衡时积累的静电荷总量不一定必然高于低静电状况，这是因为在静电发生过程中（达到平衡状态之前）对管道材料性能有更强的依赖性。

2.4.6　水平传输系统（非循环系统）

如图 2.13 所示，实验用来研究 PP 颗粒撞击各种材料的薄膜后建立静电平衡。传输管道测试部分表面覆盖了一层 PE/PMMA/PVC 薄膜，其他部分均是由铜制成。如图 2.13 所示，测试部分截面具体组成（Matsusaka et al.，2003）。各种不同组成材料，包括 PE（0.04mm，0.12mm）/PPMA（0.12，0.24mm）/PVC（0.12mm）、导电胶（0.07mm）、铜电极片（0.10mm）、绝缘胶（0.12mm）和铜制屏蔽片（0.10mm）。铜电极连接数字静电计（R8252）（图 2.13，标号 5）并且接地屏蔽。整个气力输送颗粒系统接地良好，保障所有颗粒与金属管壁碰撞时静电发生情况相同。当气流压力和气体流量分别达到 75psi 和 1600L/min 时，颗粒持续以 44.4±4.0g/s 速度通过水平管道。在测试部分产生静电，通过静电计（图 2.13，标号 5）测量感应电流，并以 0.1s^{-1} 频率储存至电脑（图 2.13，标号 6）中。每次实验使用颗粒（1100g），结束后收集在金属容器（图 2.13，标号 7）中，接地放电。

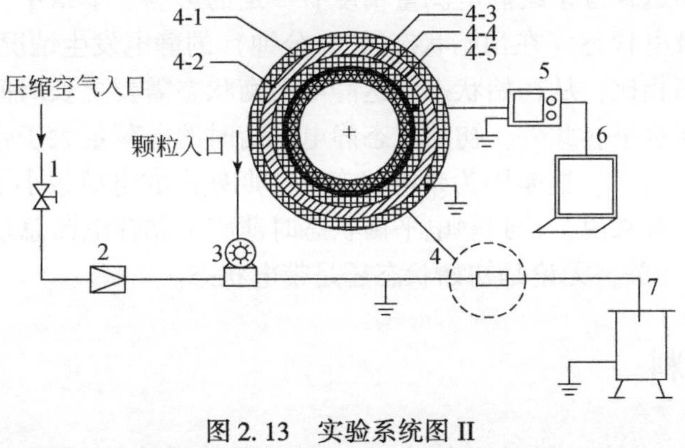

图 2.13　实验系统图 II

1. 气流控制阀；2. 转子流量计；3. 旋转阀；4. 测试部分；4-1. 铜制屏蔽片（0.10mm）；4-2. 绝缘胶（0.12mm）；4-3. 铜电极片（0.10mm）；4-4. 导电胶（0.07mm）；4-5. 测试薄层；5. 数字静电计；6. 电脑；7. 金属容器

2.4.7　膜厚度

对比 PE（PMMA）材料，厚度分别为 0.04（0.12）mm 和 0.12（0.24）mm 对静电平衡的影响。如图 2.14 所示，厚的薄膜能够加速静电平衡状态建立，静电电流较低。无论使用何种材料，在静电平衡时，厚的薄膜上积累静电荷量比薄的薄膜少。因此，相对于厚的薄膜，薄的薄膜对静电发生更加敏感。

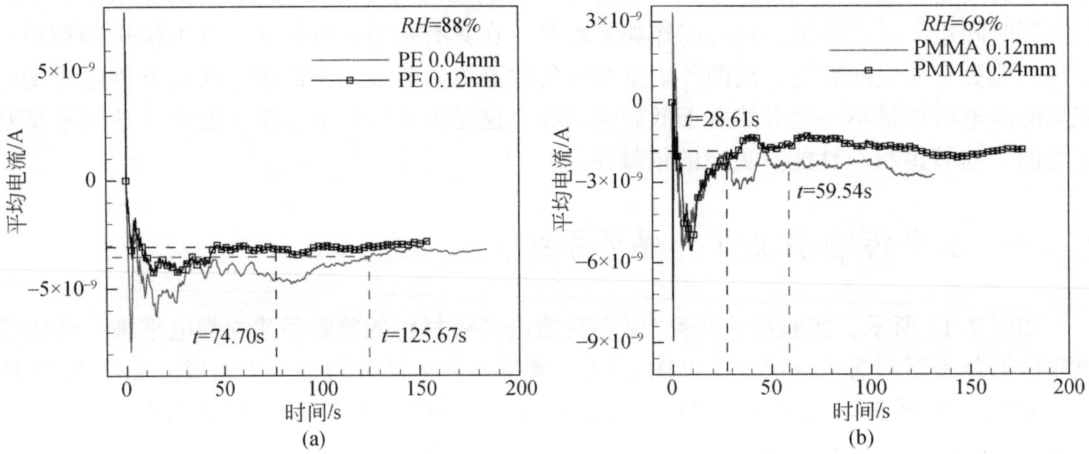

图 2.14　薄膜厚度对静电平衡的影响（平均电流）

（a）PE；（b）PMMA

2.4.8　管道带电状态

当气力输送颗粒系统停止运行后，系统中的残余静电荷会在系统中存在很长一段时间，可能会对气力输送颗粒系统静电测量精度有一定的影响。本章中，研究了气力输送颗粒系统初始状态与带电状态（在初始状态后 70 分钟）的静电发生情况如图 2.15 所示。研究发现，与带电状态相比，从初始状态到达静电平衡状态需要更长时间，但这两种情况下的静电电流处于相同水平。此外，初始状态静电平衡时的电荷量大于带电状态静电平衡时的电荷量［图 2.15（b）］，这是因为带电状态下前期残余的电荷减小了达到静电平衡所需要的额外电荷量。一般来说，达到静电平衡状态时薄膜上储存电荷总量基本一致（材料性质），它与充电状态无关，无论是初始状态还是带电状态。

2.4.9　薄膜材料

按照上文所述气力输送颗粒系统实验，在水平管道中测试了不同薄膜材料（PE、PVC），结果如图 2.16 所示。可发现，对比 PE（厚 0.12mm）材料，PVC（厚 0.12mm）材料达到静电平衡所需要时间更长。在静电平衡状态下［图 2.16（b）］，这一结论与前面气力输送颗粒系统中的结论相吻合。

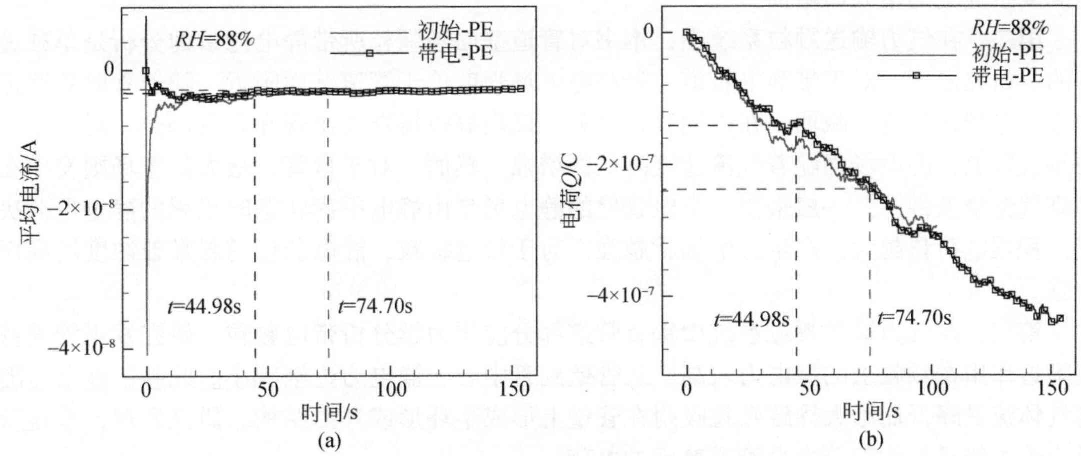

图 2.15　带电状态对静电平衡的影响（PE 厚度：0.12mm）

（a）平均电流；（b）通过感应电流积分后获得电荷电量

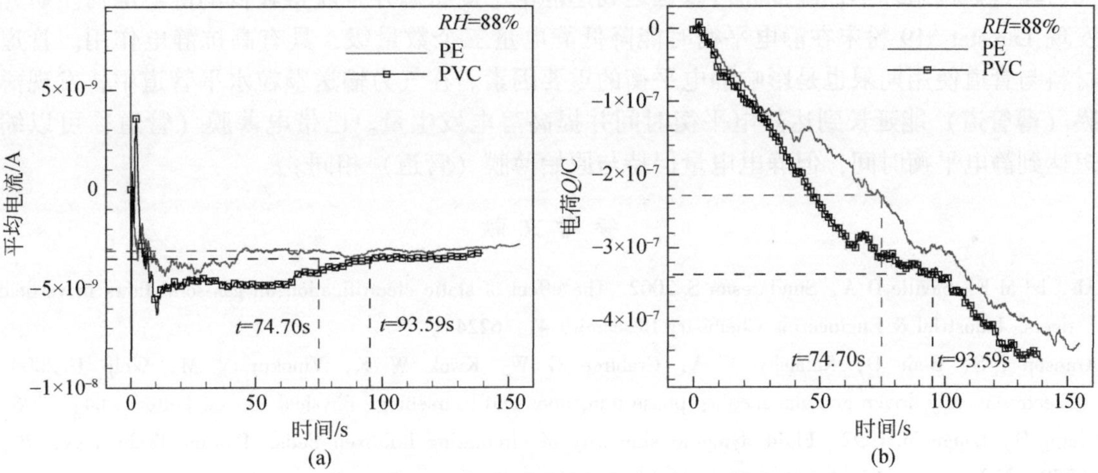

图 2.16　薄膜材料对静电平衡的影响（PE、PVC 厚度：0.12mm）

（a）平均电流；（b）通过感应电流积分后获得电荷电量

2.5　结　　论

本章结论总结如下。

第一，提出一种新的静电特征描述方法。基于气力输送颗粒系统中管道壁面静电发生过程，测量获得感应电流结果证实存在“充电过程”与“静电平衡状态”。气体流量大会缩短充电过程。处于不同位置的管道，到达静电平衡状态所需时间不同。从快到慢的顺序依次为：水平管道、垂直管道和弯管。研究发现，与颗粒和壁面碰撞相关的静电平衡严重依赖于颗粒行为和当地气流流动的特征。一般来说，达到静电平衡所需时间，随着颗粒运动的复杂程度的增大而增加。

第二，在气力输送颗粒系统中，本书对管道壁面与颗粒所带静电能量的分析是单独进行的。研究发现，对于带静电管道，最高静电场强度位于管道壁面附近，随着管壁到管道中心，电场强度逐渐减弱。在不同管道部分，最高静电场强度出现在弯管部分。对于水平与垂直管道，静电场强随着气流速度降低而增强。然而，对于弯管，最大静电场则发生在最高气流量条件下。一般来说，带电管壁的静电场是由静电平衡状态时积累的静电电荷决定。积累电荷量越大，产生静电场就越强。对于带电颗粒，静电能量随着颗粒浓度增高而加强。

第三，在气力输送颗粒系统中垂直管道部分应用力学分析带电颗粒。研究发现管道壁面附近作用在颗粒上的静电力较高，从管壁到管中心，静电力逐渐减小。此外，静电力随着气体流量降低而增大导致颗粒吸附在管壁上形成半环形或环形结构。研究发现，垂直管道中静电能量绝大部分来自管道壁面的电荷。

此外，气力输送颗粒系统的静电平衡可以通过工作条件进行物理表征，如管道材料、管道使用时间长短、湿度、抗静电粉、薄膜（管道）厚度及薄膜（管道）带电状况。在气力输送颗粒系统中，湿度高可以延迟到达静电平衡状态并且获得较低的静电电荷。研究发现 Larostat-519 粉末在静电平衡时能降低静电量三个数量级，具有高抗静电作用。管道材料与管道使用期限也是影响静电平衡的重要因素。在气力输送颗粒水平管道中，发现薄膜（薄管道）能延长到达静电平衡时间并提高静电发生量。已带电薄膜（管道）可以缩短达到静电平衡时间，但静电电量保持与原始薄膜（管道）相同。

参考文献

Al-Adel M F, Saville D A, Sundaresan S. 2002. The effect of static electrification on gas-solid flows in vertical risers. Industrial & Engineering Chemistry Research, 41: 6224

Aranson I S, Blair D, Kalatsky V A, Crabtree G W, Kwok W K, Vinokur V M, Welp U. 2000. Electrostatically driven granular media: phase transitions and coarsening. Physical Review Letters, 84: 3306.

Chang H, Louge M. 1992. Fluid dynamic similarity of circulating fluidized beds. Powder Technology, 70: 259 ~ 270

Chen A H, Bi H T, Grace J R, Willigen F K, Ommen J R. 2006. Measurement of charge distribution around a rising bubble in a 2-D fluidized bed. AIChE Journal, 52: 174 ~ 184

Ciborowski J, Wlodarski A. 1962. On electrostatic effects in fluidized beds. Chemical Engineering Science, 17: 23 ~ 32

Davies D K. 1969. Charge generation on dielectric surfaces. Journal of Physics D-Applied Physcis, 2: 1533 ~ 1537

Fan J R, Yao J, Cen K F. 2002. Antierosion in a 90° bend by particle impaction. AIChE Journal, 48: 1401 ~ 1412

Gajewski A. 1985. Investigation of the electrification of polypropylene particles during the fluidization process. Journal of Electrostatics, 17: 289 ~ 298

Glor M. 2003. Ignition hazard due to static electricity in particulate processes. Powder Technology, 135-36: 223 ~ 233

Guardiola J, Rojo V, Ramos G. 1996. Influence of particle size, fluidization velocity and relative humidity on fluidized bed electrostatics. Journal of Electrostatics, 37: 1 ~ 20

Halliday D, Resnick R, Walker J. 1997. Fundamentals of Physics Extended. 5th ed. New York: Wiley. 558

Howell D W, Aronson I S, Crabtree G W. 2001. Dynamics of electrostatically driven granular media: effects of humidity. Physical Review E, 63: 050301

Jiang P J, Bi H T, Liang S C, Fan L S. 1994. Hydrodynamic behavior of circulating fluidized bed with polymeric particles. AIChE Journal, 40: 193 ~ 206

Joseph S, Klinzing G. E. 1983. Vertical gas-solid transition flow with electrostatics. Powder Technology, 36: 79 ~ 87

Lee L Y, Quek T Y, Deng R S, Ray M B, Wang C H. 2004. Pneumatic transport of granular materials through a 90° Bend. Chemical Engineering Science, 59: 4637 ~ 4651

Lim E W C, Wang C H, Yu A B. 2006. Discrete element simulation for pneumatic conveying of granular material. AIChE Journal, 52: 496 ~ 509

Masuda H, Komatsu T, Iinoya K. 1976. The static electrification of particles in gas-solid pipe flow. AIChE Journal, 22: 558 ~ 564

Matsusaka S, Nishida T, Gotoh Y, Masuda H. 2003. Electorification of fine particles by impact on a polymer film target. Advanced Powder Technology, 14: 127 ~ 138

Nieh S, Nguyen T. 1988. Effects of humidity, conveying velocity, and particle size on electrostatic charges of glass beads in a gaseous suspension flow. Journal of Electrostatics, 21: 99 ~ 114

Rao M S, Zhu K W, Wang C H, Sundaresan S. 2001. Electrical capacitance tomography measurements on the pneumatic conveying of solids. Industrial & Engineering Chemistry Research, 40: 4216 ~ 4226

Sapozhnikov M V, Tolmachev Y V, Aranson I S, Kwok W K. 2003. Dynamic self-assembly and patterns in electrostatically driven granular media. Physical Review Letters, 90: 114301

Smeltzer E E, Weaver M L, Klinzing G E. 1982. Individual electrostatic particle interaction in pneumatic transport. Advanced Powder Technology, 33: 31 ~ 42

Sommerfeld M. 2003. Analysis of collision effects for turbulent gas-particle flow in a horizontal channel: Part I. particle transport. International Journal of Multiphase Flow, 29: 675 ~ 699

Su B L, Zhang Y H, Peng L H, Yao D Y, Zhang B F. 2000. The use of simultaneous iterative reconstruction technique for electrical capacitance tomography. Chemical Engineering Journal, 77: 37 ~ 41

Wolny A, Opalinski I. 1983. Electric charge neutralization by addition of fines to a fluidized bed composed of coarse dielectric P-articles. Journal of Electrostatics, 14: 279 ~ 289

Yao J, Wang C H. 2006. Granular size and shape effect on electrostatics in pneumatic conveying systems. Chemical Engineering Science, 61: 3858 ~ 3874

Yao J, Zhang B Z, Fan J R. 2000. An experimental investigation of a new method for protecting bends from erosion in gas-particle flows. Wear, 240: 215 ~ 222

Yao J, Zhang Y, Wang C H, Matsusaka S, Masuda H. 2004. Electrostatics of the granular flow in a pneumatic conveying system. Industrial & Engineering Chemistry Research, 43: 7181 ~ 7199

Yao L, Bi H T, Park A H. 2002. Characterization of electrostatic charges in freely bubbling fluidized with dielectric particles. Journal of Electrostatics, 56: 183 ~ 197

Yeh S R, Seul M, Shralman B I. 1997. Assembly of ordered colloidal aggregates by electric-field-induced fluid flow. Nature (London), 386: 57 ~ 59

Zhang Y F, Yang Y, Arastoopour H. 1996. Electrostatic effect on the flow behavior of a dilute gas/cohesive particle flow system. AIChE Journal, 42: 1590 ~ 1599

Zhu K W, Rao M S, Huang Q H, Wang C H, Matsusaka S, Masuda H. 2004a. On the electrostatics of pneumatic conveying of granular materials using electrical capacitance tomography. Chemical Engineering

Science, 59: 3201 ~ 3213
Zhu K W, Rao S M, Wang C H, Sundaresan S. 2003. Electrical capacitance tomography measurements on vertical and inclined pneumatic conveying of granular solids. Chemical Engineering Science, 58: 4225 ~ 4245
Zhu K W, Wong C K, Rao S M, Wang C H. 2004b. Pneumatic conveying of granular solids in horizontal and inclined pipes. AIChE Journal, 50: 1729 ~ 1745

附录 2. A 静电场场强二维计算

如图 2. A1、图 2. A2 所示，z 轴方向其他横截面的静电场强分析如下。

由管道固定截面上一点电荷产生的静电强度（图 2. A1）可由下等式表示：

$$e=\frac{1}{4\pi\varepsilon_0}\times\frac{q}{r_C^2} \tag{2. A1}$$

式中，ε_0为介电常数［真空中 $8.85\times10^{-12}C^2/(N\cdot m^2)$］；$r_C$为点电荷距离；$q$ 为点电荷。

静电场强随着点电荷距离增加而快速降低（与距离平方成反比）。此处，三点电荷 $A(i_0, j_0, k+1)$、$B(i_0, j_0, k)$ 与 $C(i_0, j_0, k-1)$ 位于管道壁面靠近点 $P(i,j,k)$（图 2. A1）。如果 z 轴方向所有三截面都考虑，在点 (i, j, k) 的静电场强度可以计算如下：

$$E_{(i,j,k)}=E_{Ax}+E_{Bx}+E_{Cx}=E_A\cdot\cos\theta+E_B+E_C\cdot\cos\theta \tag{2. A2}$$

其中，电场强度 E_A、E_B与 E_C可从式（2. A1）中得到。

根据下述简化分析可知，当轴向距离大于 $2.5l_B$后，在 z 轴方向上（E_{Ax}与 E_{Cx}）其他横截面贡献的静电场强度要远小于当地的静电电场。

$$E_{Ax}=E_A\cdot\cos\theta=\frac{1}{4\pi\varepsilon_0}\cdot\frac{q}{l_A^2}\cdot\frac{l_B}{l_A}=\frac{1}{4\pi\varepsilon_0}\cdot\frac{q\cdot l_B}{l_A^3} \tag{2. A3}$$

$$E_B=E_{Bx}=\frac{1}{4\pi\varepsilon_0}\cdot\frac{q}{l_B^2} \tag{2. A4}$$

$$\frac{E_{Ax}}{E_{Bx}}=\frac{\dfrac{l_B}{l_A^3}}{\dfrac{1}{l_B^2}}=\frac{l_B^3}{l_A^3}=\left(\frac{l_B}{\sqrt{l_B^2+h^2}}\right)^3 \tag{2. A5}$$

若 $$h>2l_B\quad\frac{E_{Ax}}{E_{Bx}}<9\%;\ h>2.5l_B\ \frac{E_{Ax}}{E_{Bx}}<5\% \tag{2. A6}$$

管道壁面附近的静电电场强度较高（见图 2.7，$l_B/R\leqslant0.1$），此处静电力对颗粒行为起重要作用。另一方面，当 $h>5mm$，（$l_B=0.1R$，$R=20mm$，$h>2.5l_B$），从其他轴向截面贡献的静电（E_{Ax}与 E_{Cx}）将会比在当地相同截面处（E_{Bx}）带电颗粒产生的静电低很多（<5%）。可以理解，在 z 轴方向上其他横截面所产生的静电场全部求解可以得到更精确的解。

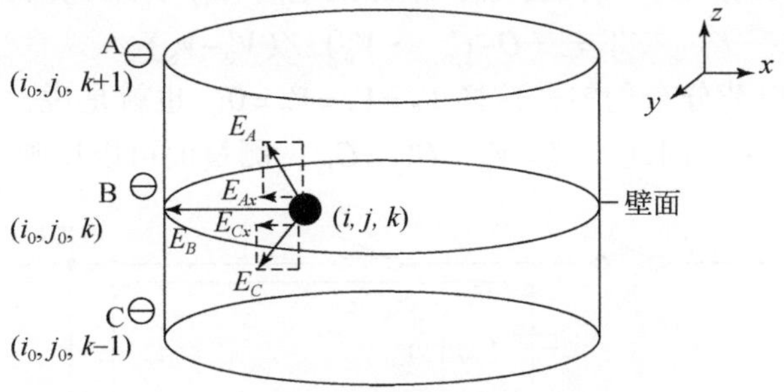

图 2. A1　z 轴方向不同横截面的静电场强度

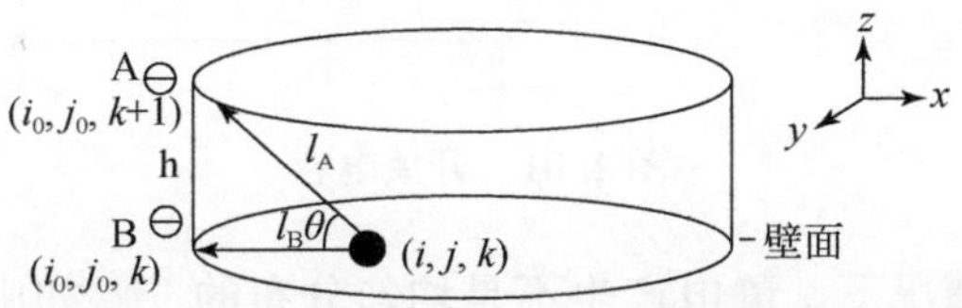

图 2. A2　图 2. A1 放大部分 AB 所示近轴区域贡献的电场强度

附录 2. B　电容测量原则

本章使用 ECT 系统有 12 个传感器，每循环测量可以获得总共 66 ［12×（12−1）/2］电容［**C**（66，1）］测量。这些电容是由气力输送颗粒系统横截面颗粒分布决定的，分为 32×32 “像素”。

在充电−放电循环，如在电极 1 与电极 2 之间，开关 S_1 在开始时关闭连接到已知电压 V（图 2. B1）电路，给系统电容 C_{S12} 充电。一旦充电过程结束，S_1 开关打开 S_2 开关关闭，将储存在 C_{S12} 电容上的能量释放给传感器 C_{12}（感应电极）。因此，电荷重新分布产生电压 V_0，可以测量。

根据电荷守恒定律，可以得到

$$\text{总电荷}\ (Q) = C_{S12} \cdot V = C_{S12} \cdot V_0 + C_{12} V_0 \tag{2. B1}$$

未知电容 C_{12} 可以由式（2. B2）获得：

$$C_{12} = Q/V_0 - C_{S12} \tag{2. B2}$$

然而，根据该切换电容器的布置，静电对电容器 C_{12} 的作用没有考虑。在本章中，研究发现静电电荷积累会对电容信号影响，在气力输送颗粒系统中，颗粒在绝缘管道中输运，颗粒与管道壁面碰撞产生静电。带电颗粒不仅影响流动行为也影响 ECT 测量结果（Zhu et al.，2004），因此式（2. B1）中有一增加的静电项用来考虑静电影响 LHS。

$$Q + C_{12} \cdot V_S = C_{S12} \cdot V_0' + C_{12} \cdot V_0' \tag{2. B3}$$

式中，V_S 是电极 1 与 2 之间的电势差，考虑在管壁上积累的静电电荷的影响；V_0' 为测量电压值。

因此，在式（2. B2）中，V_0'代替 V_0，未知的电容 C_{12}'可以计算得到

$$C_{12}' = (Q - C_{S12} \cdot V_0') / (V_0' - V_S) \tag{2. B4}$$

理想条件下，静电荷分布均匀，这样 $V_S = V_1 = V_2 = 0$。也就是说，因为静电引起的项可以删去，如图 2. B1 所示。因此，$V_0' = V_0$，$C_{12}' = C_{12}$；测量值可以反映真实值。

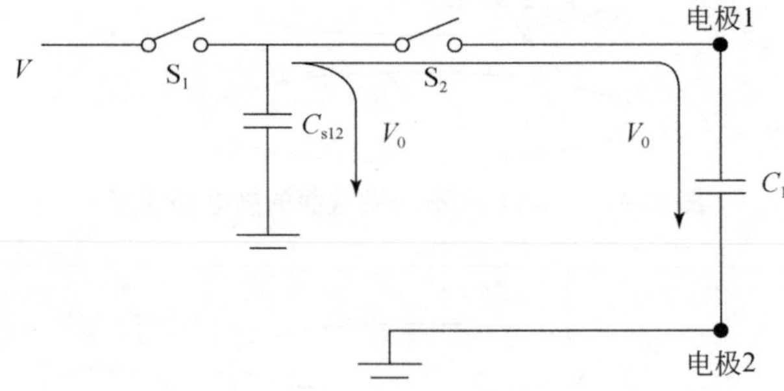

图 2. B1　开关电容

然而，在绝大多数情况下，静电产生不是均匀分布的，譬如由于重力作用或者管道曲率作用，管道一边总是发生比其他边更多的颗粒-壁面碰撞。对于非均匀静电分布，$V_S = V_1 - V_2 \neq 0$，如图 2. B2 所示，所以静电项不能忽略。这样，$V_0' \neq V_0$，相应的，$C_{12}' \neq C_{12}$；C_{12}'是未知电容的虚值，不能更改，除非静电项可以单独测量获得。表面电荷分布的特性是很难用目前实验设备测量的。本章所提供的分析方法可以用来弥补在气力输送颗粒系统中由于非均匀电荷分布所带来的测量误差。

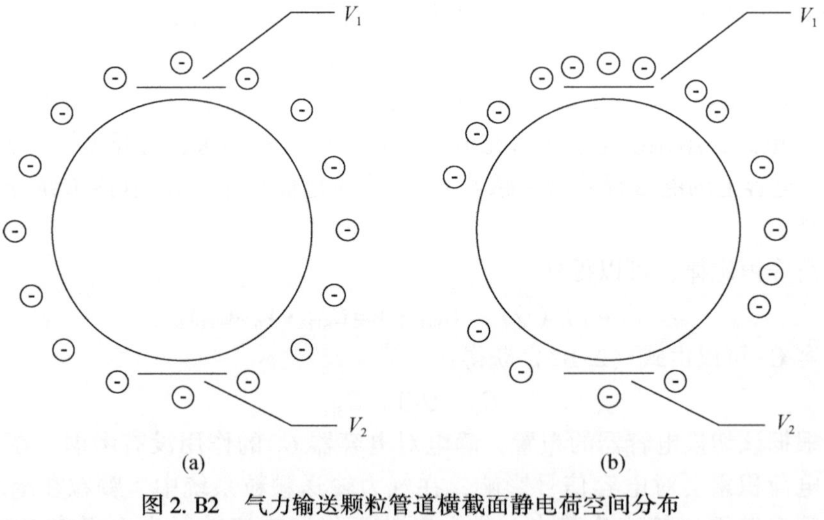

图 2. B2　气力输送颗粒管道横截面静电荷空间分布

（a）电荷均匀分布；（b）电荷非均匀分布

第3章　气力输送颗粒系统中颗粒尺寸与形状对静电发生的影响

摘要：气力输送颗粒系统中的静电问题常常与颗粒的尺寸与形状有关。然而，目前理论还不能完全解释静电产生、传递与颗粒尺寸和形状分布之间的依赖关系。这是激发作者去寻求新方法探究颗粒尺寸与颗粒形状对静电发生影响的原动力。本章工作中，首先将 PVC 颗粒（最初颗粒直径 3. 35 ~ 4. 1mm，圆柱形）放电，排除残余电荷，研究静电带电的特性。原始颗粒经过气力输送，被旋转阀机械磨损后，形成大小与形状均不同的颗粒。通过测量静电感应电流发现，系统中颗粒带电密度，带电颗粒等效电流，颗粒静电等都随着颗粒磨损程度加大而提高。应用独立实验装置，研究单颗粒（从旋转阀磨损后形成的子颗粒）静电发生特性与颗粒大小及形状的关系。研究发现，静电发生随着颗粒大小变化率增大而增大，其中小颗粒是静电增加的主要贡献力量。通过颗粒形状机械磨损分析发现，颗粒面形状需要越多次切削作用形成的颗粒倾向于产生更多的静电，颗粒体形状也遵循同样规律。应用此方法，评估所有磨损颗粒的静电变化，发现它与磨损颗粒重量瞬态变化趋势吻合良好。该方法适合应用于气力输送颗粒系统所有工况。此外，本章应用颗粒形状分析方法与尺寸分析方法获得的结果吻合良好。

应用上述单颗粒静电关联性方法，无论是颗粒大小或者颗粒形状方法，分析获得气力输送颗粒系统中静电变化的理论结果与测量气力输送颗粒系统（旋转阀中颗粒磨损后）静电变化的实际测量结果，二者吻合很好。因此，本章提出的联合颗粒大小与形状分析方法能十分有效地描述气力输送颗粒系统包含不同颗粒粒径与颗粒形状的复杂颗粒组合体系的静电特征。

关键词：静电　颗粒　尺寸　形状　气力输送颗粒系统

3.1　背景介绍

在能源、化学、制药和材料加工行业，颗粒处理系统或者气力输送颗粒系统中普遍使用颗粒。不同尺寸与形状的颗粒随处可见，这主要是由于颗粒与系统组成部件之间（如送料机、阀和管壁等）的反复相互作用导致机械磨损。在颗粒碰撞过程中，由于不同材料表面间相互作用，颗粒表面自然产生并携带静电。气力输送颗粒系统中的静电发生及相关机理非常复杂且缺乏理论支持。本章工作旨在提供一种通过颗粒尺寸与颗粒形状表征来分析气力输送颗粒系统中静电变化的方法。

静电影响及相关静电电荷产生机理十分复杂，经常依赖于不同因素，如物理、化学、使用材料的电学特性及环境条件等，这些都可能导致关注的静电实验现象很难重现。因此，由于静电研究本身具有的困难，有关颗粒流动系统中静电测量与计算的文献非常有限。1996 年，Zhang 等（1996）对黏性颗粒的静电作用力的影响进行了研究。在稀相气固两相流体系统中页岩颗粒瞬时速度实验数据测量基础上，发现了紊乱模式中颗粒速度振荡分布的平均值，颗粒速度分布可以由麦克斯韦分布函数表示，并且证实动力学理论用于描述气固两相流系统具有很好的前景。Matsusaka 和 Masuda 等（2003）建立了多种颗粒反复撞击壁面产生静电的计算公式，并用此公式计算了气力输送颗粒系统中每个颗粒携带不同数量静电电荷，理论分析了颗粒电荷的分布。Nieh 和 Nguyen（1988）研究了接地铜管（2in）回路中玻璃颗粒流动产生的静电，考虑了气流湿度、输送速度及颗粒粒径对静电电荷产生与电荷分布的影响，研究证明气流湿度对颗粒静电有重要影响。当工作系统的水分含量超过临界相对湿度 76% 时，玻璃颗粒电荷被有效中和。Kanazawa 等（1995）研究了级联粉末传输流动系统中管道内表面产生静电与电荷积累。研究发现管道壁面电荷密度和电荷极性分别取决于连续实验次数与管道材料。此外，管道壁面、玻璃颗粒以及工业颗粒输运过程中的带电特性都依赖于管道材料和输运方法。

近些年来，静电尺寸效应影响下的颗粒材料行为受到了科学工作者的重视。作为一种物理现象，很多研究者对已知电场中小颗粒（≪1mm）的行为产生了兴趣。使用导电颗粒，通过一对直流-交流电压平板得到电场。研究发现颗粒聚集形态随着电压设置不同而变化（Yeh et al.，1997；Aranson et al.，2000；Sapozhnikov et al.，2003）并且受湿度影响（Howell et al.，2001）较大。相类似的现象同样可以在大颗粒（2.8mm）中发现（Yao et al.，2004）。在气力输送颗粒系统垂直管道中，由于静电力作用形成了三种不同的颗粒流动模式（分散流、半环流与环形流）。Smeltzer 等（1982）在气力输送颗粒系统中使用玻璃珠颗粒，实验发现在恒定载荷下，小颗粒比大颗粒表现出更大的静电效应。Gajewski（1989）在气力输送颗粒系统中使用聚苯乙烯颗粒，研究发现小颗粒可以获得更高的静电。使用不同方法，Nieh 和 Nguyen（1988）开发了一种应用法拉第探针系统测量颗粒静电的方法。使用玻璃珠颗粒大小范围为 137 ~ 550μm，研究发现大颗粒携带大量静电荷但平均静电质量率较少。Guardiola 等（1996）却得到与 Nieh 和 Nguyen（1988）相矛盾的结果，研究发现流化床静电化现象随着颗粒尺寸增加而变大。对于很小颗粒，Brown（1997）总结了同时测量颗粒尺寸与静电电荷的方法。对于不同形状的颗粒，Unger 等（2004）使用 DEHS（邻苯二甲酸二异辛酯，球形，0.44 ~ 1.13μm）和氯化钠（立方体）发现颗粒形状对静电产生可能有影响。

由于机械作用而引起颗粒的磨损是一种十分普遍现象，Bemrose 与 Bridgwater（1987）对此进行了详细总结。旋转阀作为气力输送颗粒系统中的不可缺少的工作部分进行了研究（Rao et al.，2001；Zhu et al.，2003；Yao et al.，2004）。发现在运行过程中，尤其当气体流量低时，旋转阀导致颗粒材料严重磨损（Yao et al.，2006）。

本章研究了 PVC（聚氯乙烯）颗粒带静电（事前已放电）的特性，并应用一种新方法研究颗粒大小与颗粒形状对静电的影响。在气力输送颗粒系统中，由于旋转阀机械磨损导致颗粒不断研磨破碎，其大小与形状发生变化，通过感应电流、颗粒电荷密度和带电颗粒流等效电流描述该过程中颗粒流的静电发生。此外，本章对单颗粒磨损行为与气力输送颗粒系统中的测量值进行了对比，其目的是为了对颗粒磨损与静电发生进行全面综合评估，并将发现规律与单颗粒尺寸和形状变化关联起来。

3.2　实验设计

3.2.1　气力输送颗粒系统

实验装置如图3.1所示，它是在图1.1基础上改进而成。管道内径为40mm，两光滑90°垂直管道弯头间距离为2.97m，水平管道部分长4.12m。气力输送颗粒系统管道是由PVC材料制成，管道透明，可以直接观察管内颗粒流动状况，管道壁厚5mm。整个实验装置使用金属固件定位，用不同管接头连接支持并用硅胶固定。本章研究中，使用颗粒为PVC（原直径3.35～4.1mm，圆柱形，体积密度1400kg/m³）。

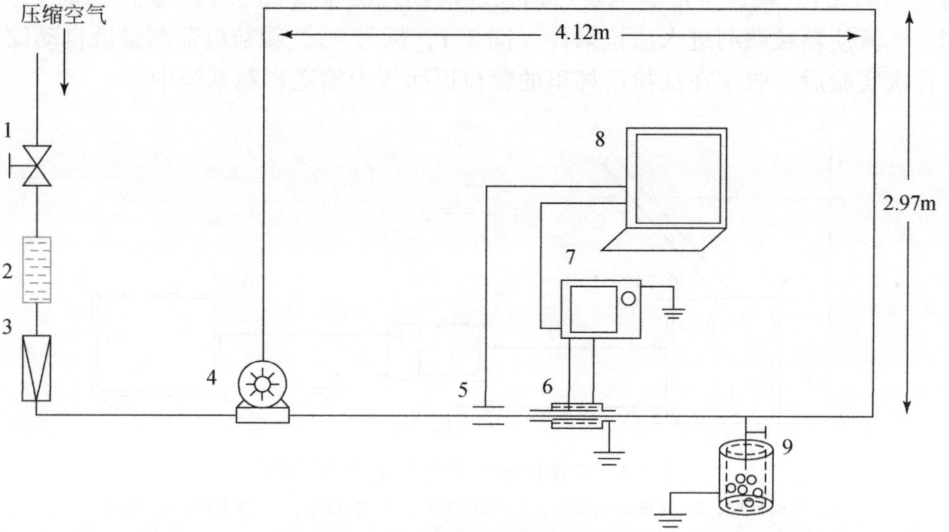

图3.1　气力输送颗粒系统示意图

1. 气流控制阀；2. 气流干燥器（蓝色硅胶）；3. 转子流量计；4. 旋转阀；5. 模块化参数电流互感器（MPCT）；6. 感应电流测量；7. 数字静电计；8. 电脑；9. 法拉第杯

空气从压缩机（压力75psi）中出来后经过旋转阀，驱动颗粒进入循环系统（图3.1）。气流控制阀（图3.1，标号1）用来调节气流流量，同时也可以由转子流量计（图3.1，标号3）控制气流流量，最大气体流量为2000L/min。基于前期工作（Yao et al.，2004）选取三种气体流量：1600L/min、1100L/min与950L/min，相对应管道中气体速度为21.20m/s、14.59m/s与12.60m/s。气体湿度由干燥剂控制，相对湿度为5%，由高性能数字温湿表（型号：RH411；生产商：OMEGA技术公司）实验前后测量检查。环境温度控制在28～30℃，本章所有实验使用颗粒质量为1100g。

在气力输送颗粒过程中（图 3.1），固体颗粒与管壁碰撞产生静电。管道壁面检测到的感应电流可以用时间函数来表示。感应电流测量（图 3.1，标号 6）是通过在管道外壁紧紧包裹测量装置（图 1.14）来实现。用一根同轴电线（连接静电计高输入端，标号 7；型号：Advantest R8252；生产商：Advantest 公司；产地：日本）连接到铝箔纸的外表面。一层聚乙烯膜紧紧包裹在铝箔纸表面用来隔离外面另外一层与电流表低输入端同轴电线相连的铝箔。外铝箔片接地可以屏蔽外界电信号的干扰。管道壁面静电所产生的感应电流随时间的变化可以通过数字静电计（图 3.1，标号 7）测量获得，数据每隔 0.5s 在电脑（图 3.1，标号 8）中存贮一次。

用分辨率为 1μA 的无接触性直流束流模块化参数电流互感器（型号：MPCT；生产商：Bergoz 仪器；产地：法国）测量感应电流。该仪器 MPCT 安装在水平管道上（标号 5）。当带电颗粒在管道中运动经过 MPCT 时，即会产生感应电流。

颗粒电荷密度可以用法拉第杯 TR8031 测量获得（生产商：Advantest 公司；产地：日本）。法拉第杯中颗粒质量可用精度为 10^{-4} g 的电子天平测量获得，计算获得单位质量的静电荷（荷质比）。颗粒所带静电量可以在线周期性测量（图 3.1；每 30 分钟）。每次实验，调节气流使颗粒顺利进入法拉第杯（图 3.1，标号 9），颗粒电荷测量后自动储存在电脑里。每次实验后，收集在法拉第杯里的颗粒返回气力输送颗粒系统中。

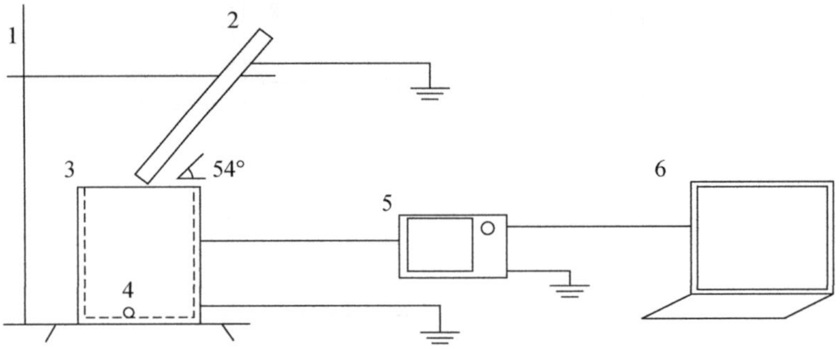

图 3.2　单颗粒静电发生实验装置示意图

1. 固定台架；2. 开放式金属管；3. 法拉第杯；4. 单颗粒；5. 静电计；6. 电脑

在气力输送颗粒过程中，颗粒-颗粒和颗粒-管壁之间碰撞会产生静电荷，静电电流大约在 $10^{-9}\sim10^{-7}$A，而当管道内部没有颗粒传输时，测量出的静电电流在 $10^{-14}\sim10^{-11}$A。两者间的明显差别可以作为判断管道中带电颗粒输运的实际时间及估算颗粒流速的一种方法（Mathur and Klinzing，1984）。该方法也证实了使用感应电流可以测量三种预定气体流量下的颗粒流速。

实验步骤拟定如下：压缩空气带动颗粒进入旋转阀，在选定气体流量下给定时间（360 分钟）段进行试验，颗粒在气力输送颗粒系统中循环输运。每隔 60 分钟，关闭输气管与旋转阀，将所有颗粒从系统中取出来。筛分颗粒后进行颗粒重量、颗粒大小与形状分析，在下次实验之前，颗粒放电 24 小时。对于每次独立实验，使用不同气流流量与新鲜颗粒材料，重复上述步骤进行实验。

3.2.2　单颗粒

从气力输送颗粒系统里的磨损颗粒中取样选择单颗粒，使用如图3.2所示的实验系统进一步研究它的静电特性。一根开放式半不锈钢（金属）管（图3.2，标号2，直径为40mm，管壁厚2mm，长188mm）在一固定台架（图3.2，标号1）上倾斜放置。将一颗单颗粒放置在钢管顶端，在重力作用下，颗粒自由下滑落入放置在钢管下方的法拉第杯（图3.2，标号3）中。环境相对湿度控制在20%，温度控制在28～30℃。每次进行实验，颗粒与管壁通过摩擦产生的静电荷极性相反。颗粒上产生的静电电荷通过与法拉第杯（图3.2，标号3）相连的高精度静电计（图3.2，标号5）测量获得，数据每隔0.5s自动保存在电脑（图3.2，标号6）中。法拉第杯中收集的颗粒质量通过电子天平进行测量，精度可达10^{-4}g，颗粒荷质比变化因此可以计算得出，管道壁面电荷通过接地而释放。

3.3　结果与讨论

3.3.1　气力输送颗粒系统

在气力输送颗粒系统水平部分，研究发现（Yao et al.，2004）三种不同流量下对应存在三种典型的颗粒流动模式。当气体流量较高为1600L/min时，观察到系统中颗粒稀疏、均匀分布在连续气流中。当流量降低，颗粒开始不时地聚集在管道近壁面形成微团。这些聚集微团在管道壁面时而出现，时而消失，没有规律。当气体流量继续降低至950L/min时，一种相对稳定移动的颗粒微团结构形成，并在水平管道中以低于气流表观速度的速度前进。

3.3.1.1　颗粒磨损

旋转阀作为气力输送颗粒系统的关键部件，承担将颗粒从下游循环回到系统中的重要功能。在此运行模式下，颗粒磨损将会发生在旋转阀的三个位置，分别为旋转阀出口、旋转阀进口及旋转阀叶片与阀体内壁间的缝隙，尤其在旋转阀旋转过程中进出口处叶片与阀体壁面空隙从最大变为最小或者最小变为最大时。该现象发生于低流速的颗粒，特别是PVC颗粒，颗粒堆积在旋转阀进出口位置导致发生严重的颗粒磨损。颗粒磨损过程中伴随发出巨大噪声与实验设备剧烈摇晃。当颗粒通过旋转阀后，在叶片与阀体壁面之间的空隙处也会发生颗粒磨损（Crutchley and Bridgwater，1997）。部分颗粒磨损是因为颗粒与旋转阀内的叶片或其他颗粒直接碰撞后导致的（Konami et al.，2002）。

图3.3为三种气体流量（950L/min、1100L/min、1600L/min）6小时内每小时的磨损情况。由图3.3可知，无论气力输送颗粒系统中流量如何，颗粒磨损量随着时间增加而增加。颗粒磨损后尺寸主要分布范围2.00～3.35mm。按照黄金分割原理进行颗粒粒径筛分，

分为 2.00mm、2.36mm、2.80mm 与 3.35mm，筛分结果见表 3.A1。

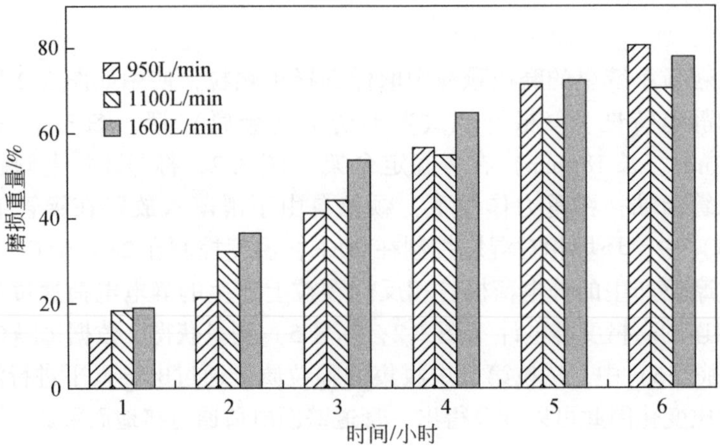

图 3.3 气力输送颗粒系统中三种气体流量下磨损颗粒重量与时间关系

3.3.1.2 颗粒流速度

测量三种不同气体流量下原始颗粒与磨损产物（经历 6 小时磨损）的流速及重量，结果如表 3.1 所示。研究发现，所有实验中，与原始颗粒相比较，磨损后的颗粒具有较大颗粒速度。忽略黏附在管壁与旋转阀上少量的颗粒，颗粒流速变化主要是由颗粒磨损导致。

表 3.1 气力输送颗粒系统开始磨损后颗粒流速

颗粒	气体流量/(L/min)					
	950		1100		1600	
	颗粒质量流速/(g/s)	重量/g	颗粒质量流速/(g/s)	重量/g	颗粒质量流速/(g/s)	重量/g
开始	33.63	1100	50.51	1100	63.84	1100
磨损后	37.74	996.70	53.84	992.10	70.11	989.60

3.3.1.3 颗粒流静电

感应电流 分析上述三种颗粒流态下的感应电流，作为时间的函数，感应电流积分后获得电荷 Q 如图 3.4（a）~（c）所示。在同一张图上，六次测试中每次实验数据都批量收集。这包括运行气力输送颗粒系统运行 n 小时，其中 $n=1$, 2, 3, 4, 5, 6。例如，第一小时数据表示气力输送颗粒实验开始进行的首次 1 小时实验，在第一批实验（持续 1 小时）结束后，颗粒再收集放电。放电 24 小时后，这些颗粒再次进入气力输送循环系统中，开始进行第二小时的实验，测量获得以时间为函数的感应电流（1 小时），它作为开始后的第二批实验结果。相类似地，进行第三次、第四次、第五次，一直到完成第六次独立实验。结果发现后期实验中静电增长速率一般都比前期实验快。例如，静电-时间曲线的斜率在进行第六个小时（颗粒磨损率最高）时比前面五小时任何一次都更陡峭。因此，气力输送颗粒系统中颗粒静电随着颗粒磨损过程而逐渐增加（图 3.3）。

MPCT 测量　图 3.4（d）~（f）是气力输送颗粒系统中三种气体流量下得到的等效电流，每个数据点是通过模块化参数电流互感器（MPCT）测量电流在 60 分钟内积分后获得。研究发现，所有 MPCT 测量电流数据计算得到的静电电荷累积速率从第一到第六小时逐渐增大，这表明气力输送颗粒系统中颗粒流静电逐渐增强。这一发现证实了前面关于感应电流［图 3.4（a）~（c）］的结论。

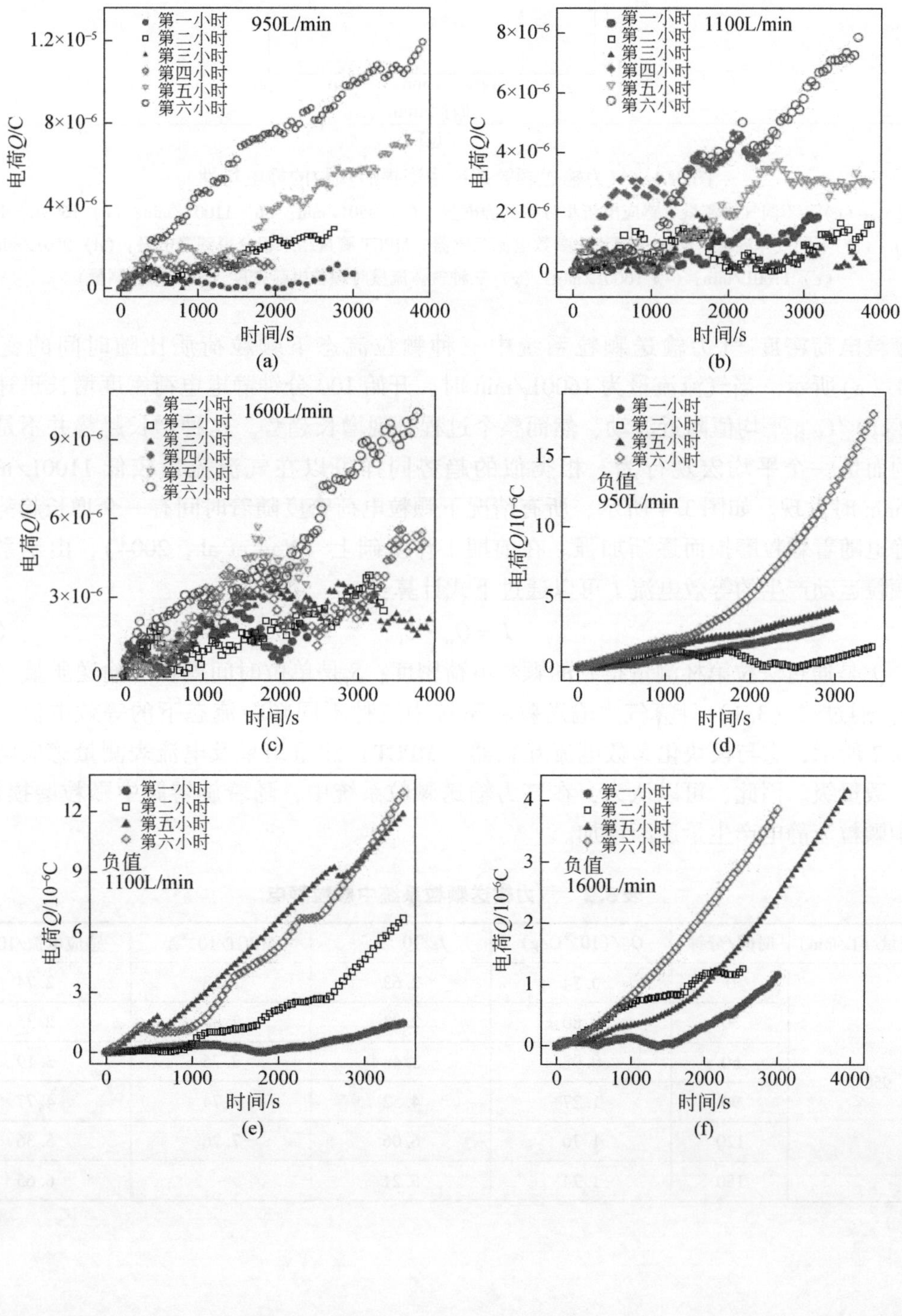

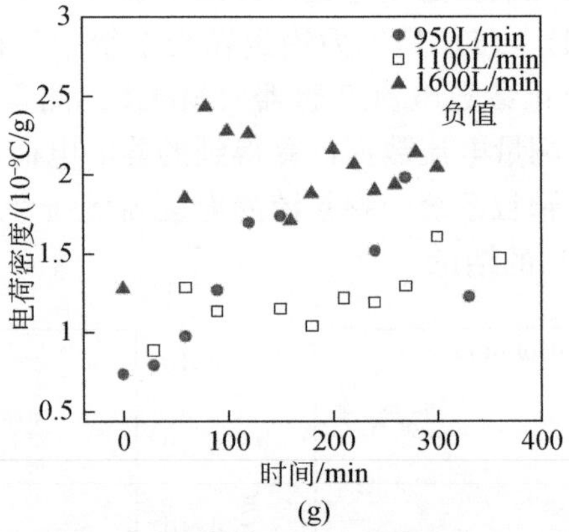

(g)

图 3.4　气力输送颗粒系统中磨损后颗粒的静电特性

[(a)~(c)] 不同气体流量下感应电流积分得到静电量：(a) 950L/min；(b) 1100L/min；(c) 1600L/min。(d)~(f) 不同气体流速下通过（模块化参数电流互感器）MPCT 测量结果积分得到静电量：(d) 950L/min；(e) 1100L/min；( )f 1600L/min；(g) 三种气体流量时颗粒电荷密度（法拉第杯测量）

颗粒电荷密度 气力输送颗粒系统中三种颗粒流态下颗粒荷质比随时间的变化如图 3.4 (g)所示。当气流流量为 1600L/min 时，开始 100 分钟静电电荷密度增长迅速，然后在 2×10^{-9}C/g 平均值附近波动，然而整个过程呈现增长趋势。这种增长趋势并不是单一不变的而是一个平均宏观行为。相类似的趋势同样可以在气流流量较低 1100L/min 和 950L/min 时发现。如图 3.4 所示，所有情况下颗粒电荷密度随着时间有一个增长趋势，意味着静电随着颗粒磨损而逐渐加强。在前期工作基础上（Yao et al., 2004），由于系统带电，颗粒运动产生的等效电流 I_c 可以通过下式计算：

$$I_c = Q_p \cdot S_f \tag{3.1}$$

式中，Q_p 是通过法拉第杯测量得到的颗粒电荷密度；S_f 是单位时间颗粒的输送质量（颗粒流量）。通过式 (3.1) 计算气力输送颗粒系统中三种不同颗粒流态下的等效电流，结果如表 3.2 所示，它与模块化参数电流互感器（MPCT）测量结果及电流表测量感应电流处于同一数量级。因此，可以认为，在气力输送颗粒系统中，随着旋转阀中颗粒磨损加剧，系统中颗粒流静电产生量逐渐增加。

表 3.2　气力输送颗粒系统中颗粒静电

气体流量/(L/min)	时间/分钟	Q_p/(10^{-9}C/g)	I_c/10^{-8}A *	MPCT/10^{-8}A	感应电流/10^{-8}A
950	0	0.74	2.63	1.63	2.74
	30	0.80	2.83	2.37	2.35
	60	0.98	3.48	2.76	3.19
	90	1.27	4.52	4.74	4.77
	120	1.70	6.06	7.26	5.36
	150	1.74	6.21	—	6.65

续表

气体流量/(L/min)	时间/分钟	Q_p/(10^{-9} C/g)	I_c/10^{-8} A*	MPCT/10^{-8} A	感应电流/10^{-8} A
950	240	1.52	5.42	—	4.55
	270	1.98	7.07	7.66	2.56
	330	1.23	4.38	5.18	8.57
1100	30	0.89	4.63	5.16	3.65
	60	1.28	6.70	7.22	6.81
	90	1.14	5.92	4.96	5.92
	150	1.15	6.00	—	6.06
	180	1.04	5.44	—	5.05
	210	1.22	6.36	—	3.32
	240	1.19	6.21	—	5.47
	270	1.29	6.75	5.15	9.75
	300	1.61	8.38	8.14	7.97
	360	1.47	7.66	4.95	8.01
1600	0	1.28	8.55	8.46	10.89
	60	1.85	12.40	11.55	9.16
	80	2.43	16.27	12.32	12.72
	100	2.27	15.23	11.70	6.39
	120	2.26	15.12	12.39	12.48
	160	1.71	11.45	—	10.56
	180	1.88	12.59	—	11.56
	200	2.16	14.47	—	13.15
	220	2.06	13.83	—	14.71
	240	1.90	12.72	—	12.17
	260	1.94	12.97	10.98	12.51
	280	2.14	14.32	11.20	12.60
	300	2.05	13.70	13.18	13.26

*由式（3.1）计算等效电流。

3.3.1.4　机理分析

如上所述，感应电流、颗粒电荷密度和颗粒流的等效电流都可以用来定量表征颗粒静电。气力输送颗粒系统中，随着颗粒在旋转阀中的磨损增加，三种测量的结果也随之增加。

气力输送颗粒系统中静电发生过程分析如下。首先，在气力输送颗粒系统中的颗粒发生磨损，产生不同形状与尺寸的小颗粒。这些小颗粒往往比原来的颗粒更加尖锐，表面更粗糙，具有更高的发生静电的能力，导致颗粒–颗粒碰撞及颗粒–壁面碰撞产生的静电量增加加速。因此，有关磨损颗粒大小及形状影响颗粒静电发生的理论有助于解释该现象。第二，随着颗粒磨损进行，单位质量或单位体积内的颗粒数增加，导致颗粒–颗粒或颗粒–管壁碰撞次数增加（Smeltzer et al.，1982）。因为颗粒碰撞发生频率增加，单位重量或单位体积颗粒静电自然增加。比较上述两个原因，改变颗粒本身静电发生特性的第一个原因显得更加重要。当静电发生与颗粒大小、颗粒形状依赖关系澄清，气力输送颗粒系统中颗粒磨损导致颗粒流静电增加的原因也就随之解释。

3.3.2　单颗粒

气力输送颗粒系统中圆柱形（CY）聚氯乙烯（PVC）颗粒在旋转阀中磨损后形成的颗粒产物分析，可以将磨损颗粒几何形状分为五种，如图 3.5 所示：半圆柱型（HCY）、三角柱（TGC）、圆锥体（CN）、梯形柱（TPC）和立方体（CU）。所有颗粒形状都可用自然长度统一描述：长度（*L*）、宽（*W*）和高（*H*）。对于每一柱体，所包含平面有五种典型形状：三角形、梯形、矩形、半环形和曲面。每种基本柱体包含面如图 3.5 所示，面组成数量及实验模式等详细信息如表 3.3 所示。实验发现，磨损后颗粒小于 2.00mm（所有长度 *L*、*W* 和 *H* 都小于 2.00mm）的大多是碎片，这些微小颗粒所占质量百分比很小（<5%），所以在本章研究中不予考虑。

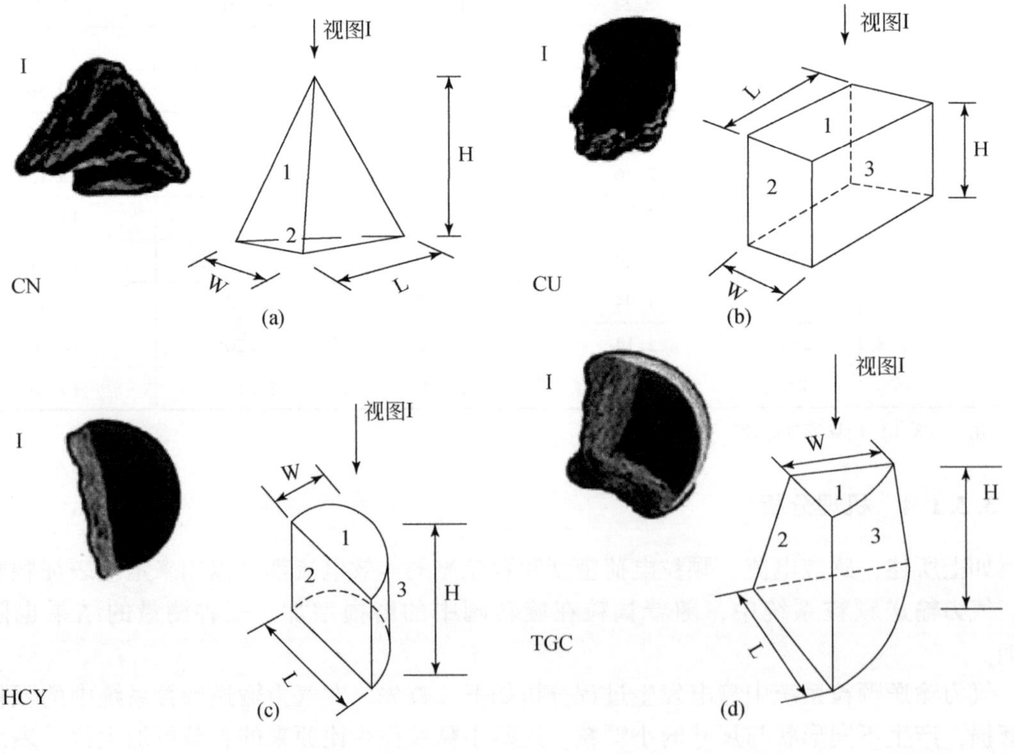

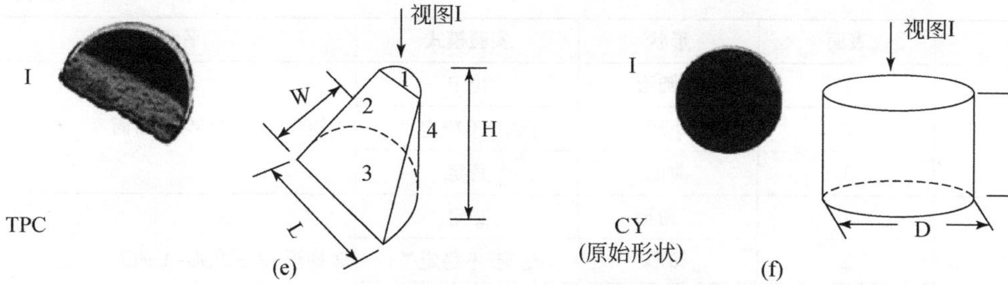

图3.5　颗粒磨损后形成的典型颗粒形体

(a) 圆锥体 (CN)；(b) 立方体 (CU)；(c) 半圆柱体 (HCY)；(d) 三角形柱体 (TGC)；
(e) 梯形柱体 (TPC)；(f) 原始颗粒

单颗粒大小可由数字游标卡尺测量长 (L)、宽 (W) 和高 (H) 来定义。测量时，将颗粒放置在一个平面上，最大的面朝下，长和宽分别是这个面较长和较短的边，高则是底面到最高点的垂直距离。为了统一所有筛分磨损颗粒大小范围，引入概念“等效尺寸（单位：mm）”：

$$\text{等效尺寸}=\sqrt{\text{最小}\ (L\cdot W,\ L\cdot H,\ W\cdot H)} \tag{3.2}$$

等效尺寸可以很好反映单个颗粒之间的筛分尺寸 (L，W，H)。例如，筛分尺寸为 2.36～2.8mm 的一个颗粒，其实际尺寸分别为 L=4.46mm，W=3.00mm，H=2.14mm，按照式 (3.2) 计算出的等效尺寸为 2.57mm，这个值与最初筛分尺寸基本一致。因此，对所有颗粒应用等效尺寸是合理的。

为了研究磨损颗粒与最初颗粒产生静电荷的变化，引入无量纲量“电荷变化”：

$$\text{电荷变化}=\frac{\text{磨损颗粒电荷密度}}{\text{原始颗粒电荷密度}} \tag{3.3}$$

同理，由于磨损导致的颗粒尺寸变化定义为

$$\text{尺寸变化}=1-\frac{\text{磨损后颗粒等效尺寸}}{\text{原始颗粒等效尺寸}} \tag{3.4}$$

根据式 (3.4)，颗粒磨损越大，颗粒尺寸变化就越大，这与实验结果相吻合。尺寸变化有两个极限值 0 与 1，分别对应无磨损与完全磨损。

表3.3　单颗粒实验条件

	表面	形状	实验模式	平面组成
CN	1	三角形	稳定	4 个三角形
	2	三角形	稳定	
CU	1	矩形	稳定	6 个矩形 *
	2	矩形	不稳定	
	3	矩形	稳定	

续表

	表面	形状	实验模式	平面组成
HCY	1	半圆形	稳定	1 矩形+2 半圆形+1 曲面
	2	矩形	稳定/不稳定**	
	3	曲面	稳定	
TGC	1	三角形	稳定	2 梯形+2 三角形+1 曲面
	2	梯形	稳定/不稳定**	
	3	曲面	稳定	
TPC	1	半圆形	不稳定	1 梯形+2 半圆形[a]+1 曲面
	2	梯形	稳定	
	3	半圆形	稳定	
	4	曲面	稳定	
CY	1	圆形	稳定	2 圆形+1 曲面
	2	曲面	稳定	

注：“稳定模式”是指滑动运动；“不稳定模式”是指滚动运动。

* CU 的表面 2 是矩形［图 3.5（b）］，实验模式不稳定（滚动），所以认为 AR_{cv} 是表面 1 和 3 的一半。相似地，TPC 表面 1 是半圆形［图 3.5（e）］，实验模式是不稳定（滚动），AR_{cv} 是表面 2 和 4 的一半。

** “稳定”或者“不稳定”取决于颗粒大小。

3.3.2.1 静电产生模式

本节中，使用两种不同的模型（分别是稳定和不稳定模型）来描述单颗粒在特定表面上的滑动与滚动。对于由多个面组成的单颗粒来说，沿管道壁面滑动是否稳定完全由接触的滑动平面来决定。例如，如图 3.6（a）所示，一个梯形柱体颗粒有四个平面，分别为Ⅰ、Ⅱ、Ⅲ和Ⅳ。分别让颗粒以面Ⅰ、Ⅲ和Ⅳ为接触面，在重力作用下沿着管壁表面滑动，滑动平稳无滚动［图 3.6（b）］。另一方面，以最小面Ⅱ为接触面，颗粒会沿管壁发生滚动［图 3.6（c）］。这种情况下，滑动行为定义为不稳定。单颗粒滑动行为（稳定或者不稳定）影响颗粒静电产生［图 3.6（d）］。与稳定滑动产生的静电荷相比，不稳定滚动产生的静电荷较少并且误差较大。在本章中为了简化问题，单颗粒静电发生所有实验都是在稳定模式下进行。

3.3.2.2 颗粒静电发生状态

单颗粒产生静电与其初始状态有关，无论带电还是不带电。如图 3.2 所示，颗粒先从管道内表面滑下使其带电。完后，将颗粒放置在接地的金属平板上进行放电。颗粒放电时间分别设置为 20 分钟、28 分钟、720 分钟和 1440 分钟。因为放电时间不同，颗粒会残留不同电荷密度。实验第二阶段，将已经放电颗粒返回至图 3.2 中装置进行实验，以同样方式再次生成静电，相应静电产生如图 3.6（e）所示。结果显示长时间放电后，颗粒基本达到无静电状态。例如，放电 1440 分钟（24 小时）后，颗粒似乎失去绝大部分电荷。因

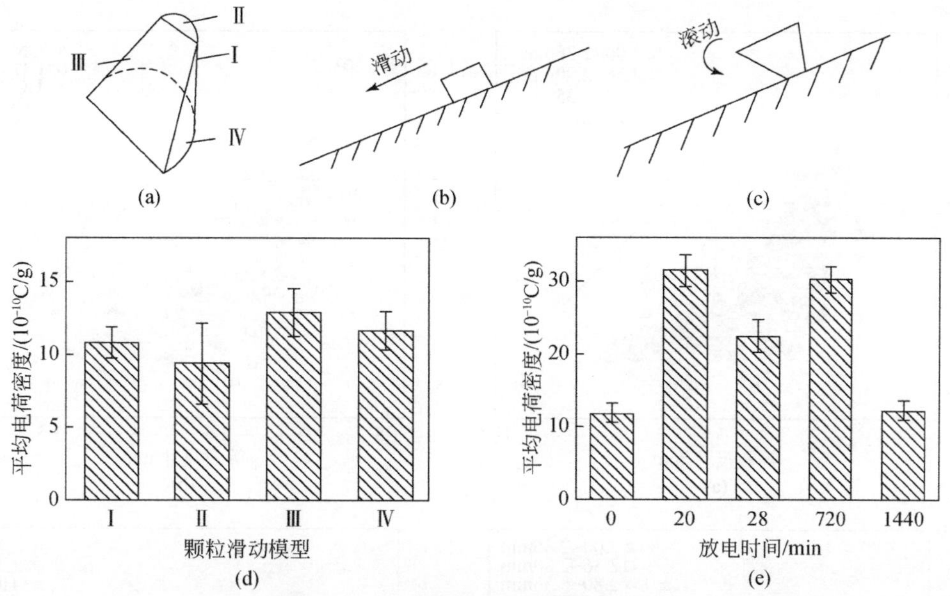

图 3.6　单颗粒滑动模型与静电产生

（a）样品颗粒（TPC）；（b）稳定（滑动）模型；（c）不稳定（滚动）模型；（d）不同模型静电产生；（e）带电颗粒与无静电颗粒（初始）静电产生比较

此，可以认为在气力输送颗粒系统中将带电材料放电 24 小时后，所有静电全部释放。本章中，为了简化问题，所有样品颗粒都是至少放电 24 小时后再次使用。

如上所述，为了研究单颗粒静电发生与其尺寸、形状间的依赖关系，作如下假设。

（1）单颗粒在稳定模式下进行实验；

（2）单颗粒发生静电实验一次；

（3）单颗粒具有规则的几何形状；

（4）实验环境条件相同，如环境温度，相对湿度等。

3.3.2.3　长径比

随着颗粒磨损进行，颗粒高度与宽度变小，这导致颗粒尺寸范围（$L\times W\times H$）整体减小。从颗粒长高比与长宽比可以发现，颗粒磨损主要是沿着颗粒高度与宽度的方向进行。因此，长径比可以用来描述颗粒尺寸瞬态变化：

$$长径比=\frac{长度}{最小（高度，宽度）} \tag{3.5}$$

如图 3.7（a）、（b）所示，磨损颗粒长径比测量结果表明磨损会导致颗粒的长径比增加，即旋转阀中颗粒磨损后形状变得窄小且细长。此外，颗粒越小数据越分散，意味着小颗粒的形状是由各种不同几何体复杂混合组成。

如图 3.7（c）、（d）所示，颗粒静电变化与颗粒长度比之间关系，分别通过颗粒大小与颗粒形状显示。图 3.7 中发现静电变化随着磨损颗粒长径比变大而增大，静电变化与磨损颗粒大小与形状直接相关，其作用机理可用于基理解释。

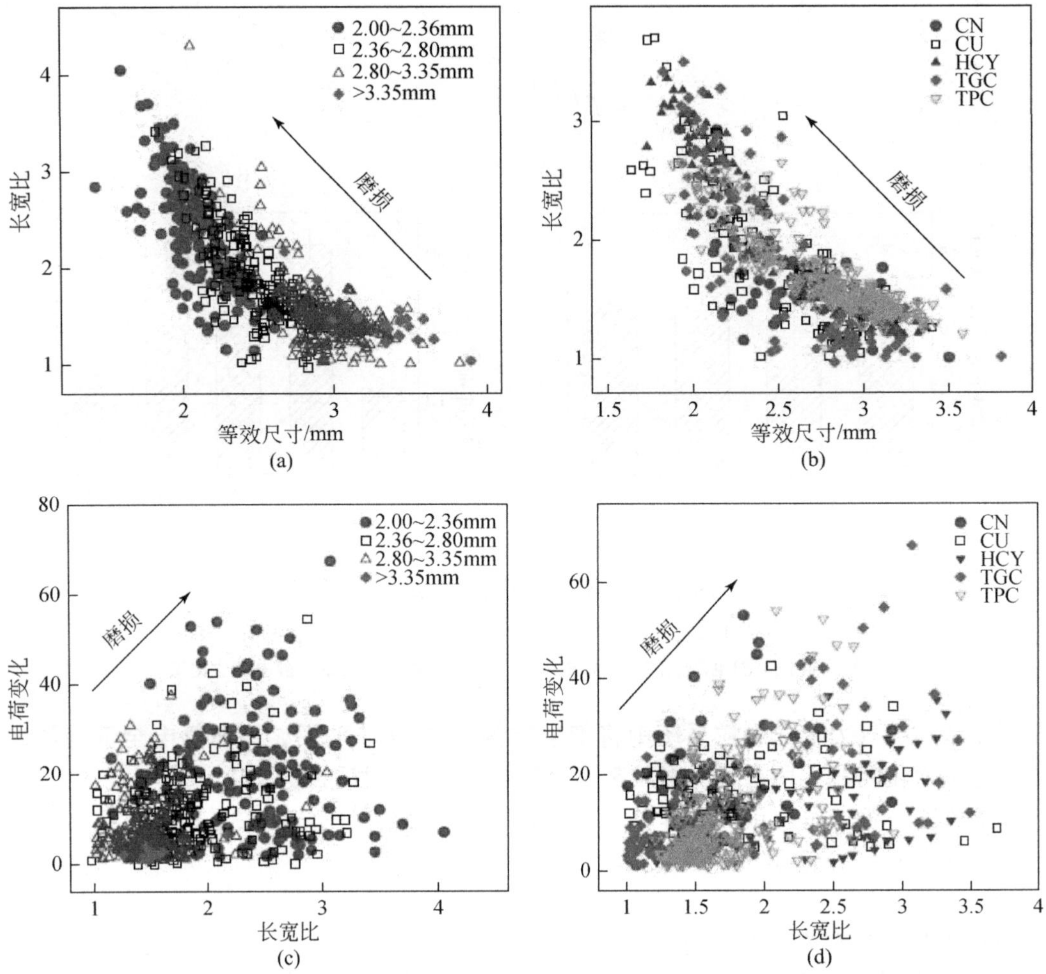

图 3.7　磨损后颗粒形状分布以等效长度比表征：(a) 颗粒尺寸分析法、(b) 颗粒形状分析法；以及静电变化以长度比与静电变化比表征：(c) 颗粒尺寸分析法、(d) 颗粒形状分析法

3.3.2.4　颗粒尺寸分析

该方法用于分析颗粒大小因素影响颗粒静电发生，简要介绍如下。

对于每种筛分粒径（选取 200 颗颗粒），单颗粒通过图 3.2 实验装置带上静电，静电变化与颗粒大小关系如图 3.8 所示。对每种筛分粒径实验结果使用最小二乘法拟合，分别计算这些曲线相关斜率（ZR_{cv}）。以获得 ZR_{cv} 为基础，每种筛分粒径的磨损颗粒，实验测得的静电变化量（Z_{cv}）可以通过 ZR_{cv} 与已知质量百分比（表 3. A1）计算获得。接着，通过所有筛分粒径颗粒静电电荷变化总和（Z_{cv}）来获得总电荷变化（SZ_{cv}），再将磨损颗粒静电电荷变化随时间增加量与旋转阀内颗粒磨损过程相比较。该方法分析颗粒大小对静电作用是基于单颗粒静电发生实验与磨损颗粒粒径分布而获得。颗粒尺寸分析方法步骤如图 3. B1（附录 3. B）所示。

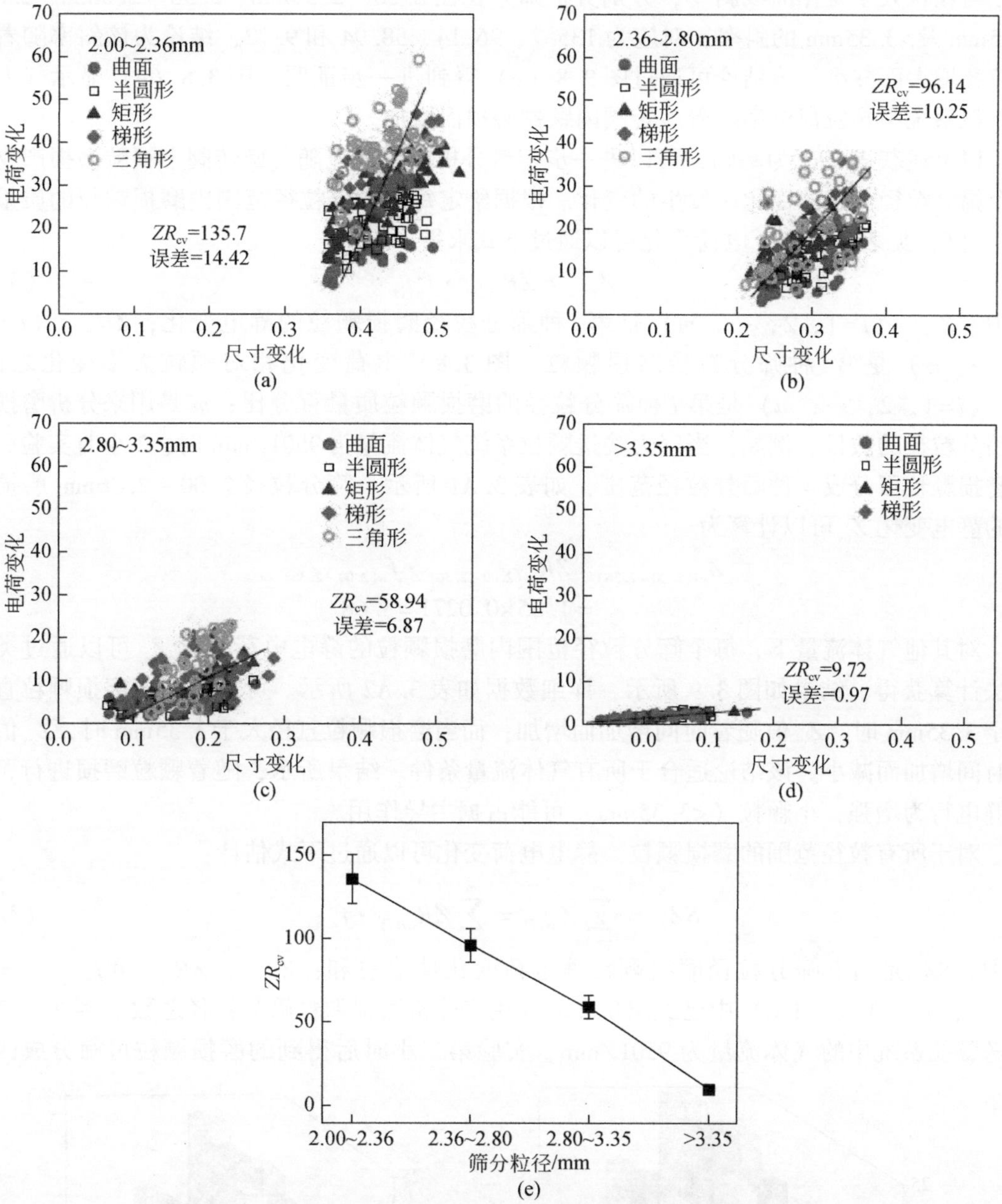

图 3.8　筛分粒径与磨损颗粒大小变化表征颗粒静电电荷变化

（a）2.00～2.36mm；（b）2.36～2.80mm；（c）2.80～3.35mm；（d）>3.35mm；（e）每个筛分粒径区域内颗粒静电变化与颗粒大小变化比率。“误差”是指最小二乘拟合的标准差

如图 3.8 所示在每个筛分粒径内磨损颗粒粒径不同而静电不同，此处包含五种典型面形状（曲面、半圆形、矩形、梯形与三角形）。对于每种筛分粒径［图 3.8（a）～（d）］，可以发现静电变化随着颗粒尺寸变化的增加而增加。尤其，通过最小二乘法拟合静电电荷

变化与颗粒大小变化曲线斜率，分别分析筛分粒径 2.00～2.36mm、2.36～2.8mm、2.8～3.35mm 及>3.35mm 的斜率，对应为 135.7、96.14、58.94 和 9.72，结论为该斜率随着颗粒粒径增大而减小。该结论可通过图 3.8（e）得到进一步证明。图 3.8（e）显示气力输送颗粒系统中颗粒荷电率随着旋转阀内颗粒磨损而增加。

以上述获得 ZR_{cv} 为基础，可以进一步定量分析颗粒静电随着旋转阀中颗粒磨损产物在每个筛分粒径分布的变化而发生的变化。根据给定每个筛分粒径范围内磨损颗粒的质量百分比（$f_{w(i)}$ 见表 3.A1），电荷变化可以通过下式求得

$$Z_{cv(i)} = ZR_{cv(i)} \cdot f_{w(i)} \tag{3.6}$$

式中，$Z_{cv(i)}$（$i=1, 2, \cdots, m$）是第 i 种筛分粒径磨损颗粒的静电变化；$ZR_{cv(i)}$（$i=1, 2, \cdots, m$）是第 i 种筛分粒径磨损颗粒（图 3.8）电荷变化相对颗粒大小变化之比；$f_{w(i)}$（$i=1, 2, \cdots, m$）是第 i 种筛分粒径的磨损颗粒质量百分比；m 是用来分析磨损颗粒筛分粒径的数目。例如，当气力输送颗粒系统气体流量为 950L/min 时，2 小时实验后获得磨损颗粒可分成 4 种筛分粒径范围，如表 3.A1 所示。筛分粒径 2.00～2.36mm 磨损颗粒的静电变化 Z_{cv} 可以计算为

$$\begin{aligned} Z_{cv(2.00\sim2.36)} &= ZR_{cv(2.00\sim2.36)} \cdot f_{w(2.00\sim2.36)} \\ &= 1.35 \times 0.0271 = 3.68 \end{aligned}$$

对其他气体流量下，每个筛分粒径范围内磨损颗粒的静电电荷变化 Z_{cv} 可以通过类似方法计算获得，结果如图 3.9 所示，详细数据如表 3.A2 所示。可以看出当磨损颗粒直径小于 3.35mm 时，Z_{cv} 值随着时间增加而增加；而当磨损颗粒直径大于 3.35mm 时，Z_{cv} 值随着时间增加而减小。该结论适合于所有气体流量条件。结果所示，随着颗粒磨损进行，颗粒静电行为增强，小颗粒（<3.35mm）可能占据主导作用。

对于所有粒径范围的磨损颗粒，静电电荷变化可以通过下式估计：

$$SZ_{cv} = \sum_{i=1}^{m} Z_{cv(i)} = \sum_{i=1}^{m} ZR_{cv(i)} \cdot f_{w(i)} \tag{3.7}$$

式中，SZ_{cv} 是所有筛分粒径磨损颗粒静电荷变化估值总和；$Z_{cv(i)}$，$ZR_{cv(i)}$ 和 $f_{w(i)}$（$i=1, 2, \cdots, m$）在式（3.6）中已经出现；m 为用来分析磨损颗粒筛分粒径总数。例如，气力输送颗粒系统中的气体流量为 950L/min，实验第二小时后得到的磨损颗粒可筛分成四种

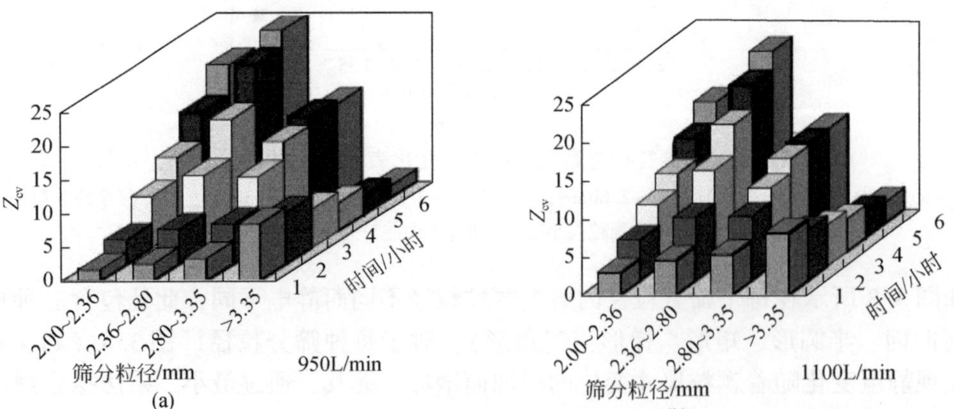

(a)　(b)

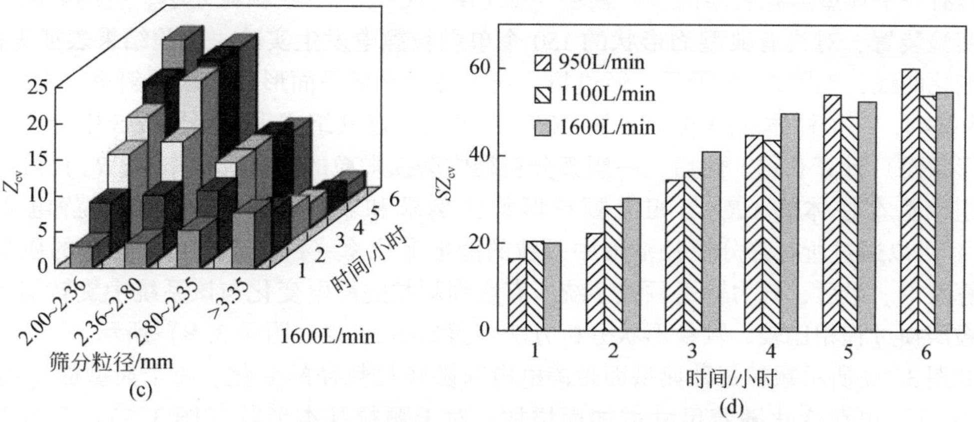

图 3.9　气力输送颗粒系统中不同气体流量下静电变化

(a) 950L/min；(b) 1100L/min；(c) 1600L/min；(d) 不同时间静电总变化计算值

不同的粒径范围。因此，由颗粒磨损导致颗粒大小、形状变化进而引发静电发生的变化可以计算为

$$
\begin{aligned}
SZ_{cv(950,\ 2h)} &= \sum_{i=1}^{m=4} ZR_{cv(i)} \cdot f_{w(i)} \\
&= ZR_{cv(2.00\sim2.36)} \cdot f_{w(2.00\sim2.36)} + ZR_{cv(2.36\sim2.8)} \\
&\quad \times f_{w(2.36\sim2.8)} + ZR_{(2.8\sim3.35)} \cdot f_{w(2.8\sim3.35)} \\
&\quad + ZR_{cv(>3.35)} \cdot f_{w(>3.35)} \\
&= 135.70 \times 0.0271 + 96.14 \times 0.0538 + 58.94 \\
&\quad \times 0.1018 + 9.72 \times 0.7870 \\
&= 3.68 + 5.17 + 6.00 + 7.65 = 22.50
\end{aligned}
$$

计算所有气体流速下 SZ_{cv}，如图 3.9(d)所示，详细计算结果如表3. A2 所示。结果表明对于气力输送颗粒系统所有的气体流速情况下，静电（电荷）变化量 SZ_{cv} 随着时间增长而逐渐增加。对于气流低流量（如 950L/min），电荷相对于时间变化率比其他情况高，这与图 3.3 中观察到旋转阀中颗粒磨损的趋势是一致的。

总之，通过颗粒粒径方法分析，可以得到磨损后颗粒的电荷变化随着磨损逐渐增加。该结论对于颗粒无论是分布在单个筛分粒径范围（R_{cv}）还是所有粒径范围（SZ_{cv}）都是正确的。尤其强调的是，气力输送颗粒系统中旋转阀内磨损形成的小粒径（<3.35mm）颗粒，在系统静电增加过程中起到主导作用。对于气体低流量（如 950L/min），静电随时间变大的趋势比其他情况更加突出，这与气力输送颗粒系统中观察到颗粒磨损变化的趋势相一致。

3.3.2.5　颗粒形状分析

除了上述颗粒尺寸，颗粒形状是另一个决定颗粒静电发生的重要因素。本章提出基于颗粒形状分析静电发生方法如下。为了描述典型形状颗粒表面的荷电率（如圆形），选择至少含有一个典型形状表面的柱体颗粒（如 CN、TGC），不限颗粒大小。应用如图 3.2 所示的实验装置，对具有典型面形状的 150 个单颗粒静电发生实验，实验结果表征为荷电-尺寸变化曲线，如图 3.10 所示。通过拟合获得每种典型平面形状曲线的斜率（AR_{cv}）。以 AR_{cv}为基础，一个柱体的静电变化率（CR_{cv}）可以通过其组成平面（图 3.5 中定义的基本几何形状面）计算获得。此后，一组筛分粒径中磨损颗粒的静电变化率（PR_{cv}）可以通过其所组成基本柱体的 CR_{cv} 与相应颗粒形状比例求和获得。所有颗粒的总静电变化率（SP_{cv}）可以通过所有筛分粒径范围中颗粒的静电变化率（PR_{cv}）与它们相应的质量百分比计算获得。最后，气力输送颗粒系统所有磨损颗粒的静电变化与该系统中旋转阀内发生的颗粒磨损过程相比较。颗粒形状分析方法步骤如图 3. B2（附录 3. B）所示。

如图 3.10 所示颗粒每种典型面带静电电荷随颗粒粒径的变化。每个典型面［图 3.10(a)~(e)］电荷变化随着尺寸增加而增加。对于颗粒基本形状（图 3.5）：三角形、梯形、矩形、半圆形和弯曲面，电荷变化相对于尺寸变化的斜率（AR_{cv}）分别为 106.45、75.78、65.77、50.83 和 31.51，图 3.10(f)有同样趋势。结果显示，颗粒静电发生过程中，一个需要多次剪切作用才能得到的颗粒平面形状，将会有更大的静电变化。颗粒平面形状为曲面或者半圆形的，它与初始颗粒平面形状相似，静电发生量小；形状为矩形，梯形或者三角形的平面则至少需要对原始颗粒切割至少一次后形成，静电发生量大。该结论

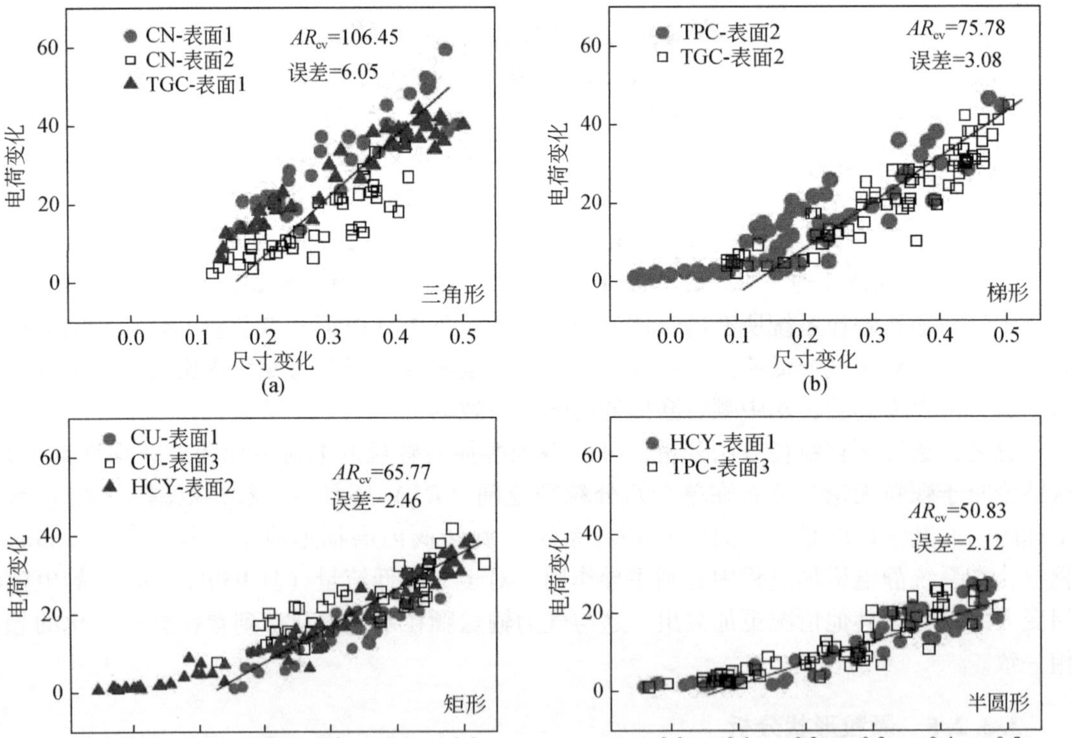

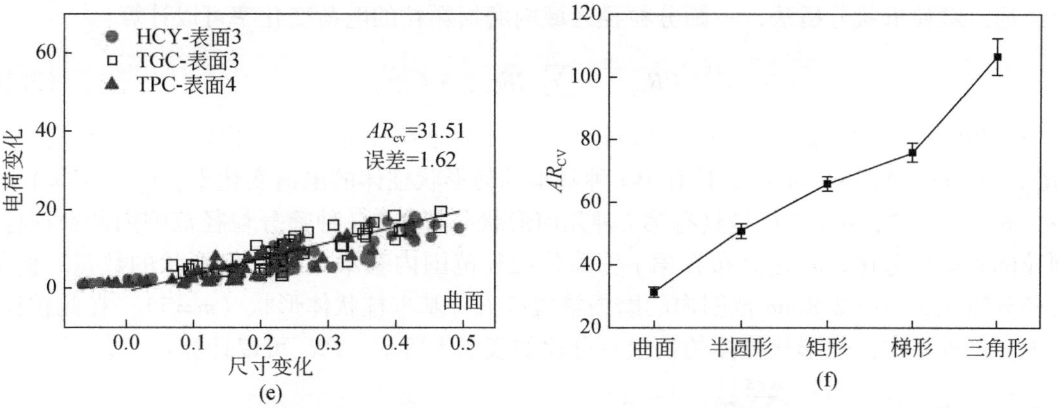

图 3.10　颗粒静电变化随着颗粒大小变化关系，基于磨损颗粒平面形状

（a）三角形；（b）梯形；（c）矩形；（d）半圆形；（e）曲面；（f）每种形状颗粒静电变化与颗粒大小变化比率。“误差”是指最小二乘拟合的标准差

与上节颗粒尺寸分析方法获得结论相一致，即颗粒静电发生变化随着气力输送颗粒系统中旋转阀内颗粒磨损进行而增加。

以已知 AR_{cv} 为基础，定量分析柱体颗粒的静电电荷变化率。根据已知柱体颗粒组合面，电荷变化率可以计算为

$$CR_{cv(TGC)} = \sum_{i=1}^{m} AR_{cv(i)} \cdot n_{(i)} \tag{3.8}$$

式中，CR_{cv} 是一个由多平面组成的磨损后柱体电荷变化率；$AR_{cv(i)}$（$i=1, 2, \cdots, m$）是如图 3.10 所示通过最小二乘法获得的电荷变化相对于颗粒粒径变化的斜率。对于第 i 种形状来说，$n_{(i)}$（$i=1, 2, \cdots, m$）是柱体拥有第 i 种形状的数量，m 是典型平面的数目。例如，一个三角形柱体（TGC）颗粒是由五个平面组成，两个三角形、两个梯形和一个半圆形，它包含有三种典型平面。因此，m 值为 3。CR_{cv} 值可以计算为

$$\begin{aligned} CR_{cv(TGC)} &= \sum_{i=1}^{m=3} AR_{cv(i)} \cdot n_{(i)} \\ &= AR_{cv(triangle)} \cdot n_{triangle} + AR_{cv(curved.\ face)} \\ &\quad \times n_{(curved.\ face)} + AR_{cv(trapezia)} \cdot n_{(trapezia)} \\ &= 106.45 \times 2 + 31.51 \times 1 + 75.78 \times 2 \\ &= 395.97 \end{aligned} \tag{3.9}$$

CR_{cv} 是一个柱体，它具有如表 3.4 所示的基本几何形状。一个基本柱体如圆柱体（CY）、半圆柱体（HCY）、梯形柱体（TPC）、立方体（CU）、三角形柱体（TGC）和椎体（CN）所计算获得的 CR_{cv} 分别为 33.51、198.94、211.77、328.85、395.97 和 425.80。结果表明需要更多剪切作用才能形成的柱体具有的静电（电荷）变化率会更高。例如，半圆柱体和梯形柱体都是原始颗粒经过一次剪切作用而形成的，三角形柱体，圆锥体和立方体则分别需要 2、3 和 4 次剪切作用。此结论与前文的实验结果相一致，即气力输送颗粒系统发生的静电（电荷）变化随着气力输送颗粒旋转阀内的颗粒磨损加剧而逐渐增加。

通过颗粒形状分析法，一筛分粒径区域内磨损颗粒的电荷变化率可以计算：

$$PR_{cv(j)} = \sum_{i=1}^{m} CR_{cv(i)} \cdot f_{p(i,\ j)} \tag{3.10}$$

式中，$PR_{cv(j)}$（$j=1$，2，…，n）是粒径在第 j 种筛分粒径范围内磨损颗粒的电荷变化率；$CR_{cv(i)}$（$i=1$，2，…，m）是具有第 i 种基本几何形状柱体的电荷变化率；$f_{p(i,j)}$（$i=1$，2，…，m；$j=1$，2，…，n）是具有第 i 种几何形状分布在第 j 种筛分粒径范围内的磨损柱体颗粒的重量百分比，m 是分布在第 j 种筛分粒径范围内基本柱体几何形状的数量。例如，直径分布在 2.36～2.8mm 范围内的磨损颗粒有五种基本柱状体形状（$m=5$），在此粒径范围内，每种基本几何形状柱体的重量百分比如表 3.4 所示，PR_{cv}可以计算：

$$\begin{aligned}
PR_{cv(2.36\sim2.8)} &= \sum_{i=1}^{m=5} CR_{cv(i)} \cdot f_{p(i,\ j)} \\
&= CR_{cv(HCY)} \cdot f_{p(HCY,\ 2.36\sim2.8)} + CR_{cv(TGC)} \\
&\quad \times f_{P(TGC,\ 2.36\sim2.8)} + CR_{cv(CN)} \cdot f_{p(CN,\ 2.36\sim2.8)} \\
&\quad + CR_{cv(TPC)} \cdot f_{p(TPC,\ 2.36\sim2.8)} + CR_{cv(CU)} \times f_{p(CU,\ 2.36\sim2.8)} \\
&= 198.94 \times 0.3881 + 395.97 \times 0.1345 \\
&\quad + 425.80 \times 0.2236 + 211.77 \times 0.2239 + 328.85 \times 0.029 \\
&= 282.92
\end{aligned}$$

对于其他筛分粒径，PR_{cv}计算方法都基本相同，计算结果如表 3.4 所示。当颗粒筛分粒径范围在 2.00～2.36mm、2.36～2.8mm、2.8～3.35mm 和>3.35mm 时，PR_{cv}计算结果分别为 298.11、282.92、233.94 和 107.95，随着颗粒粒径增大而减小。该趋势同样可以在图 3.11 出现，与颗粒粒径分析法获得的结果相一致。因此，提出的颗粒形状分析法用于评价气力输送颗粒系统中磨损颗粒静电变化规律是合理的。

根据这种方法，计算所有气体流量每个筛分粒径范围内磨损颗粒的电荷变化 PR_{cv}总结在表 3.A3 中。

表 3.4　筛分粒径范围内磨损颗粒形状分布（单位质量）和静电变化

	2.00～2.36mm	2.36～2.8mm	2.8～3.35mm	>3.35mm	CR_{cv}
HCY	21.45%	38.81%	40.03%	7.69%	198.94
TGC	18.73	13.45	13.33	—	395.97
CN	19.64	22.36	4.41	—	425.80
TPC	29.46	22.39	31.12	34.62	211.77
CU	10.72	2.99	4.44	—	328.85
CY	—	—	6.67	57.69	33.51
PR_{cv}	298.11	282.92	233.94	107.95	

对于所有尺寸磨损颗粒，总电荷变化可以进一步通过颗粒形状分析法计算：

$$SP_{cv} = \sum_{i=1}^{m} PR_{cv(i)} \cdot f_{w(i)} \tag{3.11}$$

式中，SP_{cv}是所有筛分粒径磨损颗粒静电电荷变化的总和；$PR_{cv(i)}$（$i=1$，2，…，n）是第

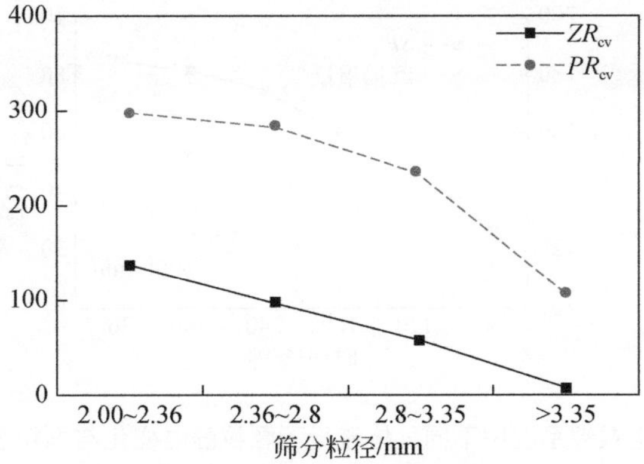

图 3.11 PR_{cv}与 ZR_{cv}比较

i 种筛分粒径范围磨损颗粒的静电电荷变化率；$f_{w(i)}$ （$i=1, 2, \cdots, m$）是第 i 种筛分粒径内磨损颗粒的重量百分比；m 是分析磨损颗粒筛分粒径区间数目。例如，当气力输送颗粒系统中气体流量为 950L/min，实验 6 小时后的磨损颗粒筛分为四份，如表 3. A3 所示，SP_{cv}可以计算：

$$\begin{aligned}SP_{cv(950,\ 6h)} &= \sum_{i=1}^{m=4} PR_{cv(i)} \cdot f_{w(i)} \\ &= PR_{cv(2.00\sim 2.36)} \cdot f_{w(2.00\sim 2.36)} + PR_{cv(2.36\sim 2.8)} \\ &\quad \times f_{w(2.36\sim 2.8)} + PR_{cv(2.8\sim 3.35)} \cdot f_{w(2.8\sim 3.35)} + PR_{cv(>3.35)} \cdot f_{w(>3.35)} \\ &= 298.11 \times 0.1456 + 282.92 \times 0.2584 + 233.94 \times 0.235 + 107.95 \times 0.1949 \\ &= 192.53\end{aligned}$$

如图 3.12 所示所有气体流量下计算出的 SP_{cv}值，其他信息如表 3. A3 所示。图 3.12 中所有磨损颗粒的电荷变化（SP_{cv}）与表 3. A1 中颗粒磨损重量瞬态变化（%）相吻合，这一结论适用于气力输送颗粒系统中所有气体流量。这再次证实了前面的结论，即在气力输送颗粒系统中，颗粒静电（电荷）发生随着旋转阀中颗粒磨损的增加而增加。

如图 3.13 所示通过颗粒尺寸与颗粒形状分析方法估算出静电电荷变化与气力输送颗粒系统中测量结果吻合很好，这一结论适用于所有气体流量。由此可见，本章所提出的利用颗粒尺寸与颗粒形状分析方法描述气固两相流复杂系统的静电特征是适用的。

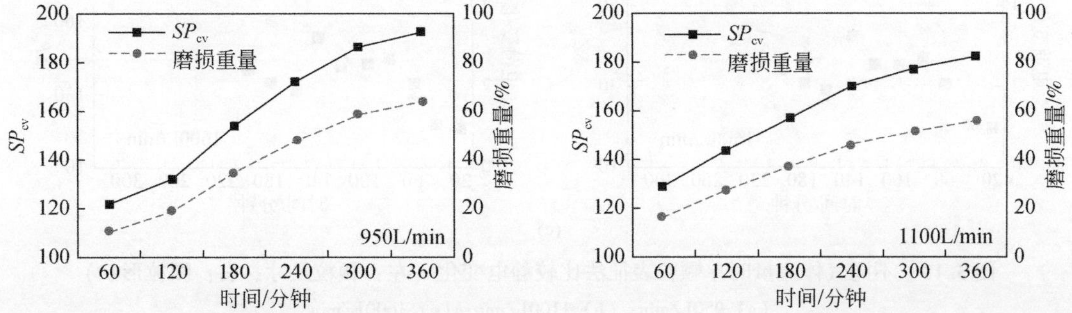

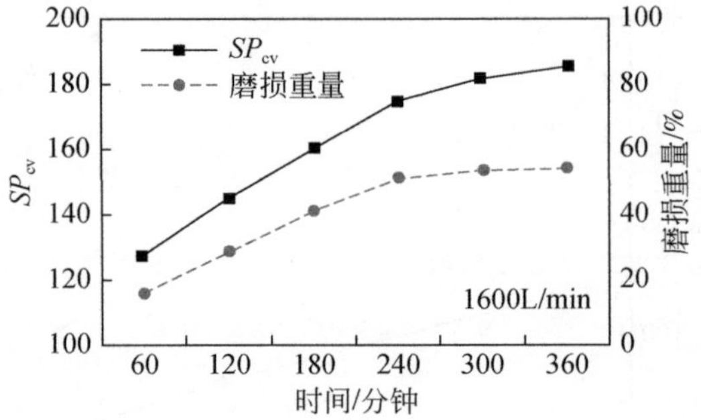

(c)

图 3.12　气力输送颗粒系统中不同气体流量下颗粒静电变化与颗粒磨损随时间发展比较

(a) 950L/min; (b) 1100L/min; (c) 1600L/min

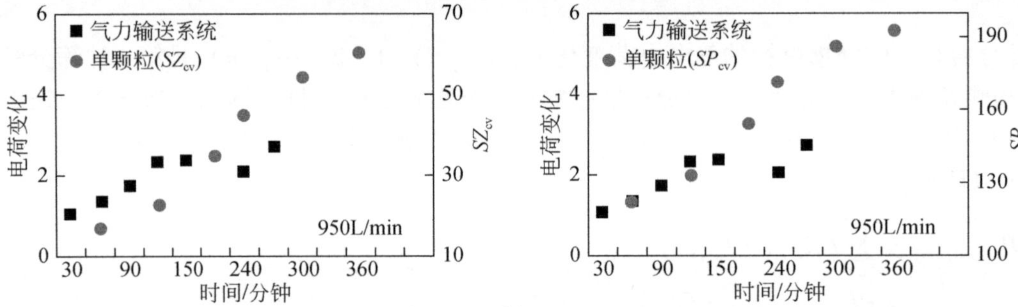

(a)

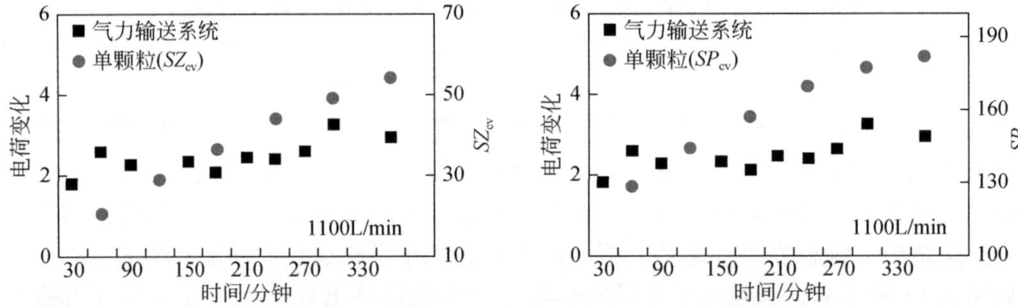

(b)

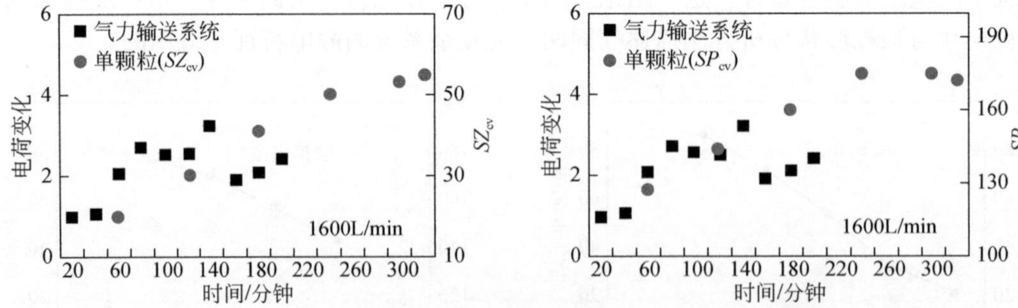

(c)

图 3.13　不同气体流量时单颗粒表征法比较静电变化（左：颗粒尺寸；右：颗粒形状）

(a) 950L/min; (b) 1100L/min; (c) 1600L/min

3.4 结　　论

在气力输送颗粒系统中的静电特征用感应电流、颗粒荷电密度、带电颗粒平衡电流进行定量表征。研究发现系统内静电量随着气力输送颗粒所用的旋转阀内颗粒磨损的进行而逐渐增加。作为颗粒流静电特性与流动特性的象征，平衡电流的计算值与气力输送颗粒系统的实验测量吻合良好。

在独立实验装置中，研究气力输送颗粒所用旋转阀内颗粒磨损后形成小颗粒的静电发生与颗粒形状与颗粒大小的关系。应用颗粒尺寸分析方法，发现静电产生变化与颗粒大小变化比率随着颗粒粒径减小而变大。随着磨损进行，静电变化增大，它与气力输送颗粒气体流量无关。对于低气体流量（如950L/min），静电随时间变化率要高于其他情况。该结论与气力输送颗粒系统中观察到的颗粒磨损趋势相一致。此外，旋转阀内磨损形成的小颗粒（<3.35mm）在颗粒静电发生增加过程中起到主要作用。应用颗粒形状分析方法，研究发现颗粒表面形状形成需要切割次数越多的情况会发生更大的静电变化，柱体几何形状也有同样规律。应用该方法计算得到所有颗粒静电变化的趋势与磨损颗粒重量随时间变化的趋势相吻合。它适用于气力输送颗粒系统中所有气体流量。该发现进一步肯定了实验结论，即气力输送颗粒系统中静电发生随着旋转阀内颗粒磨损过程而提高。此外，应用颗粒形状分析法得到的结论与颗粒尺寸分析法相吻合。

通过使用颗粒形状分析与颗粒尺寸分析方法建立单颗粒静电发生原则，颗粒流静电变化重建后与系统测量结果基本一致，证明与旋转阀中颗粒磨损过程吻合。因此，本章提出颗粒尺寸分析与颗粒形状分析方法是一种较实用的工具，可以用来表征由不同颗粒大小与颗粒几何形状组成的复杂颗粒系统中的静电特性。

参 考 文 献

Aranson I S, Blair D, Kalatsky V A, Crabtree G W, Kwok W K, Vinokur V M, Welp U. 2000. Electrostatically driven granular media: phase transitions and coarsening. Physical Review Letters, 84: 3306 ~ 3309

Bemrose C R, Bridgwater J. 1987. A review of the attrition and attrition test methods. Powder Technology, 49: 97 ~ 126

Brown R C. 1997. Tutorial review: simultaneous measurement of particle size and particle charge. Journal of Aerosol Science, 28: 1373 ~ 1391

Crutchley C C, Bridgwater J. 1997. Particle attrition in small clearances. KONA Powder and Particle, 15: 21 ~ 31

Gajewski A. 1989. Measuring the charging tendency of polystyrene particles in pneumatic conveyance. Journal of Electrostatics, 23: 55 ~ 66

Guardiola J, Rojo V, Ramos G. 1996. Influence of particle size, fluidization velocity and relative humidity on fluidized bed electrostatics. Journal of Electrostatics, 37: 1 ~ 20

Howell D W, Aronson I S, Crabtree G W. 2001. Dynamics of electrostatically driven granular media: Effects of humidity. Physical Review E, 63: 050301

Kanazawa S, Ohkubo T, Nomoto Y, Adachi T. 1995. Electrification of a pipe wall during powder transport.

Journal of Electrostatics, 35: 47 ~ 54

Konami M, Tanaka S, Matsumoto K. 2002. Attrition of granules during repeated pneumatic transport. Powder Technology, 125: 82 ~ 88

Matsusaka S, Masuda H. 2003. Electrostatics of particles. Advanced Powder Technology, 14: 143 ~ 166

Mathur M P, Klinzing G E. 1984. Flow measurement in pneumatic transport of pulverized coal. Powder Technology, 40: 309 ~ 321

Nieh S, Nguyen T. 1988. Effects of humidity, conveying velocity, and particle size on electrostatic charges of glass beads in a gaseous suspension flow. Journal of Electrostatics, 21: 99 ~ 114

Rao M S, Zhu K W, Wang C H, Sundaresan S. 2001. Electrical capacitance tomography measurements on the pneumatic conveying of solids. Industrial & Engineering Chemistry Research, 40: 4216 ~ 4226

Sapozhnikov M V, Tolmachev Y V, Aranson I S, Kwok W K. 2003. Dynamic self-assembly and patterns in electrostatically driven granular media. Physical Review Letters, 90: 114301

Smeltzer E E, Weaver M L, Klinzing G E. 1982. Individual electrostatic particle interaction in pneumatic transport. Powder Technology, 33: 31 ~ 42

Unger L, Boulaud D, Borra J P. 2004. Unipolar field charging of particles by electrical discharge: effect of particle shape. Journal of Aerosol Science, 35: 965 ~ 979

Yao J, Wang C H, Lim E W C, Bridgwater J. 2006. Granular attrition in a rotary valve: Attrition product size and shape. Chemical Engineering Science, 61: 3435 ~ 3451

Yao J, Zhang Y, Wang C H, Matsusaka S, Masuda H. 2004. Electrostatics of the granular flow in a pneumatic conveying system. Industrial & Engineering Chemistry Research, 43: 7181 ~ 7199

Yeh S R, Seul M, Shralman B I. 1997. Assembly of ordered colloidal aggregates by electric-field-induced fluid flow. Nature (London), 386: 57 ~ 59

Zhang Y F, Yang Y, Arastoopour H. 1996. Electrostatic effect on the flow behavior of a dilute gas/cohesive particle flow system. AIChE. Journal, 42: 1590 ~ 1599

Zhu K W, Rao S M, Wang C H, Sundaresan S. 2003. Electrical Capacitance Tomography measurements on vertical and inclined pneumatic conveying of granular solids. Chemical Engineering Science, 58: 4225 ~ 4245

附录 3. A

气力输送颗粒系统中磨损颗粒尺寸分布如表 3. A1 所示，磨损颗粒静电随颗粒尺寸与颗粒形状变化分别见表 3. A2、表 3. A3。

表 3. A1　气力输送颗粒系统中磨损颗粒粒径分布

颗粒材料	气体流量/(L/min)	时间/分钟	筛分粒径			磨损重量/%
			2. 00 ~ 2. 36mm/%	2. 36 ~ 2. 80mm/%	2. 80 ~ 3. 35mm/%	
PVC	950	60	1. 43	2. 85	5. 95	10. 23
PVC	950	120	2. 71	5. 38	10. 18	18. 27
PVC	950	180	5. 61	11. 17	17. 83	34. 61
PVC	950	240	8. 04	17. 19	22. 45	47. 68

续表

颗粒材料	气体流量/(L/min)	时间/分钟	筛分粒径			磨损重量/%
			2.00～2.36mm/%	2.36～2.80mm/%	2.80～3.35mm/%	
PVC	950	300	11.12	23.06	24.37	58.77
PVC	950	360	14.56	25.84	23.50	63.90
PVC	1100	60	2.13	4.65	8.83	15.60
PVC	1100	120	3.99	8.71	14.37	27.07
PVC	1100	180	6.04	13.17	17.56	36.77
PVC	1100	240	7.65	17.45	20.84	45.94
PVC	1100	300	9.66	20.96	21.04	51.66
PVC	1100	360	11.28	23.59	21.29	56.16
PVC	1600	60	2.39	3.87	9.34	15.60
PVC	1600	120	5.34	8.65	15.07	29.06
PVC	1600	180	8.84	14.32	18.44	41.60
PVC	1600	240	11.23	21.15	18.68	51.06
PVC	1600	300	13.36	22.08	18.25	53.69
PVC	1600	360	16.34	21.96	16.11	54.41

表 3.A2　应用颗粒尺寸法分析气力输送颗粒系统中磨损颗粒静电变化

气体流量/(L/min)	时间/分钟		2.00～2.36mm	2.36～2.80mm	2.80～3.35mm	>3.35mm	SZ_{cv}
		ZR_{cv}	135.7	96.14	58.94	9.72	
			Z_{cv}				
950	60		1.94	2.74	3.51	8.57	16.76
950	120		3.68	5.17	6.00	7.65	22.50
950	180		7.61	10.74	10.51	5.75	34.61
950	240		10.91	16.53	13.23	4.23	44.90
950	300		15.09	22.17	14.36	2.80	54.42
950	360		19.76	24.84	13.85	1.89	60.34
1100	60		2.89	4.47	5.20	7.96	20.52
1100	120		5.41	8.37	8.47	6.63	28.88
1100	180		8.20	12.66	10.35	5.45	36.66
1100	240		10.38	16.78	12.28	4.41	43.85
1100	300		13.11	20.15	12.40	3.59	49.25

续表

气体流量/(L/min)	时间/分钟		2.00～2.36mm	2.36～2.80mm	2.80～3.35mm	>3.35mm	SZ_{cv}
		ZR_{cv}	135.7	96.14	58.94	9.72	
			Z_{cv}				
1100	360		16.01	22.68	12.55	2.89	54.13
1600	60		3.24	3.72	5.50	7.89	20.35
1600	120		7.25	8.32	8.88	6.20	30.65
1600	180		12.00	13.77	10.87	4.53	41.17
1600	240		15.24	20.33	11.01	3.45	50.03
1600	300		18.13	21.23	10.76	2.72	52.84
1600	360		22.17	21.11	9.50	2.17	54.95

表 3.A3　应用颗粒形状法分析气力输送颗粒系统中磨损颗粒静电变化

气体流量/(L/min)	时间/分钟		2.00～2.36mm	2.36～2.80mm	2.80～3.35mm	>3.35mm	SP_{cv}
		PR_{cv}	298.11	282.92	233.94	107.95	
			P_{cv}				
950	60		4.26	8.06	13.92	95.18	121.42
950	120		8.08	15.22	23.82	84.96	132.08
950	180		16.72	31.60	41.71	63.82	153.85
950	240		23.97	48.63	52.52	46.95	172.07
950	300		33.15	65.24	57.01	31.14	186.54
950	360		43.40	73.11	54.98	21.04	192.53
1100	60		6.35	13.16	20.66	88.38	128.55
1100	120		11.89	24.64	33.61	73.61	143.75
1100	180		18.01	37.26	41.08	60.53	156.88
1100	240		22.81	49.37	48.75	49.03	169.96
1100	300		28.80	59.30	49.22	39.92	177.24
1100	360		33.63	66.74	49.81	32.10	182.28
1600	60		7.12	10.95	21.85	87.67	127.59
1600	120		15.92	24.47	35.25	68.90	144.54
1600	180		26.35	40.51	43.14	50.33	160.33
1600	240		33.48	59.84	43.70	38.35	175.37
1600	300		39.83	62.47	42.69	30.23	175.22
1600	360		48.71	62.13	37.69	24.07	172.60

附录 3. B

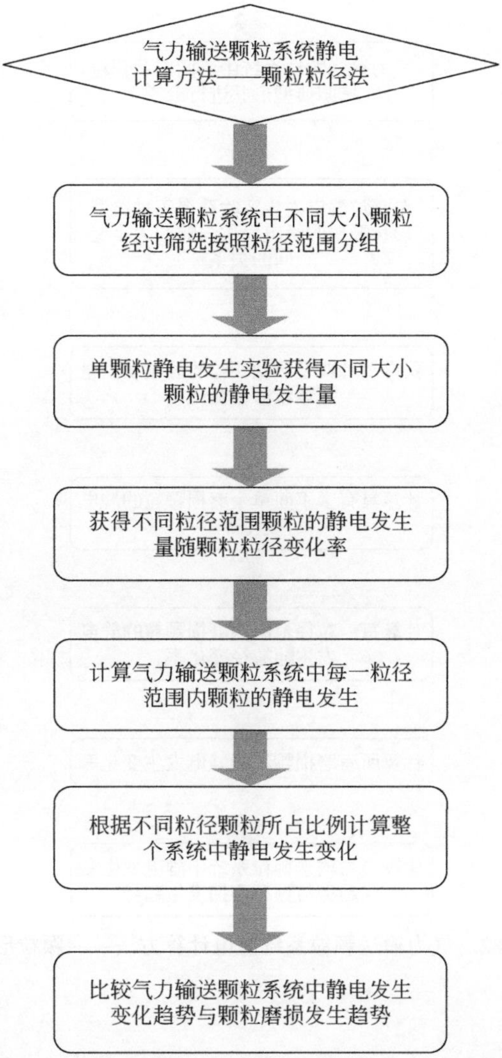

图 3. B1　气力输送颗粒系统静电计算方法——颗粒粒径法

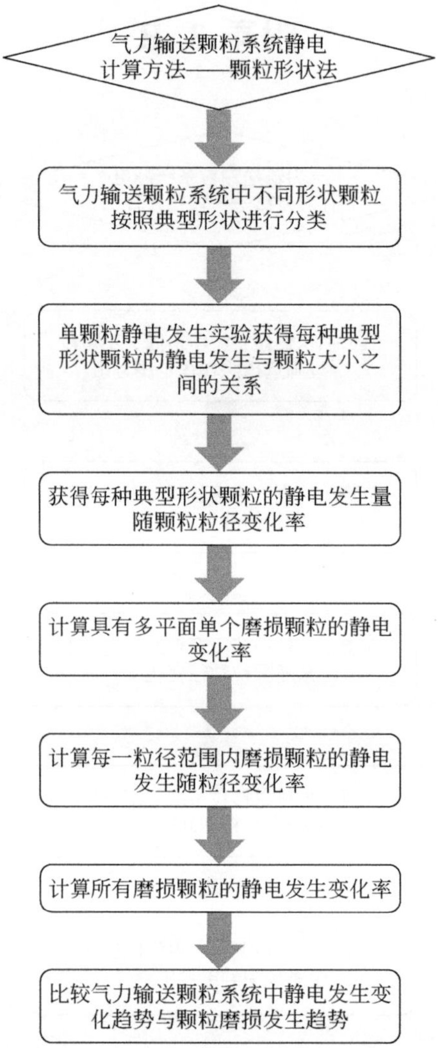

图 3. B2　气力输送颗粒系统静电计算方法——颗粒形状法

第4章 气力输送颗粒的静电作用

摘要：应用大涡模拟（LES）与离散单元法（DEM）相耦合的计算方法研究垂直与水平管道中静电作用下气力输送颗粒材料。LES 计算结果与不同 y^+ 范围的壁面法则吻合良好。计算所示在气力输送过程中由于强静电力吸引作用导致颗粒黏附在管壁上。颗粒在管壁附近聚集浓度高于管道中心，形成前期实验研究中所观察到的颗粒环形流。颗粒速度与气流曳引力之间紧密关系意味着气流曳引力影响颗粒行为的重要性。与之相反，在所研究工况中，颗粒-颗粒间静电力非常微弱，对颗粒行为影响可以忽略不计。气力输送过程中随着气流速度降低颗粒-壁面碰撞次数增多静电场强度增大。基于颗粒单体力学分析，可以得到结论，静电力作用在气力输送过程中气流较低流速时主导颗粒行为，而气流曳引力在高速气流速度下显得更为重要。

关键词：气力输送　静电　大涡模拟　离散元方法　数值计算

4.1 引　言

在气力输送颗粒时由于颗粒与不同材料表面之间不断碰撞而产生摩擦起电，这是发生在环境与工业过程中特别是有界湍流中输送颗粒的一种重要现象。近年来，静电作用下颗粒材料行为逐渐引起研究者广泛关注。例如，导电小颗粒（<<1mm）在一对平行平板施加交流或者直流产生电场中的行为研究发现，颗粒材料聚集形状依赖于施加电压（Yeh et al.，1997；Aranson et al.，2000；Sapozhnikov et al.，2003）及环境湿度（Howell et al.，2001）。类似现象被 Yao 等（2004）发现，气力输送颗粒系统中 2.8mm 颗粒通过垂直管道时在静电作用下形成三种颗粒聚集形式：颗粒簇、半环形及环形，因此第一次将管道中气力输送颗粒的流形根据静电作用分为三种类型：分散流、半环流与环形流。Al-Adel 等（2002）研究气固两相流垂直管道中静电效应时，发现了上升流的特征：中心-环状颗粒分布，较低气流速度时环状颗粒朝下流动，较高气流速度时环状颗粒往上流动。Joseph 与 Klinzing（1983）证实垂直气力输送中的阻塞现象是由静电作用引起的。另一方面，静电作用依赖于不同因素如物理、化学及使用材料的电学特性与环境条件。Smeltzer 等（1982）在气力输送颗粒系统中使用玻璃珠颗粒做实验发现，同样负载时小颗粒比大颗粒表现出更强的静电效应。Matsusaka 等（2003）创建公式描述颗粒反复碰撞墙壁生成静电的变化，并用此公式计算颗粒流中颗粒携带不同的静电量，理论分析颗粒静电分布。最近，Yao 和 Wang（2006）创立了一种方法研究气力输送颗粒系统中颗粒大小与颗粒形状对静电的影响，能有效表征具有不同大小颗粒与不同几何形状颗粒系统的静电特征。

另一方面，Crowe（1993）、McLaughlin（1994）和 Elghobashi（1994）表明很多研究

者应用数值模拟方法研究了不同颗粒大小与密度的群体颗粒行为。由于高性能计算要求，直接数值模拟（DNS）方法严格限制了参数范围。因此，应用直接数值模拟方法研究边界层中颗粒运动仅限于低雷诺数与较短时间计算，如在简单几何形状内流动，具有短松弛时间颗粒（McLaughlin，1989；Squires and Eaton，1991；Elghobashi and Truesdell，1992；Rouson and Eaton，1994）。在稀相两相流系统中，湍流对颗粒运动作用一定要考虑，颗粒对湍流的反作用通常可以忽略。在此假设中，连续相可以从颗粒相中分离出来处理。但当颗粒负载较高时（体积分数>10^{-6}）颗粒相明显影响流场，气相与颗粒相双向耦合就必须要考虑（Elghobashi and Truesdell，1993）。当颗粒浓度更高时（体积分数>10^{-3}），颗粒-颗粒间碰撞变得重要（Elghobashi，1994）。为了更加准确地模拟高雷诺数流动，近些年来LES成为一项广泛使用的高精度数值模拟工具。虽然LES计算中小尺度湍流信息被忽略，在涉及固体颗粒的多相流中这并不是严重的损失，因为当颗粒与连续相之间存在高密度比时，可假设颗粒对这些小尺度湍流作用没有反应。

本章中，耦合LES与DEM方法研究气力输送颗粒系统垂直管道中的静电作用。计算中考虑了三种气流雷诺数：34000、38000、55000，颗粒直径为2.8mm。研究静电效应对颗粒行为的影响，澄清管道壁面附近的颗粒浓度与气流速度的关系。此外，对单颗粒进行力学分析（重力、浮力及曳引力），获得静电效应下颗粒行为特征发生的物理机制。

4.2　数学模型

4.2.1　连续相

4.2.1.1　大涡模拟方法

三维不可压缩Navier-Stokes方程如下所示：

$$\nabla \cdot U=0 \tag{4.1}$$

$$\frac{\partial U}{\partial t}+\nabla \cdot (UU)=-\nabla P+\frac{1}{Re_\tau}\nabla^2 U \tag{4.2}$$

式中，变量均已用U_τ和δ进行无量纲化。

Top-hat算子滤波，通过有限体积隐式网格过滤方法建立大涡输运控制方程，过滤后运动方程如下所示。

$$\nabla \cdot \bar{u}=0 \tag{4.3}$$

$$\frac{\partial \bar{u}_i}{\partial t}+\frac{\partial}{\partial x_j}(\bar{u}_i\bar{u}_j)=-\frac{\partial \bar{P}}{\partial x_i}+\frac{\partial}{\partial x_j}\left[\left(\frac{1}{Re_\tau}+\nu_{\mathrm{T}}\right)\frac{\partial \bar{u}_i}{\partial x_j}\right]+\frac{\partial}{\partial x_j}\left(\nu_{\mathrm{T}}\frac{\partial \bar{u}_j}{\partial x_i}\right)+4\,\delta_{i3}-f_{\mathrm{d}} \tag{4.4}$$

上面带“横线”的符号代表了Top-hat过滤器。式（4.4）右边第二项最后部分代表了平均流向压力梯度，平衡充分发展管流中总剪切力。过滤后的压力梯度$\partial\overline{P}/\partial x_i$不包括平均流向压力梯度，但包括亚网格尺度压力的常规（对角线）部分。在后文中将介绍亚网格动能决定涡黏性系数ν_T。在密相气固流动中，曳力f_d可以通过后面出现的式（4.30）~式（4.34）求得。

4.2.1.2　亚网格模型

本章中应用 Kim 和 Menon（1997）动力亚网格动能模型，可以总结如下。亚网格动能k_{sgs}的传递方程如下所示：

$$\frac{\partial k_{sgs}}{\partial t}+\bar{u}_i\frac{\partial k_{sgs}}{\partial x_i}=\nu_T|\bar{S}|^2-\varepsilon+\frac{\partial}{\partial x_i}\left(\nu_T\frac{\partial k_{sgs}}{\partial x_i}\right) \tag{4.5}$$

式中，涡流黏度ν_T由下式求得

$$\nu_T=C_t\overline{\Delta}k_{sgs}^{1/2} \tag{4.6}$$

耗散率ε计算如下：

$$\varepsilon=C_e\frac{k_{sgs}^{3/2}}{\overline{\Delta}} \tag{4.7}$$

式中，$\overline{\Delta}$是网格尺度；C_t和C_e是动态决定的。求解后的应变率张量，$\bar{S}$表示如下：

$$\bar{S}_{ij}=\frac{1}{2}\left(\frac{\partial\bar{u}_i}{\partial x_j}+\frac{\partial\bar{u}_j}{\partial x_i}\right) \tag{4.8}$$

其大小由下式得到

$$|\bar{S}|=\sqrt{2\,\bar{S}_{ij}\bar{S}_{ij}} \tag{4.9}$$

用“帽子”符号表示定量应用过滤器，而上横线符号代表网格过滤器。伦纳德应力张量定义如下：

$$L_{ij}=\widehat{\bar{u}_i\bar{u}_j}-\hat{\bar{u}}_i\hat{\bar{u}}_j \tag{4.10}$$

过滤动能表示如下：

$$k_{test}=\frac{1}{2}\left(\widehat{\bar{u}_k\bar{u}_k}-\hat{\bar{u}}_k\hat{\bar{u}}_k\right) \tag{4.11}$$

过滤耗散项表示如下：

$$\varepsilon_{test}=(\nu+\nu_T)\left(\widehat{\frac{\partial\bar{u}_i}{\partial x_j}\frac{\partial\bar{u}_i}{\partial x_j}}-\frac{\partial\hat{\bar{u}}_i}{\partial x_j}\frac{\partial\hat{\bar{u}}_i}{\partial x_j}\right) \tag{4.12}$$

通过亚网格压力张量与伦纳德应力张量之间的一个相似假设，可以得到

$$L_{ij}=-2\,C_t\overline{\Delta}k_{sgs}^{\frac{1}{2}}\hat{\bar{S}}_{ij}+\frac{1}{3}\delta_{ij}L_{kk} \tag{4.13}$$

应用 Lilly（1992）最小二乘法求C_t：

$$C_t=\frac{1}{2}\frac{L_{ij}\sigma_{ij}}{\sigma_{ij}\sigma_{ij}} \tag{4.14}$$

式中，

$$\sigma_{ij}=-\widehat{\Delta}k_{\text{test}}^{1/2}\widehat{\overline{S}}_{ij} \tag{4.15}$$

测试过滤级与网格过滤层引入一个相似假设，在测试过滤级耗散方程为

$$\varepsilon_{\text{test}}=C_{\text{e}}\frac{k_{\text{test}}^{3/2}}{\widehat{\Delta}} \tag{4.16}$$

通过上式，可以计算获得 C_{t} 与 C_{e}。

4.2.1.3 柱坐标系

本章在柱坐标系中应用动量方程和连续性方程，表示如下：

$$\frac{\partial\overline{q_z}}{\partial z}+\frac{\partial\overline{q_r}}{\partial r}+\frac{\partial\overline{q_\theta}}{\partial\theta}=0 \tag{4.17}$$

$$\frac{\partial\overline{q_\theta}}{\partial t}=-\frac{1}{r}\frac{\partial\overline{P}}{\partial\theta}+\frac{1}{r}\frac{\partial}{\partial z}(\widehat{\tau}_{\theta z}-\overline{q}_\theta\overline{q}_z)$$

$$+\frac{1}{r^2}\frac{\partial}{\partial r}(r^2\widehat{\tau}_{\theta r}-r\,\overline{q}_\theta\overline{q}_r)+\frac{1}{r}\frac{\partial}{\partial\theta}\ (\widehat{\tau}_{\theta\theta}-\overline{q}_\theta\overline{q}_\theta) \tag{4.18}$$

$$\frac{\partial\overline{q_r}}{\partial t}=-r\frac{\partial\overline{P}}{\partial r}+\frac{\partial}{\partial z}\left(\widehat{\tau}_{rz}-\frac{\overline{q}_r\overline{q}_z}{r}\right)+\frac{\partial}{\partial r}\left(\widehat{\tau}_{rr}-\frac{\overline{q}_r\overline{q}_r}{r}\right)$$

$$+\frac{\partial}{\partial\theta}\left(\widehat{\tau}_{r\theta}-\frac{\overline{q}_r\overline{q}_\theta}{r}\right)-\ (\widehat{\tau}_{\theta\theta}-\overline{q}_\theta\overline{q}_\theta) \tag{4.19}$$

$$\frac{\partial\overline{q_z}}{\partial t}=-r\frac{\partial\overline{P}}{\partial z}+\frac{\partial}{\partial z}\left(\widehat{\tau}_{zz}-\frac{\overline{q}_z\overline{q}_z}{r}\right)$$

$$+\frac{\partial}{\partial r}\left(\widehat{\tau}_{zr}-\frac{\overline{q}_z\overline{q}_r}{r}\right)+\frac{1}{r}\frac{\partial}{\partial\theta}\ (\widehat{\tau}_{z\theta}-\overline{q}_z\overline{q}_\theta) \tag{4.20}$$

式中，q_z代表轴向通量 $r\cdot\nu_{\text{w}}$（ν_{w}是轴向速度）；q_r是径向通量 $r\cdot\nu_r$（ν_r是径向速度）；$q_\theta=\nu_\theta$。

应力可以通过下式求得

$$\widehat{\tau}_{ij}=\ (1+\nu_{\text{T}}Re)\ \overline{S_{ij}} \tag{4.21}$$

式中，涡黏度ν_{T}可见亚网格模型式（4.6），应力张量可以通过q_i如下所示：

$$\begin{pmatrix} S_{zz} & S_{zr} & S_{z\theta} \\ S_{zr} & S_{rr} & S_{r\theta} \\ S_{z\theta} & S_{r\theta} & S_{\theta\theta} \end{pmatrix}$$

$$=\begin{pmatrix} \dfrac{\partial q_z}{\partial z} & \dfrac{1}{2}\left[\dfrac{\partial q_z}{\partial r}+\dfrac{\partial q_r}{\partial z}-\dfrac{q_z}{r}\right] & \dfrac{1}{2}\left[\dfrac{\partial q_z}{\partial\theta}+r\dfrac{\partial q_\theta}{\partial z}\right] \\ S_{zr} & \left[\dfrac{\partial q_r}{\partial r}-\dfrac{q_r}{r}\right] & \dfrac{1}{2}\left[\dfrac{\partial q_\theta}{\partial r}+\dfrac{1}{r^2}\dfrac{\partial q_r}{\partial\theta}-\dfrac{q_\theta}{r}\right] \\ S_{z\theta} & S_{r\theta} & \left[\dfrac{1}{r}\dfrac{\partial q_\theta}{\partial\theta}+\dfrac{q_r}{r^2}\right] \end{pmatrix} \tag{4.22}$$

4.2.1.4 数值模拟

根据几何结构对称性，控制方程在柱坐标系中表示如上所述。求解方程采用二阶有限体积方法，结合在交错网格上空间导数的中心差分。应用 Crank-Nicholson 原理处理扩散项和二阶 Adams-Bashforth 对流项。使用 Harlow-Welch 分步法来解决压力泊松方程从分步法中获得结果。在圆周与轴向方向应用均匀计算网格，在径向使用双曲正切函数非均匀网格。

当管流计算达到充分发展时，在轴向方向上使用周期性边界条件。在管壁上，应用通常的无滑移边界条件。在本章中，因为使用柱坐标系，在管道中心存在一个奇点（$r=0$），导致管道中心所有速度分量很难具体其边界条件。Unger 和 Friedrich（1991）研究发现当网格表面面积趋向 0 时无需边界条件，因此，动量及质量通量也为 0。本章中采用另一种方法来处理该问题，即通过求解通量（半径 r 乘以速度分量）代替直接求解速度变量，如式（4.17）~式（4.20）所示。因此，在中心线方程中所有三变量都为 0。

在本章计算中，管长 $L_z=10R$，使用网格数为 65×39×65。计算初期，研究了求解网格对计算结果的影响。研究发现，最密集的网格（129×49×129）可获得最好的计算结果。65×39×65 网格可以捕捉所有流动特征，虽然一些网格间统计数据存在微小差别。另一方面，当网格越密集，计算所需要 CPU 时间越长，数据存储量越大。经过多种网格设计比较，计算采用 65×39×65 网格所需 CPU 时间与计算精度间具有最好的综合效果。最终统计数据在同一流向与圆周方向进行空间平均与时间平均，计算结果将在后续部分进行验证。

计算设计网格是非均匀的，径向是在靠近壁面边界层布置更多的网格结点。如，管半径为 0.5，根据双曲正切函数分布 $i_{\max}$：

$$r_i=0.5\times\tanh\left(\frac{i}{2\,i_{\max}}\ln\left(\frac{1+c}{1-c}\right)\right) \tag{4.23}$$

式中，c 为可调节常数。第一个网格节点位于 $y^+\approx1.5$，第二个节点位于 $y^+\approx5$，当 $Re_b=56.2\times10^3$ 时 c 设置为 0.22，$Re_b=38.6\times10^3$ 时，c 为 0.3，$Re_b=33.4\times10^3$ 时，c 为 0.34，Re_b 为流体体积速度与管径的雷诺数。Re_τ 为摩擦速度与管道直径定义的雷诺数，当摩擦速度已知时，可求出 Re_τ。以 Blasius（2003）定律为基础可以计算出摩擦速度，如 $Re_b=56.2\times10^3$ 时，摩擦速度为 0.0133m/s，$Re_b=38.6\times10^3$ 时，摩擦速度为 0.0096m/s，$Re_b=33.4\times10^3$ 时，摩擦速度为 0.0085m/s，相对应求出的摩擦雷诺数分别为 534、383 和 337。计算时发现雷诺数越大，应用相同数目的网格点时计算结果精度越低，尤其是在小尺度时。

4.2.2 离散单元法（DEM）

在已有工作中（Lim，2007，2008，2009，2010a，2010b），离散单元法（DEM）与其对应的控制方程已有详细介绍，此处为了内容的完整性做简单介绍。本章使用方法是延续 Lim 等（2006a，2006b）在气力输送颗粒系统中通过垂直管道，水平管道和倾斜管道中的计算方法。单颗粒平移与旋转运动遵从牛顿定律：

$$m_i \frac{\mathrm{d}\boldsymbol{\nu}_i}{\mathrm{d}t} = \sum_{j=1}^{N} (f_{\mathrm{c},\,ij} + f_{\mathrm{d},\,ij}) + m_i g + f_{\mathrm{f},\,i} + f_{\mathrm{e},\,i} \tag{4.24}$$

$$I_i \frac{\mathrm{d}\boldsymbol{\omega}_i}{\mathrm{d}t} = \sum_{j=1}^{N} T_{ij} \tag{4.25}$$

式中，m_i和ν_i分别是第 i 个颗粒的质量与速度；N 是与第 i 个颗粒接触颗粒的个数；$f_{\mathrm{c},ij}$和$f_{\mathrm{d},ij}$分别是接触与黏滞接触阻尼力；$f_{\mathrm{f},i}$是间隙流体产生的曳引力；$f_{\mathrm{e},i}$是静电力；I_i是第 i 个颗粒瞬间惯性力；ω_i是第 i 个颗粒角速度；T_{ij}是转矩，由于第 i 个颗粒与第 j 个颗粒接触导致颗粒旋转而产生的。

应用力-位移模型计算颗粒接触力与阻力，而且该模型可将这些力与颗粒相对位置，颗粒速度与碰撞颗粒的角速度关联起来。延续前期研究工作（Lim，2006a，2006b，2007，2008，2009，2010a，2010b），应用一种线性弹簧-阻尼器模型计算碰撞力。应用该模型，颗粒间碰撞模拟为完全弹性碰撞，然而与该碰撞相关的非弹性碰撞部分可以用该模型阻尼器中的部分能量阻尼来模拟。颗粒与壁面间的碰撞可以用类似方法解决但后者动能不会发生任何变化。换句话说，与壁面碰撞接触为一点，可以处理为另外一颗拥有无限惯性的颗粒。接触力与阻力的垂直分量（$f_{\mathrm{cn},ij}$，$f_{\mathrm{dn},\,ij}$）与切向分量（$f_{\mathrm{ct},ij}$，$f_{\mathrm{dt},\,ij}$）可以计算如下：

$$f_{\mathrm{cn},ij} = -(\kappa_{\mathrm{n},i}\delta_{\mathrm{n},ij})\, n_i \tag{4.26}$$

$$f_{\mathrm{ct},ij} = -(\kappa_{\mathrm{t},i}\delta_{\mathrm{t},ij})\, t_i \tag{4.27}$$

$$f_{\mathrm{dn},ij} = -\eta_{\mathrm{n},i}(\nu_{\mathrm{r}} \cdot n_i)\, n_i \tag{4.28}$$

$$f_{\mathrm{dt},ij} = -\eta_{\mathrm{t},i}\ \{(\nu_{\mathrm{r}} \cdot t_i)\, t_i + (\omega_i \times R_i - \omega_j \times R_j)\} \tag{4.29}$$

式中，$\kappa_{\mathrm{n},i}$，$\delta_{\mathrm{n},ij}$，n_i，$\eta_{\mathrm{n},i}$与 $\kappa_{\mathrm{t},i}$，$\delta_{\mathrm{t},ij}$，t_i，$\eta_{\mathrm{t},i}$分别是正应力与切应力方向的弹簧常数、颗粒间位移、单位向量与黏性接触阻尼系数；ν_{r}是颗粒之间的相对速度；R_i和R_j分别是第 i 个颗粒和第 j 个颗粒的直径。假如 $|f_{\mathrm{ct},ij}| > |f_{\mathrm{cn},ij}| \tan\varphi$，根据库仑摩擦定律计算两个接触面之间的“滑移量”，例如 $|f_{\mathrm{ct},ij}| = |f_{\mathrm{cn},ij}| \tan\varphi$，$\tan\varphi$ 类似摩擦系数。

气流曳引力是应用 DiFelice（1994）模型计算的，该模型适用于非常广泛的颗粒雷诺数。曳引力方程如下：

$$f_{\mathrm{f},i} = f_{\mathrm{f0},i}\,\varepsilon_i^{-(\chi+1)} \tag{4.30}$$

$$f_{\mathrm{f0},i} = 0.5\, c_{\mathrm{d0},i}\,\rho_{\mathrm{f}}\,\pi\, R_i^2 \varepsilon_i^2\, |u_i - \nu_i|\, (u_i - \nu_i) \tag{4.31}$$

$$\chi = 3.7 - 0.65\exp\left[-\frac{(1.5 - \log_{10} Re_{\mathrm{p},i})^2}{2}\right] \tag{4.32}$$

$$c_{\mathrm{d0},i} = \left(0.63 + \frac{4.8}{Re_{\mathrm{p},i}^{0.5}}\right)^2 \tag{4.33}$$

$$Re_{\mathrm{p},i} = \frac{2\,\rho_{\mathrm{f}} R_i \varepsilon_i\, |u_i - \nu_i|}{\mu_{\mathrm{f}}} \tag{4.34}$$

式中，$f_{\mathrm{f0},i}$是颗粒 i 受到气流曳引力作用；没有其他颗粒条件下，χ 是一经验参数；ε_i 当地第 i 颗粒周围的平均孔隙率；$c_{\mathrm{d0},i}$是阻力系数；$Re_{\mathrm{p},i}$是基于颗粒直径的雷诺数；ρ_{f}是流体密度；μ_{f}是流体黏度；u_i是流体速度。

利用双向耦合方法对流体-颗粒相互作用建模，f_d的计算需要数值计算气相速度，压力和邻近结点到颗粒位置的空隙率。在本章中，通过差值方法将本问题解决，实际上是三维情况下相邻结点信息组合。根据牛顿定律，一个单元中颗粒-气体总作用力可以通过整个单元中所有颗粒受力求和获得。因为速度与压力离散时应用交错网格，颗粒-气体曳引力再次在速度结点差值获得。

4.2.3　静电影响

在气力输送颗粒过程中，颗粒-颗粒之间或者颗粒与管壁之间进行重复碰撞导致颗粒获得静电。碰撞过程中两接触个体之间静电传输依赖于它们之间的电势差，依赖于它们表面功函数与镜像电荷作用。此外，气力输送系统中大量带电颗粒所产生的静电场也会通过空间电荷效应影响总的电势差。因此，需要综合考虑上述作用的数学模型来描述颗粒从不带电到摩擦起电的详细瞬态过程。该模型已经超出本章研究范围。取而代之的是，假设气力输送颗粒系统运行经过了起电瞬态状态而直接达到静电平衡状态（Elghobashi and Truesell，1993）。颗粒所带静电量与管壁一样，随时间保持不变。总之，在颗粒-壁面碰撞过程中由于接触材料性质不同，电荷在颗粒与管壁间传输，而两个碰撞颗粒之间的静电传输是由于电势差或是电荷密度不同。在静电平衡状态，颗粒与管道壁面带极性互为相反的电荷，颗粒则带相同的电荷。换言之，颗粒与管道壁面之间存在吸引的静电力而颗粒之间存在斥力。作用在每个颗粒上总的静电力可以表示成其他颗粒上电荷与管道壁面电荷所产生的静电力之和。

$$f_{e,i}=f_{ep,i}+f_{ew,i} \tag{4.35}$$

式中，$f_{ep,i}$和$f_{ew,i}$分别代表由于其他带电颗粒和带电管壁作用在第 i 个颗粒产生的静电力。在静电平衡状态下，管道壁面线性电荷密度导致作用在近壁面颗粒上的静电力升高，它比镜像电荷重要得多。换言之，当达到静电平衡时镜像静电力与带电管壁产生的静电力相比较可以忽略。

假设每个颗粒是一个恒定点电荷，其他带电颗粒产生的静电力可以计算如下：

$$f_{ep,\ i}=\sum_{\substack{i=1\\ j\neq i}}^{N}\frac{Q^2}{4\pi\,\varepsilon_0\,r_{ij}^2}n_i \tag{4.36}$$

式中，Q 是所有颗粒上恒定的电荷；ε_0是自由空间介电常数；r_{ij}是颗粒 i 与 j 之间的距离，n_i是两颗粒中心连线方向单位法向矢量。

假设气力输送颗粒管道是轴向方向无限长平板平面，近壁面平均电场强度可以计算如下（Lim et al.，2006a）：

$$E=\int\frac{1}{4\pi\,\varepsilon_0}\cdot\frac{\mathrm{d}q}{r^2}=\frac{\lambda}{2\pi\,\varepsilon_0\mathrm{d}}\int_0^{\frac{\pi}{2}}\cos\theta\mathrm{d}\theta=\frac{\lambda}{2\pi\,\varepsilon_0 d} \tag{4.37}$$

式中，E 是静电场强度；q 是管壁平衡电荷；ε_0是自由空间的介电常数；r 是颗粒到管壁平均距离；λ 是沿着管壁线性电荷密度。作用在位于近管壁第 i 个带电颗粒上的静电力可以计算为$f_{ew,i}=E\cdot Q$。

气力输送颗粒系统的结构图与数值计算中使用颗粒信息如表 4.1 和表 4.2 所示，均以 Yao 等（2006）实验为基础，数值计算可以与实验结果直接进行对比。前期实验中所有颗粒体积浓度为 5%。在本章计算中，流场初始化后颗粒首先在重力作用下设置自由运动 0.5s，颗粒相应用周期性边界条件，模拟一开放的流动系统，即在气力作用下颗粒在管道中输运，在管道进口处以相同速度于径向位置再次进入。

颗粒响应时间可以计算如下：

$$\tau_p=\frac{\rho_p D_p^2}{18\, p_{flow}\nu}=32.39s \tag{4.38}$$

大涡模拟控制方程中无量纲时间步长为 1.0×10⁻⁴，基于公式为

$$t=\frac{t^+\nu}{\mu_\tau^2} \tag{4.39}$$

可见本章中研究三种气体流量条件所对应的μ_τ分别为 0.008m/s、0.009m/s、0.013m/s，对应的有量纲时间步长分别为 2.36×10^{-5}s、1.86×10^{-5}s、8.93×10^{-6}s。清楚可见湍流积分时间尺度比颗粒响应时间短很多，因此足够求解颗粒轨迹。

表 4.1 材料特性与系统参数

颗粒形状	球形
颗粒直径 D_p	2.8mm
颗粒密度ρ_p	1123kg/m³
恢复系数	0.9
摩擦系数	0.3
气体密度ρ_f	1.205kg/m³
气体黏度μ_f	1.8×10^{-5}N · s/m²
管道直径	0.04m
管道长度	1.0m
计算单元格大小	4mm×4mm
模拟时间步长 Δt	$10^{-6}\sim10^{-5}$s

表 4.2 竖直气力输送计算静电参数

入口气体速度 /(m/s)	颗粒电荷密度 /(10^{-9}C/g)	管壁线性电荷密度 /(C/m)
12.6	2.36	-1.57×10^{-5}
14.6	2.05	-3.27×10^{-6}
21.2	1.22	-1.14×10^{-6}

4.3　结果与讨论

4.3.1　流场模拟

4.3.1.1　平均速度

众所周知管壁边界湍流运动，如管道流动、槽流和边界层，几种流动区域都有各自流动特性与尺度参数。通常，所谓内层与外层之间是有差别的。内层包括近壁区，其中涉及的流动与大尺度几何形状无关。换言之，内层流性质都是相似的，它与流动几何形式如管道、槽道或者平板无关。另一方面，外层流依赖于流动几何性。当然，当一层向另外一层逐渐转变时存在两层流动叠加区域。

图4.1为管流平均速度曲线，与摩擦速度 u_τ 无量纲化，沿着完整管道截面部分，这些数据使用内尺度以半对数算术形式表征。为了比较，加上 $W^+=y^+$（$y^+<5$）和 $W^+=A\ln y^++B$（$y^+>30$）定义的通用曲线。高雷诺数管道湍流的平均速度曲线可以描述如下。在非常靠近管道区域，黏性边界层 $y^+<5$，雷诺应力可以忽略，w^+ 随着 y^+ 线性增加，$W^+=y^+$。与之相反，在无限雷诺数限制下，湍流惯性区域 $y^+>30$ 可以用可忽略的黏性应力与占主导的雷诺应力来表征。在此区域应用 Prandtl（1933）线性混合-长度方法模拟雷诺应力获得“对数速度分布定律” $W^+=A\ln y^++B$。对于高雷诺数充分发展管流，实验数据得到 $A=2.5$，$B=5.0$。然而，对于低雷诺数的情况加法常数 B 等于5.5（Kim et al.，1987）。这些方程表示出不同 y^+ 范围内壁面定律。常数 A 与 B 数值仍然处于争论之中，还有很大的分布范围，由实验来决定。在图4.1中所有三条测量曲线，当靠近边界层 $0<y^+<5$ 时趋向 $W^+=y^+$。

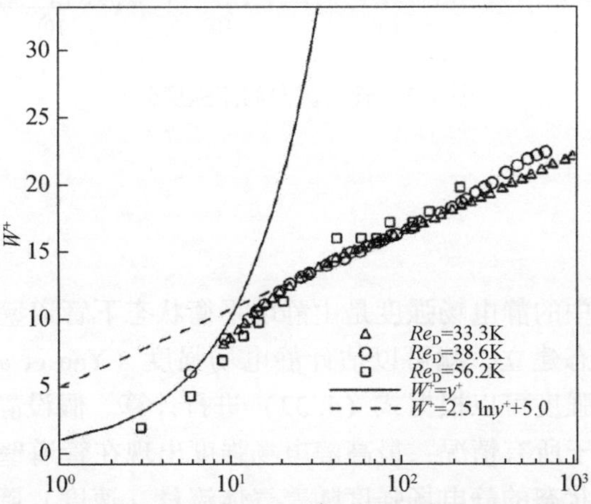

图4.1　三种雷诺数下按内变量标度的实测平均速度曲线，雷诺数分别为：33.3×10^3、38.6×10^3、56.2×10^3（对应的气体流量分别为950L/min、1100L/min、1600L/min）

图 4.1 显示出这些曲线的特性比较非常好，尽管计算曲线要比通用曲线稍微高一点，与实验发现一样。雷诺数越高 LES 计算结果曲线在所谓缓冲层表现出与其他曲线不吻合。这种偏离可能是因为 SGS 模型在缓冲层中求解的局限性。可以推测，一种更高级的能反映当地湍流特性的动态 SGS 模型将会更加适合。

4.3.1.2　湍流强度

如图 4.2 所示流动方向的湍流强度，可看到湍流特性的不均匀性与各向异性，轴向湍流强度的最大值位于一个固定的位置，它与雷诺数无关，该结论与 Mochizuki 和 Nieuwstadt (1996) 研究结果一致。他们是从边界层，管流与槽流的调查中发现该峰值与雷诺数无关的，因此遵循经典尺度理论。经典尺度理论对于平均速度曲线非常准确，正如 Zagarola 与 Smits（1998）和 McKeon 等（2004）的研究所证实。如图 4.2 所示，本工作得到流向湍流密度曲线存在一个峰值，先前研究显示该峰值位置是 W^{2+}，在 $y^+=15$ 附近，与雷诺数无关，因此也满足经典尺度理论。

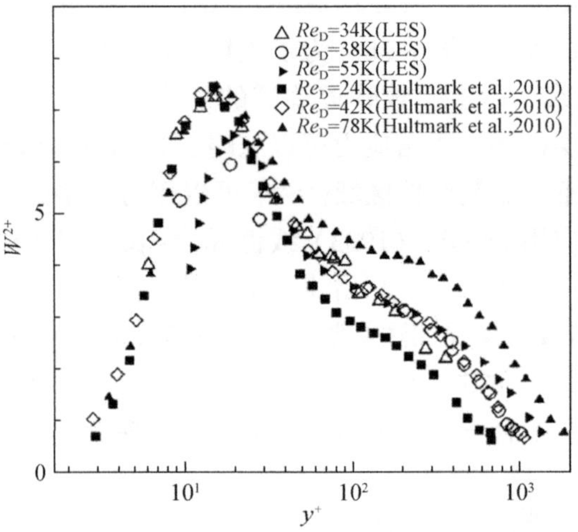

图 4.2　管内流向湍流强度分布

4.3.2　静电场

气力输送颗粒系统中的静电场强度是由静电平衡状态下管道壁面积累的静电荷数量决定的。一旦静电平衡状态建立，就可以估计静电场强度（Yao et al., 2006）。本章中三种流速下垂直管道静电场强度可以根据式（4.37）进行计算。假设静电荷均匀分布在管道壁面。如图 4.3 所示，对于所有情况，最高静电场强度出现在管道壁面附近，趋向管道中心逐渐减弱。此外，平衡状态的静电场强度随着气体流量（速度）降低而升高。考虑静电对颗粒作用，不考虑其他力因素如曳引力，颗粒间碰撞等，研究重力作用 0.5s 后颗粒的分布。如图 4.4（a）所示，在静电力作用下一薄层颗粒稳定黏附在管壁上，该现象与气力输送颗粒系统中气体流量为 950L/min 时所观察到的实验静电平衡现象相一致。在较高气体流量下，静电场强度较低，颗粒黏附在管道壁面的趋势相应较弱。这将在后面介绍气力输送颗粒系统中管道截面颗粒浓度时进行具体分析。

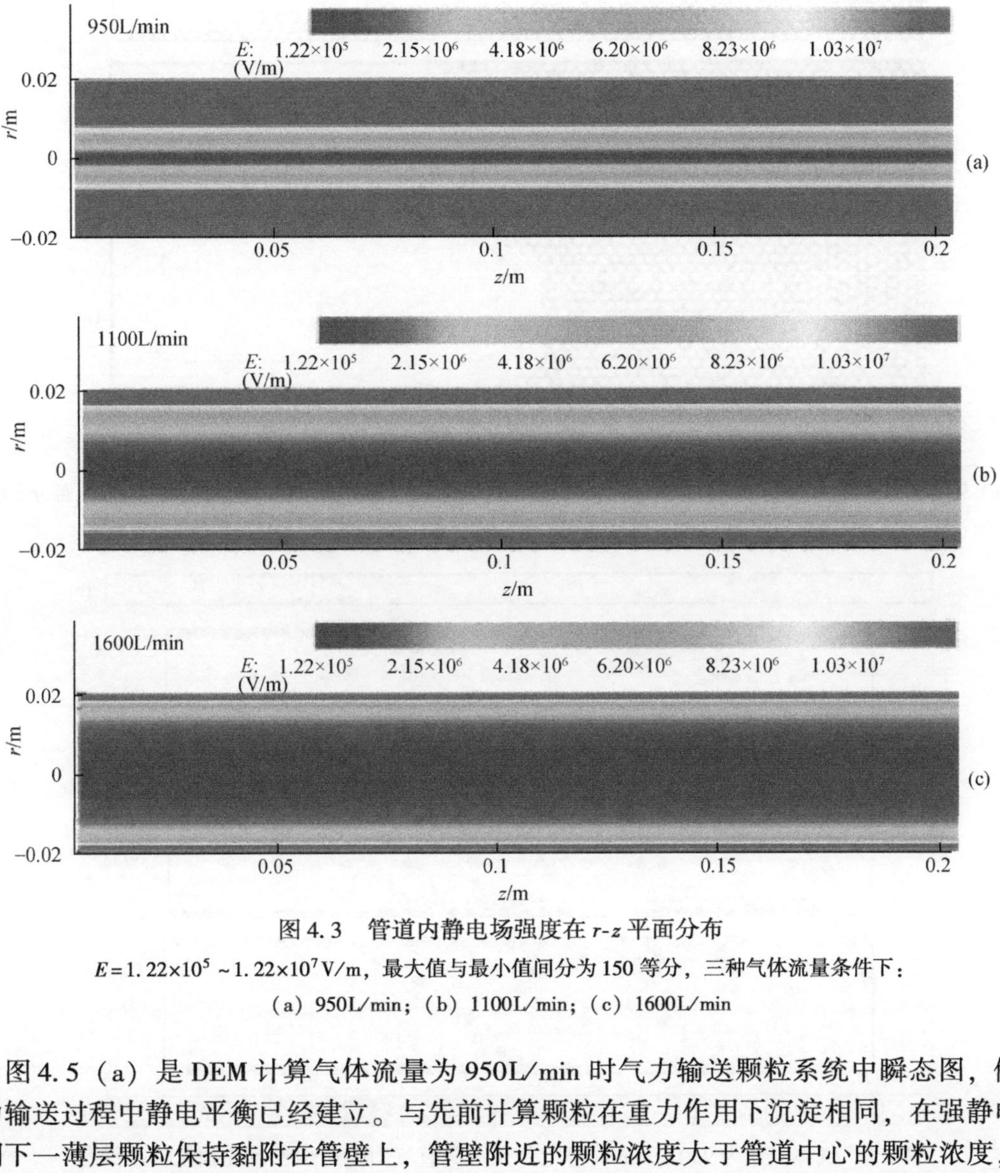

图 4.3　管道内静电场强度在 r-z 平面分布

$E=1.22\times10^5\sim1.22\times10^7$ V/m，最大值与最小值间分为 150 等分，三种气体流量条件下：

（a）950L/min；（b）1100L/min；（c）1600L/min

图 4.5（a）是 DEM 计算气体流量为 950L/min 时气力输送颗粒系统中瞬态图，假设气力输送过程中静电平衡已经建立。与先前计算颗粒在重力作用下沉淀相同，在强静电力作用下一薄层颗粒保持黏附在管壁上，管壁附近的颗粒浓度大于管道中心的颗粒浓度，于是形成了前期实验中所观察到的环形流（Yao et al.，2004）。如图 4.5（b）所示所有颗粒在输送管中轴向方向运动，颗粒速度也是管中心处比管壁处要大，这是由于管道截面类似的气流速度分布所导致，同时发现颗粒运动速度低于气流平均速度 12.6m/s。如图 4.5（c）所示作用在颗粒上的气流曳引力主要在轴线方向，意味着颗粒运动方向大多数是由气流曳引力所引起结果。虽然颗粒-颗粒间相互排斥静电力可能会破坏这几乎完全同一方向的运动。如图 4.5（d）所示静电力比气流曳引力低几个数量级，因此在气力输送颗粒过

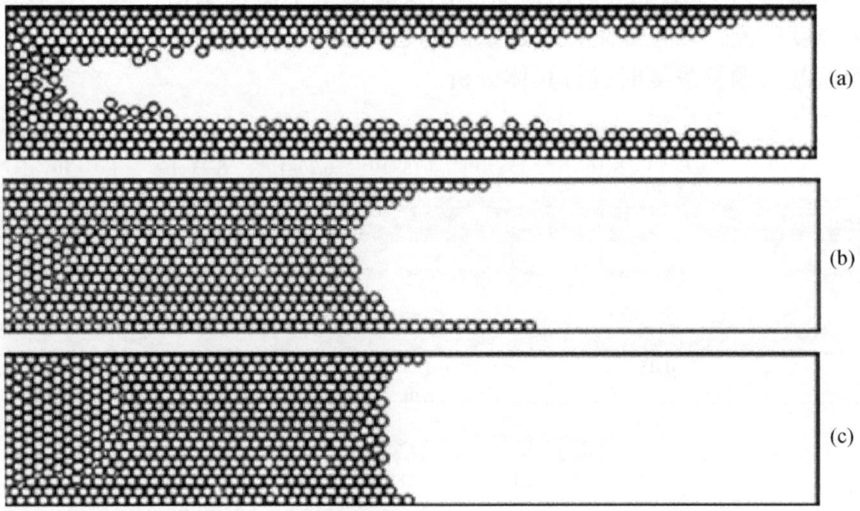

图4.4　无气体流动、重力及静电力作用下颗粒分布，静电场强度对应于不同气流流量条件下的静电平衡

（a）950L/min；（b）1100L/min；（c）1600L/min。重力方向朝左，竖直气力输送颗粒管道仅底部0.2m部分显示

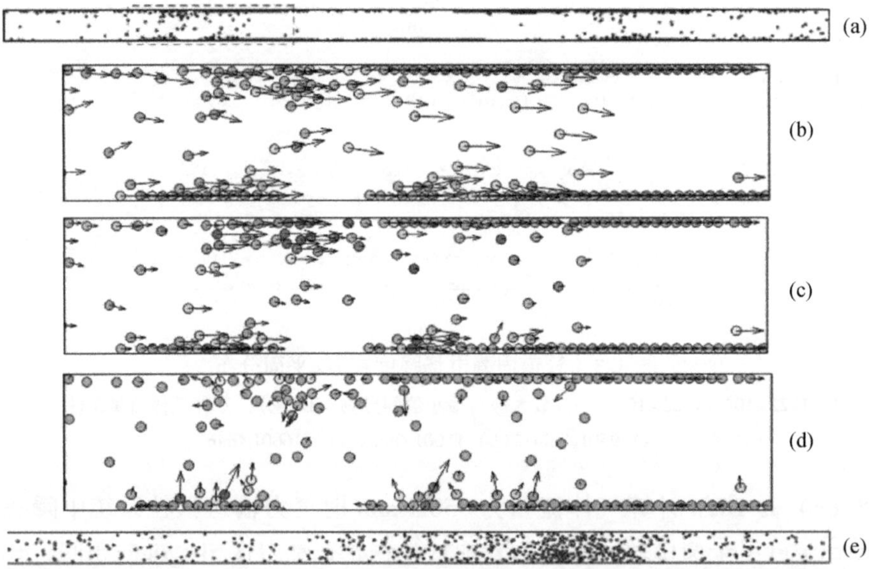

图4.5　气体流量为950L/min时静电作用下竖直气力输送颗粒系统颗粒瞬态信息

（a）颗粒分布，虚线部分放大如以下三图。（b）颗粒瞬态速度矢量，有颜色等值线表示颗粒速度轴向分量大小，范围在0（蓝色）~12.6m/s（红色）。（c）流体瞬态曳引力矢量，有颜色等值线表示气流曳引力轴向分量大小，范围在0（蓝色）~2.0×10^{-4}N（红色）。（d）颗粒间瞬态静电排斥力矢量，有颜色的等值线表示颗粒间静电排斥力径向分量，范围在-10^{-6}（蓝色）~10^{-6}N（红色）。（e）竖直气力输送管中气体流量为950L/min时无静电作用颗粒瞬态分布，重力方向指向左方

程中不可能对颗粒行为产生很大的作用。由此可以得到结论，气力输送颗粒系统垂直管道中所观察到的环形流形状是由于该系统中存在的两个主要形式的力所导致：静电力与曳引力。静电力吸引颗粒导致颗粒黏附在管壁上，气流曳引力促使颗粒在管道轴向运动。因为二力互相垂直，所以对颗粒的作用互不干扰，即颗粒在管壁处的聚集形状与颗粒轴向运动同时存在。与之相反，如图4.5（e）所示在气力输送颗粒系统中如果没有静电力作用，颗粒将会在径向均匀分布。这类似于前期实验（Yao et al.，2004）中所观察到的稀疏流。它会在每次气力输送颗粒实验刚开始时观察到，稀疏流时颗粒本身静电与管壁静电都可以忽略（Yao et al.，2004）。

如图4.6（a）所示在较高气体流量1100L/min时的颗粒流形，与前期实验研究相似（Yao et al.，2004）。因为静电场强度较强，在大部分管壁处可看到一薄层颗粒黏附。此外，在管道中心处发现颗粒有聚集成团的趋势。图4.6（b）中颗粒运动的主要方向是管道轴线方向。如图4.6（c）所示颗粒速度矢量与气流曳引力矢量吻合，意味着此时气流曳引力主导颗粒行为。与前期实验比较，发现气流流量越大颗粒输送速度与平均气流速度越接近。如图4.6（d）所示颗粒-颗粒间静电排斥力，发现排斥力的方向都是随机的，它

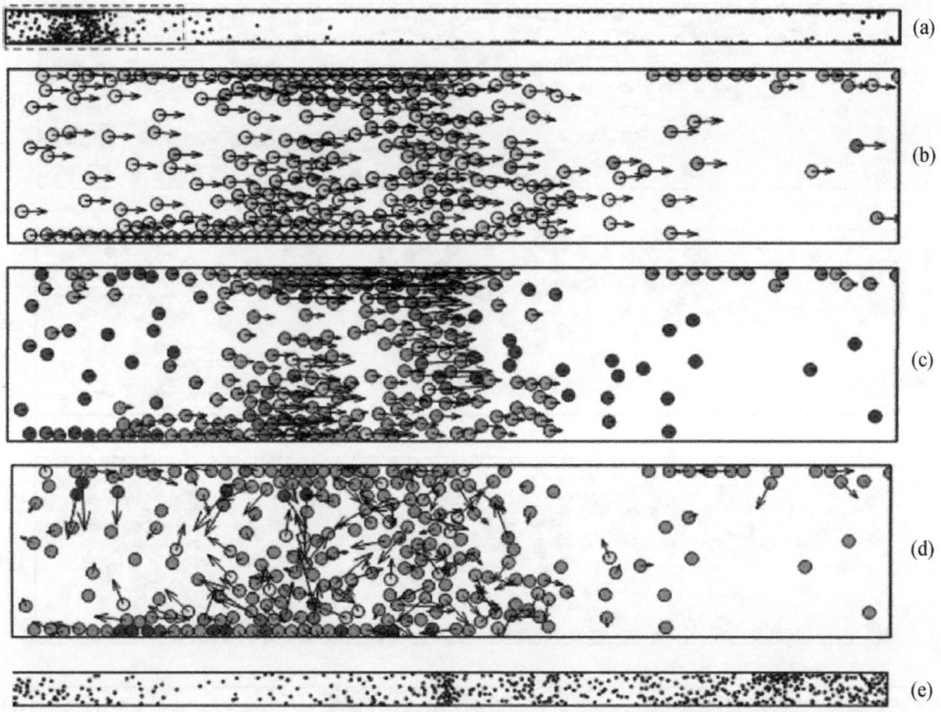

图4.6　气体流量为1100L/min时静电作用下竖直气力输送颗粒系统颗粒瞬态信息

（a）颗粒分布，虚线部分放大如以下三图。（b）颗粒瞬态速度矢量，有颜色等值线表示颗粒速度轴向分量大小，范围0（蓝色）~14.6m/s（红色）。（c）流体瞬态曳引力矢量，有颜色等值线表示气流曳引力轴向分量大小，范围0（蓝色）~5.0×10^{-4}N（红色）。（d）颗粒间瞬态静电排斥力矢量，有颜色等值线表示颗粒间静电排斥力径向分量，范围在-10^{-6}（蓝色）~10^{-6}N（红色）。（e）竖直气力输送管中气体流量为1100L/min时无静电作用颗粒瞬态分布，重力方向指向左方

会导致颗粒速度偏离轴向。如果排斥力作用在黏附管壁的颗粒上，它会驱使颗粒脱离管壁，使环形流消失。然而，正如前期实验工作所显示，如图4.6（d）所示这种颗粒-颗粒静电排斥力与气流曳引力及管壁上静电电荷吸引力相比较都很小，所以排斥力对颗粒流形的影响很小。如图4.6（e）所示在没有静电作用下管道壁面没有颗粒黏附，这进一步从反面证实实验观察的现象确实是因为静电力产生结果。

在本章中考虑的最高气体流量1600L/min，DEM计算结果获得颗粒流形所示的环形流不再存在，因为在气力输送过程中很少颗粒黏附在管壁上［图4.7（a）］，这是如图4.3所示流动条件下存在的静电场较弱的直接结果。如图4.7（b）所示所有颗粒以接近平均气流速度的速度在轴向方向上运动。如前所示，颗粒速度受气体曳引力影响很大［图4.7（c）］，但颗粒-颗粒间静电斥力影响很小［图4.7（d）］，在颗粒系统中忽略其对颗粒行为的影响。因为静电场强度弱，颗粒发展流动形状与完全没有静电时相类似［图4.7（e）］。在后文中将会通过更多的定量分析颗粒在气力输送颗粒系统中分布，可以发现运行条件下颗粒流形的不同。

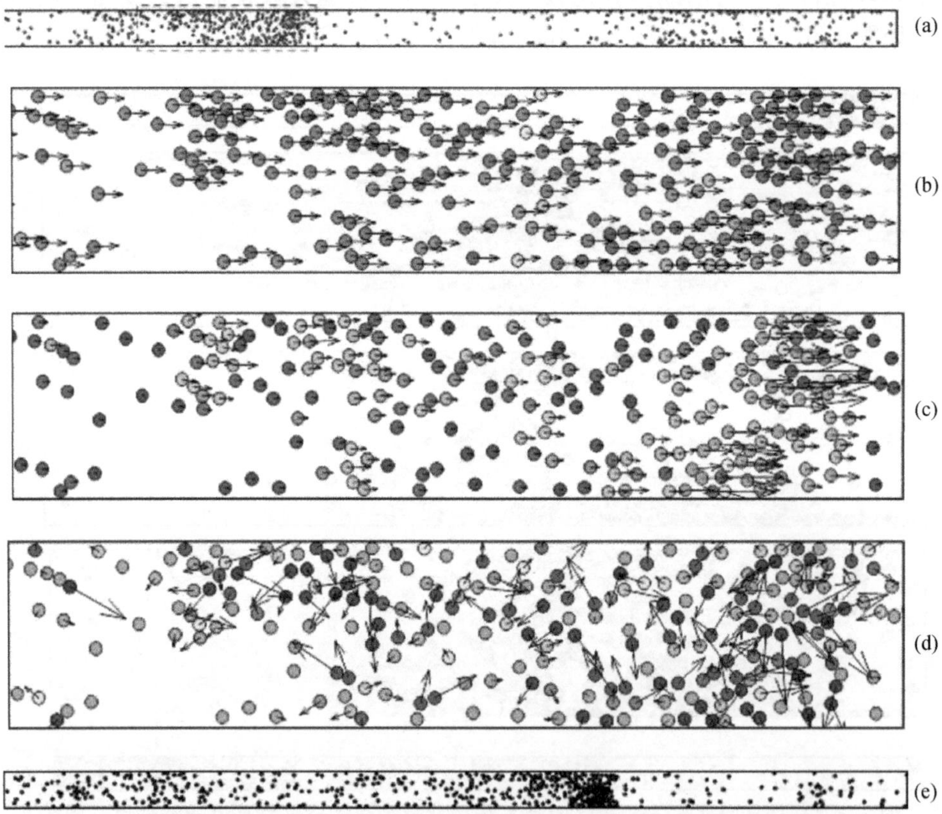

图4.7　气体流量为1600L/min时静电作用下竖直气力输送颗粒系统颗粒瞬态信息

（a）颗粒分布，虚线部分放大如以下三图。（b）颗粒瞬态速度矢量，有颜色的等值线表示颗粒速度轴向分量大小，范围0（蓝色）~21.2m/s（红色）。（c）流体瞬态曳引力矢量，有颜色等值线表示气流曳引力轴向分量大小，范围0（蓝色）~5.0×10^{-4}N（红色）。（d）颗粒间瞬态静电排斥力矢量，有颜色的等值线表示颗粒间静电排斥力径向分量，范围-10^{-7}（蓝色）~10^{-7}N（红色）。（e）竖直气力输送管中气体流量为1600L/min时无静电作用颗粒瞬态分布，重力方向指向左方

4.3.3　力学分析

表4.3为作用在近壁区（$<r_p$）单颗粒上的力。径向与轴向的曳引力（F_{Dr}，F_{Dz}）随着气体流量而增大。研究发现，轴向曳引力（F_{Dz}）大于作用在每个颗粒上的重力，所以颗粒能够在垂直管道中克服重力向上运动。在气体流量为1600L/min时，径向牵引力F_{Dr}远大于作用在单颗粒上的静电力，于是导致颗粒克服静电力离开管壁。当气体流量降低时，径向静电力增强。当气体流量为950L/min时，静电力大小与径向方向的曳引力大小相当。因此在垂直管道中，颗粒趋向于黏附到管道壁面聚集，形成环状，正如前期实验（Yao et al.，2004）观察相一致。

由于静电力导致颗粒黏附在管壁表面，在轴向方向产生摩擦力（F_{fz}），它随静电力增大而增大（表4.3）。与轴向气流曳引力相比（F_{Dz}），F_{fz}较低，但这两种力数值差随着气体流量的增大而减小。换句话说，摩擦力F_{fz}在气体流量较低时对近管壁区域的颗粒行为影响很大。值得注意的是，这里定义的摩擦力仅仅基于静电力F_{Er}而不包括气流曳引力F_{Dr}的贡献。如果一个颗粒黏附在管道壁面，径向的曳引力会有利于摩擦力（F_{fz}）导致颗粒黏附在管壁上。例如，当气体流量为950L/min时，$F_{Dr}=3.14\times10^{-5}$N，对应$F_{fz}=F_{Dr}\times f=3.14\times10^{-5}\times0.56=1.76\times10^{-5}$N。基于上述力学分析可以得到结论，在气力输送颗粒系统中当气体流量低时静电作用对颗粒行为的影响占主导地位，但当气体流量高时曳引力占主要作用。该结论与DEM计算中颗粒浓度空间平均曲线的结果相吻合。根据Matida等（2000）应用分析颗粒聚集度方法，管道横截面分成10等份取样单元，无量纲颗粒聚集函数可以如下所示：

$$\frac{\boldsymbol{C}_i}{\boldsymbol{C}}=\frac{N_{pi}/\boldsymbol{u}_{pi}}{\sum_i N_{pi}/\boldsymbol{u}_{pi}}\frac{A}{A_i} \tag{4.40}$$

式中，N_{pi}是第i区域内颗粒数目；$\boldsymbol{u}_{pi}$是颗粒的平均轴向速度；A_i和A分别是第i区域面积和总横截面积。图4.8（a）显示浓度函数曲线，$\frac{\boldsymbol{C}_i}{\boldsymbol{C}}$是在气力输送颗粒系统中不同气体流速下静电存在时计算得到的。最低气流速度对应于环形流，颗粒浓度曲线在边界区域与管道中心区域之间表现出最大的差别。这种浓度函数值的差别随着气体流速增大而减小，意味着静电对颗粒行为影响的重要性相对应降低。与之相反，如图4.8（b）所示是无静电作用，气力输送颗粒过程中颗粒浓度曲线在平均值为1.0附近波动，意味着管道横截面颗粒分布更加均匀。颗粒趋向于在管道壁面形成环状流的流形，它是气力输送颗粒系统中静电作用下的特征。

表4.3　管壁附近（$<r_p$）单颗粒的受力分析

气体流量/（L/min）	F_{Dr}/N	F_{Dz}/N	F_{Er}/N	F_{fz}/N
1600	3.45×10^{-4}	7.94×10^{-3}	5.16×10^{-7}	2.89×10^{-7}
1100	3.90×10^{-5}	6.70×10^{-4}	2.47×10^{-6}	1.38×10^{-6}
950	3.14×10^{-5}	5.60×10^{-4}	1.37×10^{-5}	7.68×10^{-6}

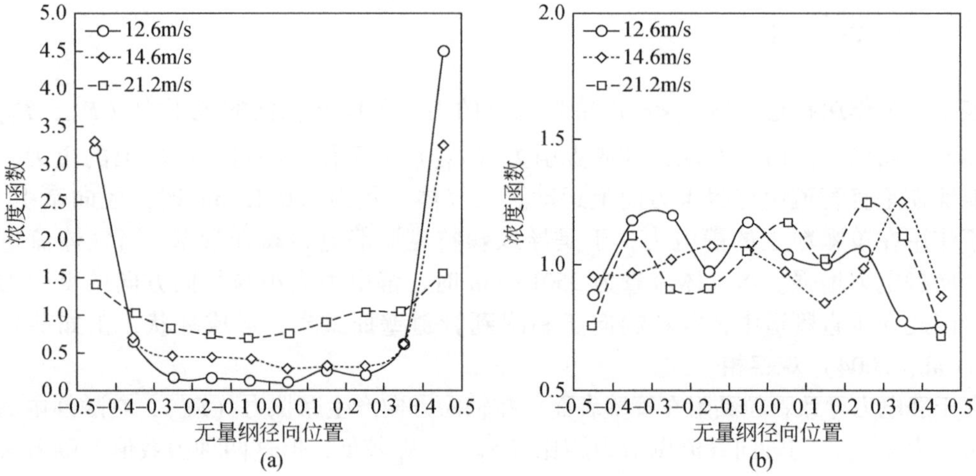

图 4.8　竖直气力输送颗粒管道中不同平均气体流速时的颗粒浓度函数

(a) 有静电；(b) 无静电

图 4.9 为管道横截面上的颗粒浓度函数，与作用在颗粒上的静电力一起。可以发现，近壁处的静电场强度相当高，约束了颗粒向管中心的运动。这是因为管道壁面积累了静电电荷。随着气流速度降低，静电场逐渐变大，与此同时伴随的是颗粒表面电荷密度增大(表 4.2)。在气力输送颗粒过程中气流速度与静电场强发展关系可以用在输送过程中颗粒-壁面碰撞次数来解释。图 4.10 (a) 为在不同气流速度、无静电条件下颗粒-壁面碰撞积累次数。碰撞积累次数随着时间线性增长，在三种流速下存在最小差值。图 4.10 (b) 为在不同气流速度气力输送过程中，颗粒与管壁的碰撞次数。可以发现，不考虑静电时，在所有流速下，颗粒与管壁碰撞的次数比考虑静电时的数目低。如前分析，这是因为在管道中决定颗粒轨迹的是流体曳引力。与之相反，在静电条件下 (平衡状态)，如图 4.10 (c) 所示在气力输送颗粒系统中颗粒-壁面碰撞次数在低流速时有很大程度的增加。与如图 4.10 (a) 所示无静电作用条件相比，静电存在时颗粒-壁面碰撞次数大幅度地增长。如图 4.10 (d) 所示在任何瞬态时刻，气流低速与高速比较，颗粒与管壁接触的次数显著较大。静电条件下，颗粒-壁面瞬态接触次数大概比无静电条件时高出两个数量级 [图 4.10 (b)]。该结论与前期实验 (Yao et al., 2004, 2006) 结果一致，即低速气力输送颗粒获得的静电场强度要高于高速气力输送颗粒获得的静电场强度。尽管静电产生过程很短，颗粒表面与管道壁面积累的电荷在本章中没有考虑，但根据本章中的比较分析 (一个没有考虑静电，另一个建立了静电平衡) 推断出当气流速度低时静电发生率较高，这是因为颗粒-壁面碰撞次数较多，气力输送过程中大量颗粒仍保持与壁面接触。这是较强静电力下自维持过程，即大量颗粒-壁面碰撞，能够维持静电发生处于较高水准，是静电场自身存在所必需的。在静电电场作用下，流动颗粒形成了流形，如环形流，它是气力输送过程中静电作用下颗粒充分发展的流动特点。

如图 4.11 (a)、(b) 所示，在气力输送垂直管中，静电存在时颗粒温度呈现出各向

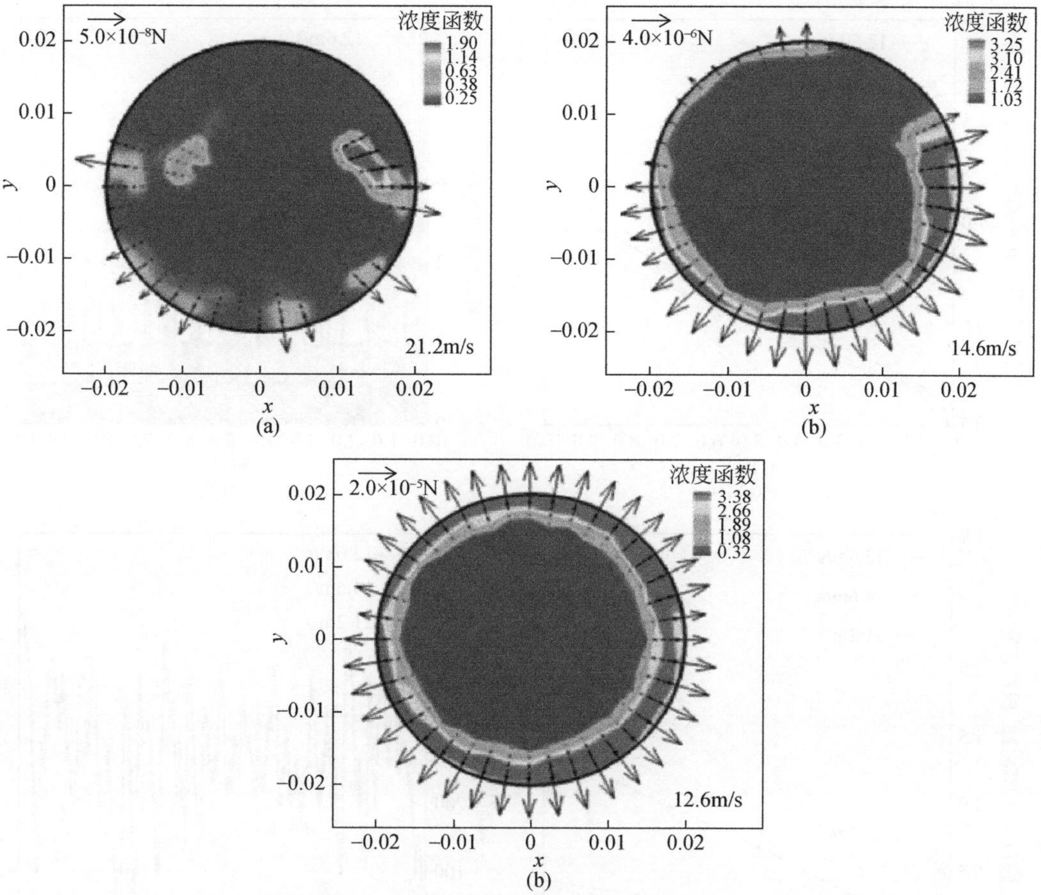

图 4.9 三种气体流量下，竖直管道中作用在颗粒上的静电力和颗粒浓度分布

(a) 1600L/min；(b) 1100L/min；(c) 950L/min

同性。其中，$T_y=\frac{1}{2n}\sum_{i=1}^{n}(v_{y,i}-\boldsymbol{v}_y)^2$，$T_x=\frac{1}{2n}\sum_{i=1}^{n}(v_{x,i}-\boldsymbol{v}_x)^2$，式中，$v_{y,i}$和$v_{x,i}$分别是第 i 个颗粒速度的垂直与水平分量；$\boldsymbol{v}_y$和$\boldsymbol{v}_x$是对应的颗粒平均速度。当气体流速最小时，颗粒温度最高，这可能是因为此时静电作用最大。在气体流量为 1100L/min 和 1600L/min 时，颗粒温度相当接近。相反，如图 4.11（c）、（d）所示当静电作用不存在时，颗粒温度表现为各向异性，颗粒温度的轴向分量比径向分量大约高一个数量级。有趣的是，这一结果与前一情况形成鲜明对比，即在无静电时，当气流速度达到最大时，颗粒温度轴向分量也达到最大值，这意味着静电作用下的静电力会很大程度上导致颗粒速度波动。

在本章中所有静电的计算结果都是在气力输送颗粒系统达到静电平衡状态得到的。在摩擦起电积累静电瞬态阶段，颗粒流形是从无静电状态到达到静电平衡状态逐渐发展起来的。然而，文献调研发现，关于在气力输送颗粒物流态的研究至今还未有报道。Yao 等（2004）通过实验报道气力输送颗粒过程中颗粒静电密度的实验测量。在实验运行第一个 3 小时，颗粒表面电荷密度随着时间而增大。在气力输送颗粒系统运行后 66 分钟、141 分

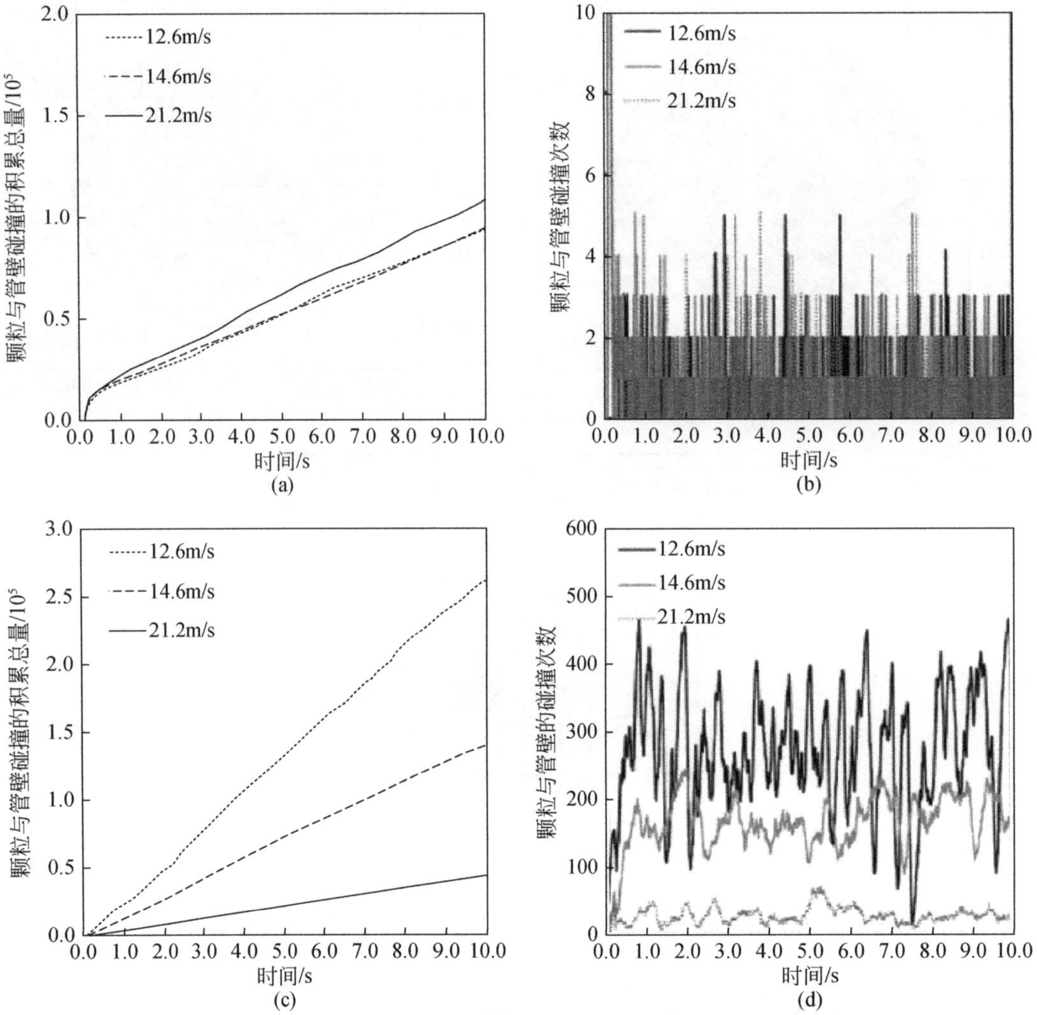

图 4.10　气力输送颗粒竖直管道中不同平均气流速度时颗粒与管道作用

（a）无静电时颗粒-壁面碰撞积累次数；（b）无静电时颗粒与管道接触的颗粒数；（c）有静电时颗粒-壁面碰撞积累次数；（d）有静电时颗粒与管道接触的颗粒数

钟及 157 分钟后，颗粒表面电荷密度分别为 0.376×10^{-9}C/g、1.33×10^{-9}C/g 和 1.52×10^{-9}C/g。这些数据可以反映气力输送过程瞬态静电带电，构造相应颗粒静电电荷积聚函数曲线。图 4.12（a）~（c）显示随着颗粒静电密度增加，在管壁上逐渐形成颗粒黏附层。该颗粒流形确实在实验中观察到，从分散流逐渐发展为环形流。该现象从图 4.12（d）中的颗粒聚集函数曲线中能定量反映。颗粒电荷密度为 0.376×10^{-9}C/g，对应于气力输送颗粒系统开始运行短暂时间，颗粒聚集函数曲线相当一致并与早前报道没有静电作用的系统相似。随着颗粒静电密度增加，颗粒聚集函数在气力输送管道的横截面处变得非均匀，意味着颗粒在管道壁面聚集。最终，颗粒聚集函数曲线接近早期获得静电平衡系统的曲线。

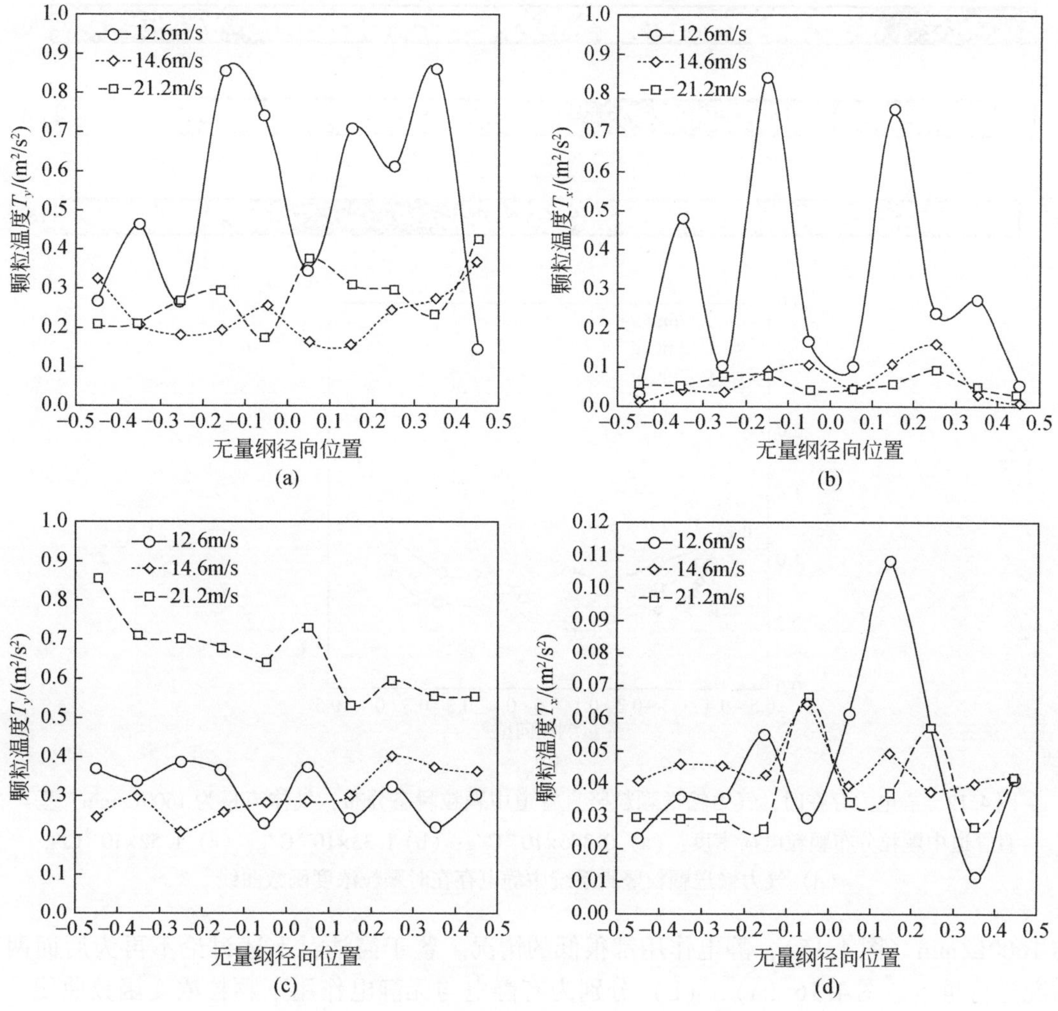

图4.11　气力输送颗粒竖直管道中，颗粒空间平均温度曲线，静电存在时
(a) T_y、(b) T_x；静电不存在时 (c) T_y、(d) T_x

随着气力输送颗粒系统中竖直管道静电效应研究完成，可以应用相类似的方法研究水平管道中的静电。此处静电系数是参考 Yao 等（2006b）的实验工作，如表 4.4 所示。与表4.2 比较，可以发现颗粒静电密度在水平气力输运管道大约比竖直管道小一个数量级。因此，研究发现水平管道中静电影响颗粒流形的效果并不明显。如图 4.13（a）所示水平气力输送过程中气流流量为 950L/min 时瞬态分布，重力作用下的颗粒在管道轴线周围均匀分布。如图 4.13（b）所示气流曳引力在轴向方向占主导作用，颗粒-颗粒静电斥力方向则随机分布［图 4.13（c）］。如气力输送竖直管道中所示，颗粒-颗粒静电斥力很小导致不能扩散颗粒。图 4.13（d）是在水平气力输送管道中无静电力作用下颗粒低浓度时瞬态移动典型流形。因为在水平输运时静电力非常微弱，静电平衡时颗粒流形与无静电时相似。上述观察同样也应用于水平气力输送颗粒过程气流流量分别为 1100L/min（图 4.14）

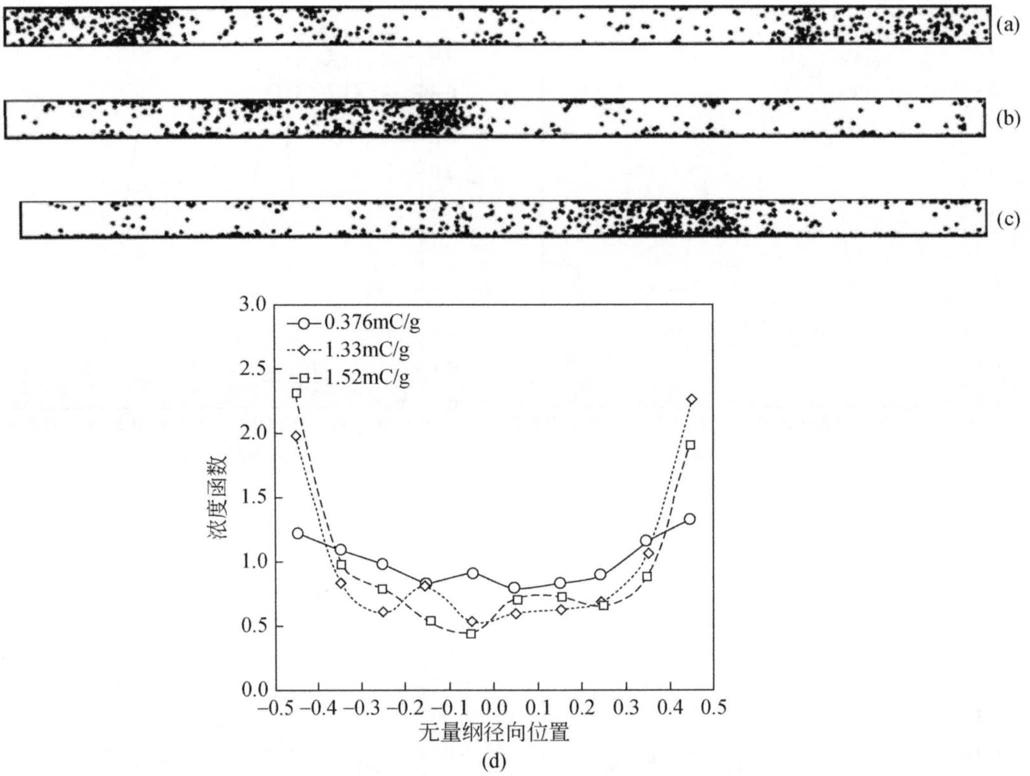

图 4.12　静电力存在时，气力输送颗粒竖直管道中颗粒瞬态分布，气体流量为 1600L/min，垂直管道中颗粒分布颗粒电荷密度：(a) 0.376×10^{-9}C/g；(b) 1.33×10^{-9}C/g；(c) 1.52×10^{-9}C/g；(d) 气力输送颗粒竖直系统中静电存在时颗粒浓度函数曲线

与 1600L/min（图 4.15），静电作用都很低的情况。鉴于简洁，上述讨论不再为后面两种情况进行重复。图 4.16（a）、（b）分别为有静电与无静电作用下颗粒浓度函数曲线，它们只有在不同气流速度时才存在很小差别。该结论验证了早前实验的发现：气力水平输送颗粒过程中静电对颗粒分布影响不大。

表 4.4　气力输送水平管道计算静电参数

入口气流速度/(m/s)	颗粒电荷密度/(10^{-9}C/g)	管壁线性电荷密度/(C/m)
12.6	2.36	-1.62×10^{-6}
14.6	2.05	-8.89×10^{-7}
21.2	1.22	-1.32×10^{-7}

如图 4.17（a）、（b）所示颗粒温度在气力水平输送颗粒过程中静电作用下有微弱的各向异性，轴向颗粒温度通常大于径向颗粒温度。在竖直气力输送颗粒情况下有静电作用，发现颗粒温度随着气流速度增大而降低。这说明颗粒速度的波动主要是因为系统中静电力所决定。当不考虑静电力时，如图 4.17（c）、（d）所示颗粒温度也有轻微的各向异

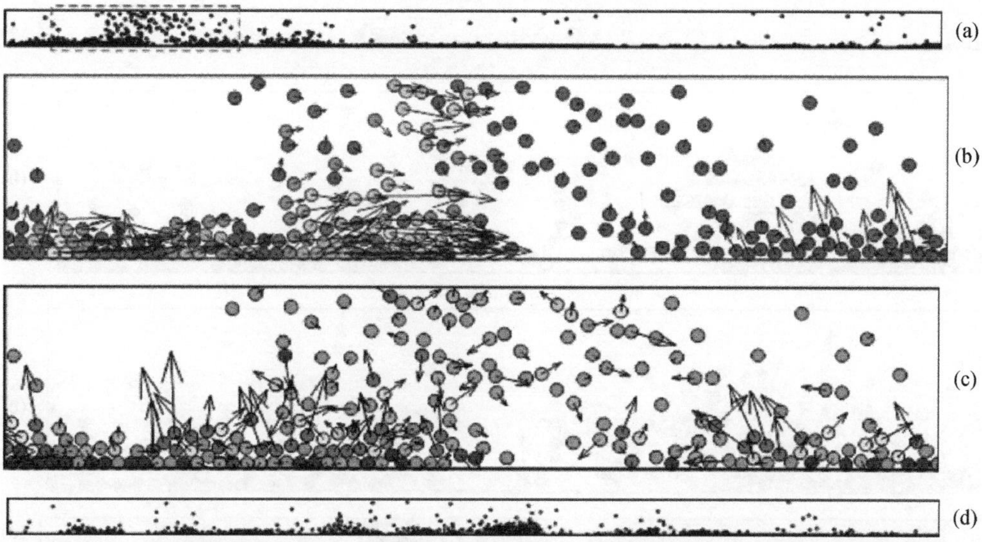

图 4.13 气体流量为 950L/min 时静电作用下水平气力输送颗粒系统颗粒瞬态信息

(a) 颗粒分布，虚线部分放大如以下三图：(b) 气体瞬态曳引力矢量，有颜色的等值线表示气流曳引力轴向分量大小，范围 0（蓝色）~ 1.0×10^{-4}N（红色）；(c) 颗粒间瞬态排斥力矢量，有颜色的等值线表示颗粒间静电排斥力径向分量大小，范围 -1.0×10^{-6}（蓝色）~ 10^{-6}N（红色）；(d) 气力水平输送过程中，输送气体流量为 950L/min 时无静电作用颗粒瞬态分布，重力方向朝下

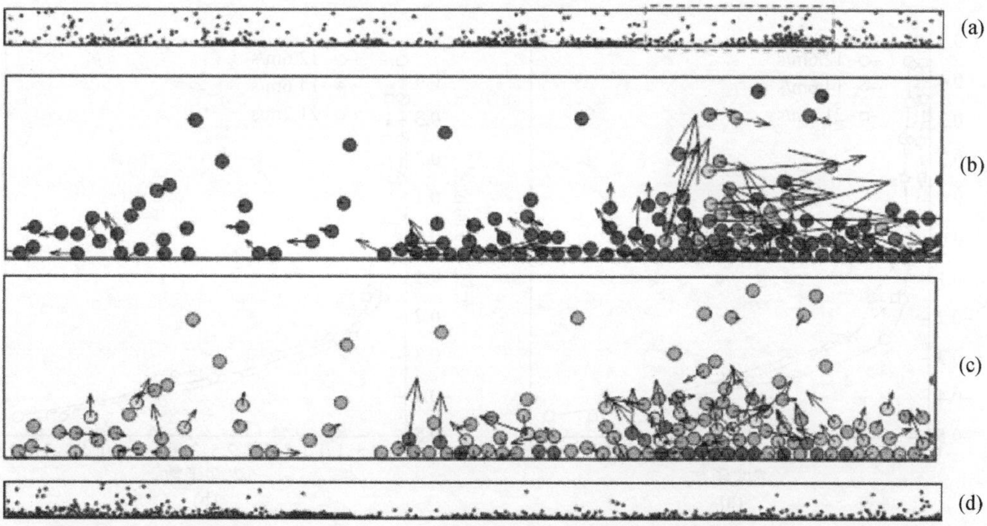

图 4.14 气体流量为 1100L/min 时静电作用下水平气力输送颗粒系统颗粒瞬态信息

(a) 颗粒分布，虚线部分放大如以下三图：(b) 气体瞬态曳引力矢量，有颜色的等值线表示气流曳引力轴向分量大小，范围 0（蓝色）~ 1.0×10^{-4}N（红色）；(c) 颗粒间瞬态排斥力矢量，有颜色的等值线表示颗粒间静电排斥力径向分量大小，范围 -1.0×10^{-6}（蓝色）~ 10^{-6}N（红色）；(d) 气力水平输送过程中，输送气体流量为 1100L/min 时无静电作用颗粒瞬态分布，重力方向朝下

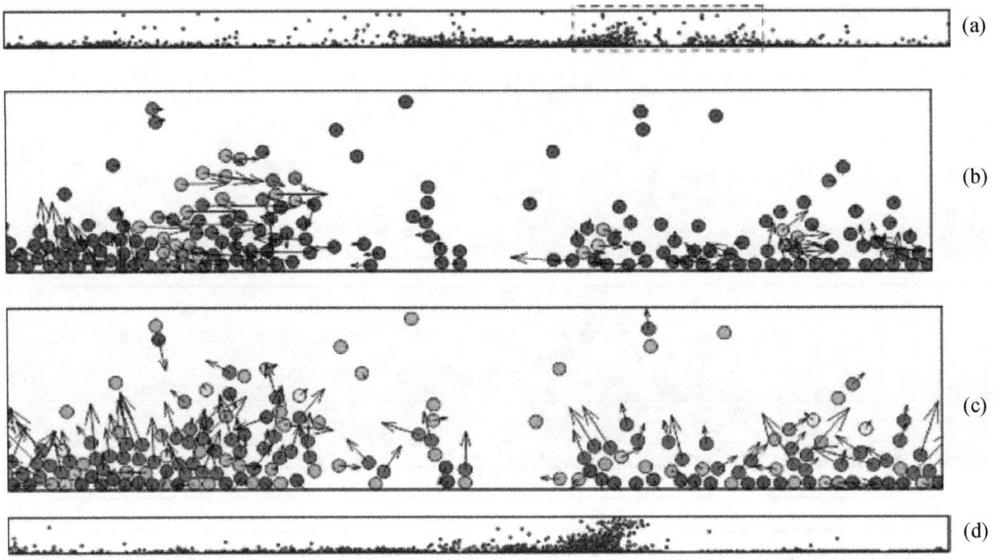

图 4.15　气体流量为 1500L/min 时静电作用下水平气力输送颗粒系统颗粒瞬态信息

（a）颗粒分布，虚线部分放大如以下三图；（b）气体瞬态曳引力矢量，有颜色的等值线表示气流曳引力轴向分量大小，范围 0（蓝色）~ 1.0×10^{-4} N（红色）；（c）颗粒间瞬态排斥力矢量，有颜色的等值线表示颗粒间静电排斥力径向分量大小，范围 -1.0×10^{-7}（蓝色）~ 10^{-7} N（红色）；（d）气力水平输送过程中，输送气体流量为 1600L/min 时无静电作用颗粒瞬态分布，重力方向朝下

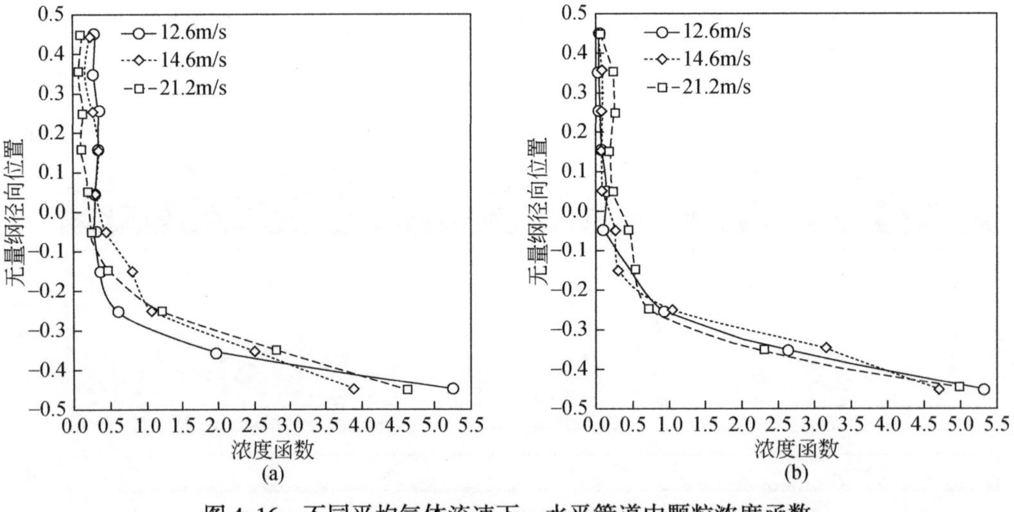

图 4.16　不同平均气体流速下，水平管道中颗粒浓度函数

（a）有静电；（b）无静电

性。虽然在颗粒温度与气流速度之间没有关系可以识别，颗粒温度的轴向分量比径向分量略大意味着气流速度在水平气力输送颗粒过程中导致颗粒速度波动的作用更加重要。

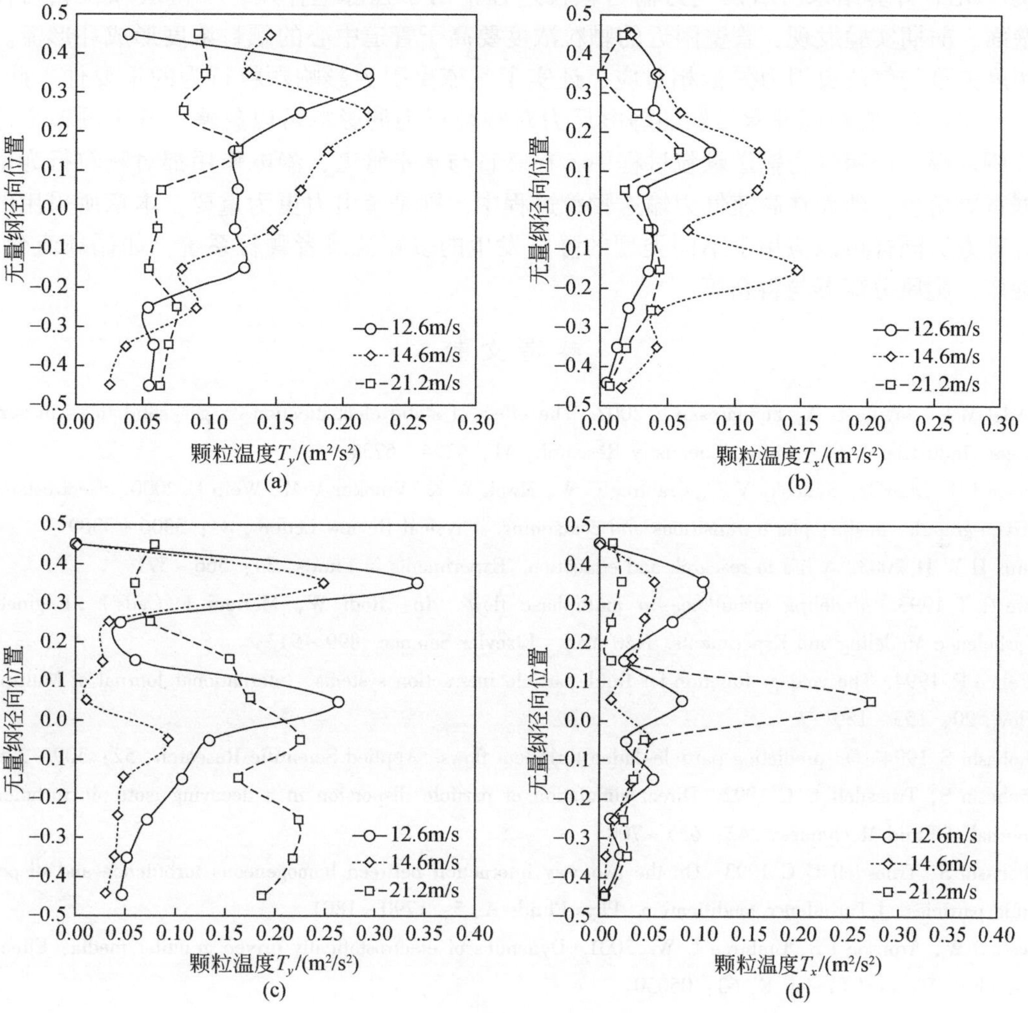

图 4.17　空间平均颗粒温度曲线

气力水平输送颗粒管道中静电力存在时（a）T_y、（b）T_x；静电力不存在时（c）T_y、（d）T_x

4.4　结　论

本章主要是应用大涡模拟（LES）与 DEM 计算方法研究在竖直与水平管道中气力输送颗粒静电的作用。大涡模拟计算结果与不同 y^+条件下的壁面法则吻合很好。此外，发现轴向湍流强度最大值位于一个与雷诺数无关的固定位置，因此该系统中流动行为遵循经典定律。研究发现，壁面附近的静电场强度最大并趋向管中心逐渐减小。

静电场强度随着气流速度降低而增大。这可解释为，在气力输送颗粒过程中低流速比高流速有更多的颗粒-壁面碰撞发生，任意时刻都会有更多的颗粒保持与壁面接触。静电通常都能达到平衡状态。颗粒摩擦起电导致所有颗粒都携带相同极性的电荷，壁面电荷则相反。DEM 计算结果所示在气力输送颗粒过程中由于强静电作用，一薄层颗粒黏附在管道壁面。前期实验发现，管壁附近的颗粒浓度要高于管道中心的颗粒浓度形成环形流。颗粒速度矢量与气流曳引力矢量相对应，证实了气流曳引力影响颗粒行为的重要性。此外，研究发现颗粒-颗粒间非常微弱的静电斥力对颗粒行为的影响可以忽略。基于颗粒个体力学分析发现，低速气力输送颗粒过程中，在竖直与水平管道，静电作用都对颗粒行为影响占据重要角色，然而在高速气力输送颗粒过程中，则是牵引力更为重要。本章所采用的数值计算方法同样可以应用于不同类型的静电发生的多相流或者颗粒系统，如循环流化床，振动床，旋风分离器与料仓等。

参 考 文 献

Al-Adel M F, Saville D A, Sundaresan S. 2002. The effect of static electrification on gas-solid flows in vertical risers. Industrial & Engineering Chemistry Research, 41: 6224 ~ 6234

Aranson I S, Blair D, Kalatsky V A, Crabtree G W, Kwok W K, Vinokur V M, Welp U. 2000. Electrostatically driven granular media: phase transitions and coarsening. Physical Review Letters, 84: 3306 ~ 3309

Blasius H W H. 2003. A life in research and education. Experiments in Fluids, 34: 566 ~ 571

Crowe C T. 1993. Modeling turbulence in multiphase flows. In: Rodi W, Marteui F (eds). Engineering Turbulence Modeling and Experiments. New York: Elsevier Science. 899 ~ 913

Di Felice R. 1994. The voidage function for fluid-particle interaction systems. International Journal of Multiphase Flow, 20: 153 ~ 159

Elghobashi S. 1994. On predicting particle-laden turbulent flows. Applied Scientific Research, 52: 309 ~ 329

Elghobashi S, Truesdell G C. 1992. Direct simulation of particle dispersion in a decaying isotropic turbulence. Journal of Fluid Mechanics, 242: 655 ~ 700

Elghobashi S, Truesdell G C. 1993. On the two-way interaction between homogeneous turbulence and dispersed solid particles. I Turbulence modification. Phys Fluids A, 5: 1790 ~ 1801

Howell D W, Aronson I S, Crabtree G W. 2001. Dynamics of electrostatically driven granular media: Effects of humidity. Physical Review E, 63: 050301

Joseph S, Klinzing G E. 1983. Vertical gas-solid transition flow with electrostatics. Powder Technology, 36: 79 ~ 87

Kim J, Moin P, Moser R. 1987. Turbulence statistics in fully developed channel flow at low Reynolds number. Journal of Fluid Mechanics, 177: 133 ~ 166

Kim W W, Menon S. 1997. Application of the localized dynamic subgrid-scale model to turbulent wall-bounded flows. AIAA 35th Aerospace Sciences Meeting, 97: 210

Lilly D K. 1992. A proposed modification of the germano subgrid-scale closure model. Physics of Fluids, 4: 633 ~ 635

Lim E W C. 2007. Voidage waves in hydraulic conveying through narrow pipes. Chemical Engineering Science, 62: 4529 ~ 4543

Lim E W C. 2008. Master curve for the discrete-element method. Industrial & Engineering Chemistry Research, 47: 481 ~ 485

Lim E W C. 2009. Vibrated granular bed on a bumpy surface. Physics of Review E, 79: 041302

Lim E W C. 2010a. Density segregation in vibrated granular beds with bumpy surfaces. AIChE Journal, 56: 2588 ~ 2597

Lim E W C. 2010b. Granular Leidenfrost effect in vibrated beds with bumpy surfaces. Eurpean Physical Journal E, 32：365～375

Lim E W C, Wang C H, Yu A B. 2006a. Discrete element simulation for pneumatic conveying of granular material. AIChE Journal, 52：496～509

Lim E W C, Zhang Y, Wang C H. 2006b. Effects of an electrostatic field in pneumatic conveying of granular materials through inclined and vertical pipes. Chemical Engineering Science, 61：7889～7908

Matida E A, Nishino K, Torii K. 2000. Statistical simulation of particle deposition on the wall from turbulent dispersed pipe flow. International Journal of Heat Fluid Flow, 21：389～402

Matsusaka S, Nishida T, Gotoh Y, Masuda H. 2003. Electrification of fine particles by impact on a polymer film target. Advanced Powder Technology, 14：127～138

McKeon B J, Li J, Jiang W, Morrison J F, Smits A J. 2004. Further observations on the mean velocity in fully developed pipe flow. Journal of Fluid Mechanics, 501：135～147

McLaughlin J B. 1989. Aerosol particle deposition in numerically simulated channel flow. Physics of Fluids A, 1：1211～1224

McLaughlin J B. 1994. Numerical computation of particle- turbulence interaction. International Journal of Multiphase Flow, 20：211～232

Mochizuki S, Nieuwstadt F T M. 1996. Reynolds-number-dependence of the maximum in the streamwise velocity fluctuations in wall turbulence. Experiments in Fluids, 21：218～226

Prandtl L. 1933. Recent results of turbulence research. NACA TM, 720

Rouson D W I, Eaton J K. 1994. Direct numerical simulation of turbulent channel flow with immersed particles. In：Proceedings of the International Symposium on Numerical Methods for Multiphase Flow. New York：ASME. 47～57

Sapozhnikov M V, Tolmachev Y V, Aranson I S, Kwok W K. 2003. Dynamic self-assembly and patterns in electrostatically driven granular media. Physical Review Letters, 90：114301

Smeltzer E E, Weaver M L, Klinzing G E. 1982. Individual electrostatic particle interaction in pneumatic transport. Powder Technology, 33：31～42

Squires K D, Eaton J K. 1991. Measurements of particle dispersion obtained from direct numerical simulations of isotropic turbulence. Journal of Fluid Mechanics, 226：1～35

Unger F, Friedrich R. 1991. Large eddy simulation of fully-developed turbulent pipe flow. Proceedings of Eighth Symposium on Turbulent Shear Flows, 19-3-1～19-3-6

Yao J, Wang C H. 2006. Granular size and shape effect on electrostatics in pneumatic conveying systems. Chemical Engineering Science, 61：3858～3874

Yao J, Zhang Y, Wang C H, Liang Y C. 2006. On the electrostatic equilibrium of granular flow in pneumatic conveying systems. AIChE Journal, 52：3775～3793

Yao J, Zhang Y, Wang C H, Matsusaka S, Masuda H. 2004. Electrostatics of the granular flow in a pneumatic conveying system. Industrial & Engineering Chemistry Research, 43：7181～7199

Yeh S R, Seul M, Shralman B I. 1997. Assembly of ordered colloidal aggregates by electric-field-induced fluid flow. Nature (London), 386：57～59

Zagarola M V, Smits A J. 1998. Mean-flow scaling of turbulent pipe flow. Journal of Fluid Mechanics, 373：33～79

第二部分

单颗粒静电发生

第5章　单颗粒在滑动过程中的静电发生与平衡

摘要：静电现象常见于颗粒处理过程中。然而，单颗粒静电发生的工作机理，特别是有关静电平衡理论还尚未完善。本章应用单个颗粒滑动发生静电进行实验，研究静电发生机理，及摩擦起电后的静电平衡。影响静电发生的因素包括颗粒长径比、接触面形状、滑动时间、接触面面积、滑动速度、前冲角、平板倾斜角度等，它们都对颗粒静电发生有显著影响。研究发现颗粒长径比与颗粒接触面积对静电平衡状态都有重要影响。平衡电荷能够反映材料静电发生的特性。本章使用不同接触面形状的颗粒发现，在同样条件下，半圆柱形颗粒比矩形颗粒产生更多的静电电荷。

关键词：颗粒　静电　静电平衡　颗粒形状

5.1　引　言

干燥颗粒系统中普遍存在摩擦起电现象，它有多种形式表现，例如，颗粒黏附在管壁上（Wang et al.，2000），分散或聚集（Klinzing，1986），或者放电，甚至可能导致干燥粉末系统重大爆炸（Glor，2003）。值得强调的是，随着流化床中静电逐渐积累，出现了一些实际问题。例如，聚合反应器内的静电增加了反应器事故的发生频率，导致运行流化床聚合反应器的成本增高。反应器上静电积累导致流化聚合物颗粒黏附在反应器壁上，形成了覆盖层；未能有效控制静电会导致反应器内壁结垢。壁面结垢是静电作用与颗粒沉积所导致，可能发生在反应器壁床表面（Ali et al.，1998）。通过提高工作系统压力与温度，增大静电起电规模，由此达到所需的流态化（Moughrabiah et al.，2009）。近期，He 等（2015）开发了一种新型的双材料探针，可以在线测量气固流化床颗粒的电荷密度。

为了解决静电引起的问题，世界上已经开展进行很多相关研究工作。近几年，用电子转移理论解释摩擦起电（Mazumder et al.，2006）。在摩擦起电过程中，两种不同材料之间电荷转移的数量与极性主要是由材料的表面性质控制的。颗粒释放或者接受电子的能力是基于其功函数与物理形态的内在物性。有理由相信，材料充电的一个必然发展趋势，即材料起电是其表面能量电子释放或者接收性质决定的（Dwari and Rao，2008）。

在气力输送颗粒系统中，两种不同材料之间的摩擦产生了静电。静电在工作系统中不断积累，随着时间不断增加，一直达到饱和平衡阶段。Yao 等（2006）研究了气力输送系统的静电平衡，指出静电平衡很大程度上取决于颗粒的流动特性。

Yao 等（2004）发现了三种典型静电作用下的气固两相流流态，其工作原理是基于静电荷在不同流速下的积累。这些流态都发生在静电“平衡状态”下（Yao et al.，2006），稳态静电强度计算并考虑力学作用。在“平衡状态”下，Lim 等（2012）发现低流速时气力输送颗粒过程中，静电效应对颗粒的行为起着主导作用，而在气流高速下，曳引力变得更加重要。系统达到静电平衡状态之前，系统中积累的静电电荷是不稳定的。因此，电荷转移时间尺度很重要，因为它决定了静电“平衡”或“动态”理论是否需要用来估计可携带的最大静电量。当两种不同材料接触或互相摩擦时，有一个电子（电荷）从一侧转移到另一侧，直到每种材料表面的电子能量同等分散。材料表面的电子能量是用费米来表征，材料对电子的相对亲和性评估是功函数，它是指将电子从材料表面移到无限远所需要的能量。为了达到“平衡状态”所需要的时间称为弛豫时间。电荷弛豫时间按四个数量级变化（Colver，2000）。Ahuja（1976）发展了一种金属与球形聚合物之间的电荷交换的力学模型。两个球体碰撞的接触时间约为 7×10^{-8}s，该时间长度对于颗粒-颗粒碰撞产生的电荷转移是足够的。Johnson 和 Melcher（1975）估计颗粒碰撞时间的数量级是10^{-2}s。结合以上两点可得知，颗粒在每小时停留时间中实际接触时间约为 25ms。Elsdon 和 Mitchell（1976）研究发现电荷转移所需的时间范围从几十毫秒到几分钟之内，实验中得到的电荷转移时间常数表明其工作机理是离子电荷转移或表面态电子转移。测量时间常数与颗粒-颗粒接触时间处于同一数量级，表明流化床可以在大约 1 小时内达到最大静电量（饱和态）的 63.2% 左右。Ciborowski 和 Wlodarski（1962）证实，当流化气速与湿度稳定后，流化床中电极电位稳定需要 20 ~ 30 分钟。Yao 等（2002）研究发现，添加 1%（wt）抗静电粉末（Larostat-519）会降低静电发生，净电荷传输速率降低在 1 小时以内。两结果都表明静电平衡可以在几分钟到 1 小时之间内达到。由此可得以下结论：静电平衡对于估计颗粒系统中颗粒与管壁携带的最大静电量及评估系统中静电储存量都是很重要的。然而，该方面研究还很缺乏，相应的理论更是远未完成。

颗粒的静电发生取决于多种因素，包括物理、化学、所用材料的电学特性及环境条件，如环境湿度、颗粒材料、颗粒速度、颗粒混合物、颗粒大小与形状。一般测量静电性能与重复实现静电实验结果很困难。Matsusaka 等（2003）发展了一种通过颗粒对壁面的反复碰撞改变颗粒电荷的方法，并应用该方法给颗粒带电，理论分析了颗粒表面的电荷分布。Bailey（1993）发现摩擦起电会增加相互作用的能量，滑动接触比简单的正常接触转移更多电荷。由测量得到的接触角计算获得石英砂颗粒表面能量，证实摩擦起电表面会增加表面能量。在聚合物流化床中，静电荷随着温度升高而增加，并导致颗粒聚合（Wang et al.，2008）。气力输送颗粒系统中，Yao 等（2004，2006）和 Lim 等（2012）发现，静电荷电压幅值随着气流速度增大而增加，随湿度增大而减小。此外，研究发现颗粒形状对于颗粒静电发生特性很重要（Yao and Wang，2006），如颗粒形状越长、越窄，滑动可以获得更多电荷。此外，Zhu 等（2010）使用混合欧拉-拉格朗日方法与气相和颗粒相间的单向耦合，研究了密闭容器内带电颗粒的行为。所有颗粒都考虑了静电，与水动力相结合，作者认为静电荷在颗粒径向扩散中发挥着重要作用。计算过程中假设静电电荷均匀分布，总静电荷恒定，不考虑静电发生过程中颗粒大小与颗粒形状变化引起的影响。Nwose 等（2012）应用耦合离散元方法（DEM）与计算流体力学（CFD）研究了静电对粉末在真空与气流流动中行为的影响。研究发现，静电可以改变粉末流动行为，而且随着静电增大作用更加显著。在这种情况下，静电相互作用决定了并且抑制了气流的影响，使得在气流与真空中填充可以得到类似的填充比与临界填充速度。在本章中，假设所有颗粒携带同量的电荷（正或负），既没有考虑颗粒与管壁间的静电相互作用也没有考虑颗粒大小与形状对静电产生的影响。

本章工作研究了单颗粒的静电生成，特别是研究了静电平衡的过程。考虑了若干因素对静电发生的影响，包括：颗粒长径比、接触面形状、滑动次数、接触面面积、颗粒滑动速度、颗粒前冲角及平板倾斜角等，并且分析了这些因素对静电发生与静电平衡状态的影响。此外，从接触表面与操作条件方面对静电发生的影响进行了描述。平衡电荷与接触电位差（CPD）及样品颗粒摩擦起电排序有关，该排序是通过反复滑动实验得到的。

5.2 理　　论

5.2.1 摩擦电荷生成模型

颗粒与壁面间碰撞产生的摩擦起电取决于电荷生成与电荷弛豫。摩擦电荷生成模型（Itakura et al.，1996；Zhu et al.，2007；Liao et al.，2011）如下所示。

$$\frac{dq}{dt}=\frac{1}{\tau_g}(kV_c-q)-\frac{q}{\tau_r} \tag{5.1}$$

$$V_c=-\frac{\varphi_P-\varphi_M}{e} \tag{5.2}$$

式中，t 为摩擦起电时间；τ_g 为电荷生成时间常数；τ_r 为电荷弛豫时间常数；k 为比例常数；V_c 为颗粒对金属的 CPD 接触电位差；e 为基本电荷；φ_P 为颗粒有效功函数；φ_M 为金属功函数。对式（5.1）进行积分得

$$q=kV_c\frac{1}{1+\tau_g/\tau_r}\left[1-e^{\left(-\frac{\tau_g+\tau_r}{\tau_g\tau_r}\right)t}\right] \tag{5.3}$$

式（5.1）表明，静电量随着摩擦起电次数而增加直到达到稳定状态。该状态下颗粒电荷量保持不变，称为饱和静电状态，其携带电荷称为平衡电荷（q_e）。式（5.1）中 $\frac{dq}{dt}=0$，得

$$q_e=\frac{kV_c}{1+\tau_g/\tau_r} \tag{5.4}$$

式（5.2）表明平衡电荷与接触电位差是线性的。

在本章工作中，几千个实验颗粒处理后得出结果与模型方程一致。通过拟合方程与数据得到方程，用来比较由滑动次数决定电荷产生的能力。结果与实验设置次数无关，对所有颗粒不同应用都具有可重复性。

5.2.2 实验设计

单颗粒静电发生装置如图 5. A1（附录 5. A）所示。在倾斜角 54°不锈钢板表面，让颗

粒滑动一次或多次，不锈钢板厚度为 2mm、长度为 188mm。实验相对湿度与温度分别控制在(50±5)％和(20±2)℃。

实验中颗粒与平板摩擦生成静电，颗粒上静电电荷极性与管壁静电电荷极性相反。颗粒质量用精度为10^{-4} g 的电子天平测量，然后计算出颗粒的质荷比。实验中，金属平板(不锈钢板)，法拉第杯及数字静电计均接地。此外，实验后颗粒放置在接地的金属板上，释放颗粒上的残余电荷。实验中将颗粒最大面作为滑动面以实现稳定的（非滚动）滑动模式（图 5.1 中阴影；Yao and Wang，2006）。本章实验共使用了 50 个半圆柱颗粒与 80 个矩形颗粒，实验次数上千次。

5.2.3　颗粒特性

本章实验采用聚氯乙烯（PVC）颗粒。颗粒滑行平面（阴影）分为矩形或半圆形［图 5.1（a）、（b）］。每个颗粒组成平面的基本形状如图 5.1 所示，为了保证颗粒沿着平板滑动稳定，半圆柱形颗粒的平坦一面作为滑动接触面。对于矩形颗粒，最大的矩形面作为滑动接触面。长度（L）和宽度（W）用来表征单颗粒大小，两者均采用精度为10^{-4} m 的千分尺测量，然后计算出滑动接触面积。在本章工作中，颗粒长度是指滑动接触面中 L 与 W 的较大者。矩形颗粒滑动接触面长度范围是从 2.0mm 到 6.0mm，滑动接触面面积从 4.0mm^{2}到 16.0mm^2；半圆柱形颗粒滑动接触面长度从 3.0mm 到 5.0mm，面积与矩形颗粒范围相似。

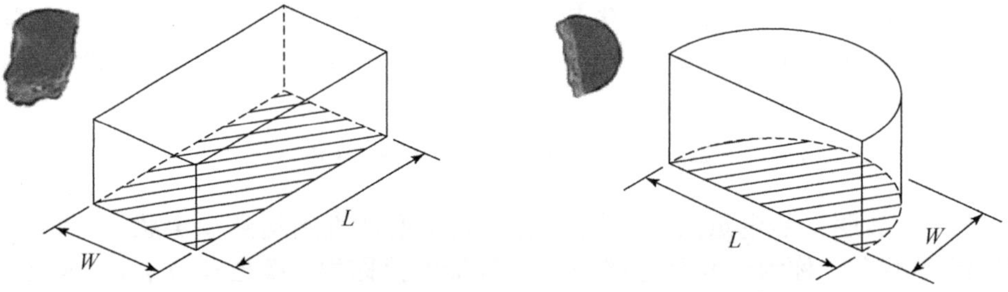

(a)　　　　(b)

图 5.1　颗粒形状

（a）矩形；（b）半圆柱形

5.2.4　单颗粒重复滑动

每次完成颗粒滑动和数据记录之后，从法拉第杯中取出颗粒。为了防止颗粒在实验过程中失去电荷，使用防静电镊子夹住颗粒并将其放置在平板顶部。小心夹住颗粒一边，不接触滑动面。忽略操作过程中可能有少量的静电电荷遗失。颗粒滑行实验重复多次，直到颗粒上所带电荷达到稳定状态，颗粒上的净电荷量保持不变，如式（5.3）所示，此电荷常量称为平衡电荷。假设每次滑动之间的时间间隔是相同的，基于每次实验操作时间的电荷弛豫是不变的。实验中颗粒会沿着不同的前置边缘滑动，如图 5.2（c）、（d）所示，矩形颗粒的滑动方向为沿着长边或者沿着短边。所有的实验均是在相同的条件下重复进行三次，测量结果取三次实验的平均值。为了确保颗粒滑动接触始终在同一平面，每个颗粒都以它最稳定的平面作为接触面，避免翻滚（Yao and Wang，2006）。实验后，将颗粒放置在接地金属平板上放电 24 小时，该时间选择是基于前期研究（Yao and Wang，2006；Yao et al.，2004，2006），实验后颗粒的静电电荷在 24 小时内释放完毕。所有实验颗粒，滑动平面具有相同的粗糙度。此外，实验中使用的金属板表面具有较高的光滑度，在颗粒滑动过程中不会改变金属板表面粗糙度。因此，本章实验中颗粒表面粗糙度对静电发生的影响可忽略不计。

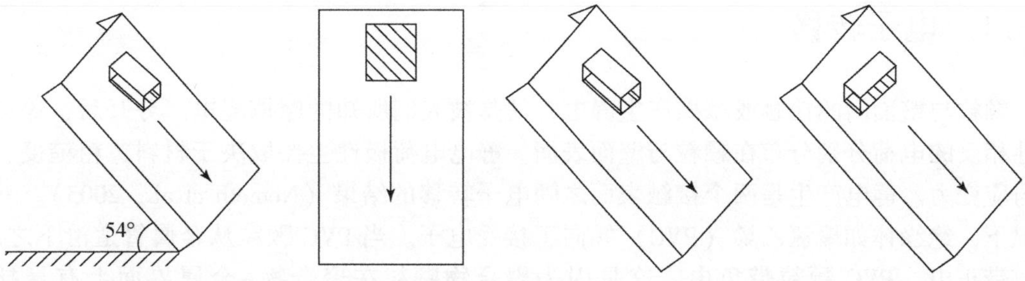

图 5.2　颗粒滑动模型

（a）侧视图；（b）前视图；（c）前置窄侧滑动；（d）前置宽侧滑动

5.2.5　定义

颗粒滑动面长度与宽度的定义如图 5.1 所示。Yao 等（2004）发现细长形状的颗粒比其他形状的颗粒获得更多的净电荷。可以推断，静电荷趋于沿着颗粒的长边发生。因此，为了评估颗粒静电发生能力，引入颗粒长径比L_r，定义为颗粒长度（L）与宽度（W）之比。

$$L_r = \frac{L}{W}, \qquad L > W \tag{5.5}$$

影响颗粒静电生成的几个因素，包括颗粒长径比、滑动面形状、滑动次数、滑动面面积、滑动速度、前冲角及滑板倾斜角度。为了便于比较上述影响静电因素，若干静电参数定义如式（5.6）~式（5.9）所示，如荷质比q_m（C/g），荷质比与颗粒长径比之比q_l(C/g)、荷质比密度 q_d [C/(g·mm^2)]、荷质比密度与颗粒长径比之比 q_r [C/(g·mm^2)]。为了排除颗粒质量与颗粒接触表面面积的影响，q_d 与 q_r 用于评估颗粒静电生成能力。q_r [式（5.9）] 定义中包括了质量（g）与面积（mm^2）以规一化它们的影响。例如，为了获得颗粒前置边缘对颗粒静电发生的影响，必须先排除颗粒滑动接触面及颗粒长径比的影响，所以使用 q_r 来表征。

$$q_m = \frac{q}{m} \tag{5.6}$$

$$q_l = \frac{q_m}{L_r} \tag{5.7}$$

$$q_d = \frac{q_m}{S} \tag{5.8}$$

$$q_r = \frac{q_d}{L_r} \tag{5.9}$$

5.3　结果与讨论

5.3.1　电子转移

颗粒与壁面间的接触或摩擦产生静电，就是被人们所知的摩擦起电。分开后，等量且极性相反的电荷分别分布在颗粒与壁面表面。静电电荷极性主要取决于材料、粗糙度、温度与应变力。静电产生是两个接触表面之间电子转移的结果（Nemeth et al.，2003）。一般情况下，绝缘体如聚氯乙烯（PVC）倾向于接受电子。当 PVC 颗粒从金属管道滑下之后，管道带正电，PVC 颗粒带负电。这是因为聚合物颗粒在聚合物-金属界面上有悬挂键（Yoshida et al.，2006；图 5.3）。因为聚合物表面晶格结构突然断开，在不动的原子上有一个不成对的价电子。这个键极其不稳定很容易得到电子，因此 PVC 颗粒在滑行过程中带上负电。在颗粒滑动过程中［图 5.3（b）］，刚开始（阶段Ⅰ），颗粒与倾斜金属平板都是中性的；滑动后（阶段Ⅱ），颗粒与平板接触两者表面间会形成一对电荷层（Matsuyama and Yamamoto，2006；Matsusaka et al.，2010）；随着颗粒滑动距离增加（阶段Ⅲ），电荷积累增加。

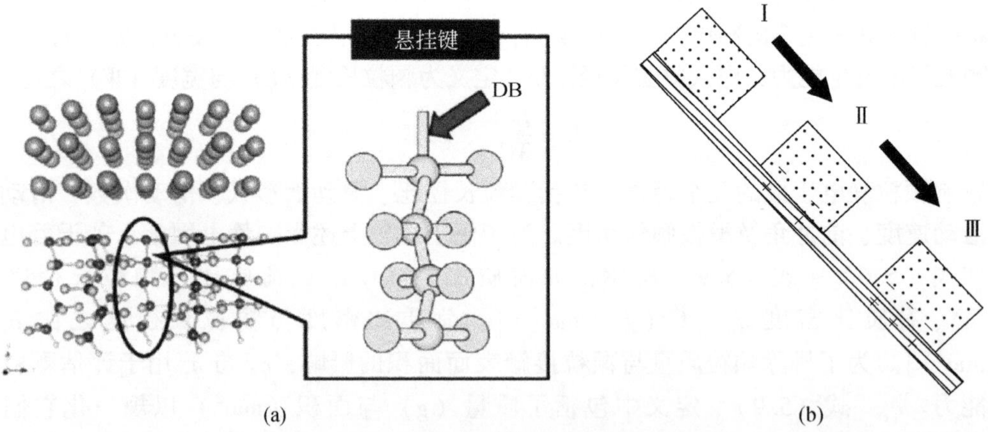

图 5.3　（a）悬挂键（聚四氟乙烯-铝）示意图（Yoshida et al.，2006）；
（b）颗粒滑动过程中电子转移和积累模型

5.3.2 速度影响

对于矩形和半圆柱形颗粒，静电荷q_r随着滑动速度增大而增加［图5.4（a）］。这表明，颗粒滑动速度可以促进静电产生。当滑动速度相同时，半圆柱形颗粒比矩形颗粒产生更多的静电电荷。这可能是因为半圆柱颗粒与矩形颗粒相比，其前置边缘更加狭窄、更加锋利。矩形颗粒与半圆柱颗粒的滑动速度及颗粒长径比［图5.5（b）］之间的关系表明，颗粒滑行速度随着颗粒长径比增大而增加。该结论与Yao和Wang（2006）研究结果相同。静电发生随着颗粒长径比增大而增加，具有更加锋利边缘角的颗粒会产生更多的静电荷。这是因为当颗粒有较大长径比或更尖锐边缘角时，它们会有较高的滑动速度而导致产生更多的静电荷。实验测量发现，颗粒沿着倾斜斜板滑动时间间隔0.02～0.2s［图5.4（c）］，滑动距离除以滑动时间可以得到颗粒滑动速度，范围在0.6m/s至0.7m/s。在先前实验中已经研究了颗粒滑动速度对静电产生的影响（Masuda et al.，1976；Saleh et al.，2011；Cheng et al.，2012）。“颗粒-壁面碰撞”产生静电研究发现，颗粒-壁面碰撞力随着颗粒冲击速度增大而增加，这是因为颗粒动能增大，进而促进更多的电子在碰撞过程中释放。同理，有理由相信颗粒滑动速度越大导致产生更多的静电电荷，这是因为具有较高动量的颗粒在滑动过程中也会释放出更多的电子。

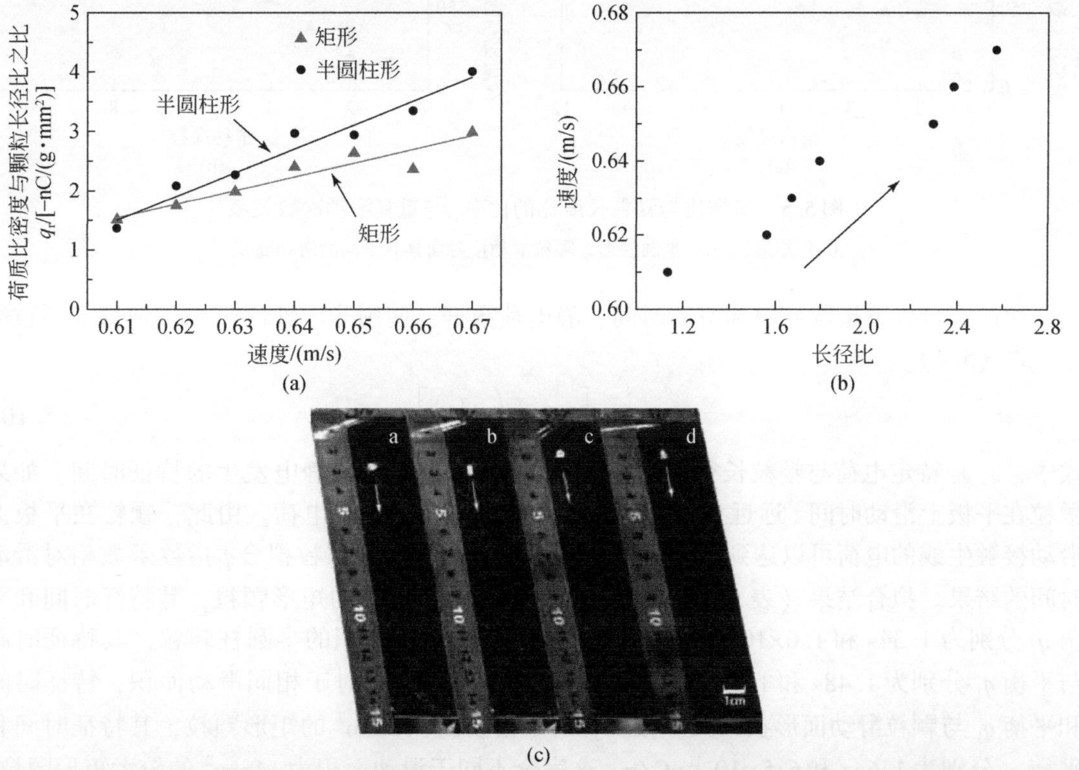

图5.4 （a）荷质比密度与颗粒长径比之比q_r和颗粒滑动速度的关系；（b）7个典型颗粒在滑动过程中滑动速度与颗粒长径比L_r的关系；（c）高速摄像仪拍摄图像

5.3.3 平衡电荷

当单颗粒沿着金属平板反复滑动时，产生的静电电荷不断增加直到达到饱和状态（q_e）（图5.5）。静电电荷量随着颗粒接触面的滑动面积而变化。注意q_1［式（5.7）］的定义是静电荷除以颗粒质量与颗粒长径比，进行了质量归一化处理。所以研究经过归一化处理的接触面对不同表面形状颗粒静电发生的影响具有一定的意义。研究发现，小颗粒比大颗粒更快达到静电饱和状态。由此可见，颗粒接触面积对达到静电平衡状态（图5.5）起到重要作用。此外，饱和静电电荷与颗粒接触面面积成正比，该结果与颗粒撞击电荷实验及数值模拟结论相一致（Matsuyama and Yamamoto，2006），其最大电荷与颗粒接触面积的1.5次方成正比。

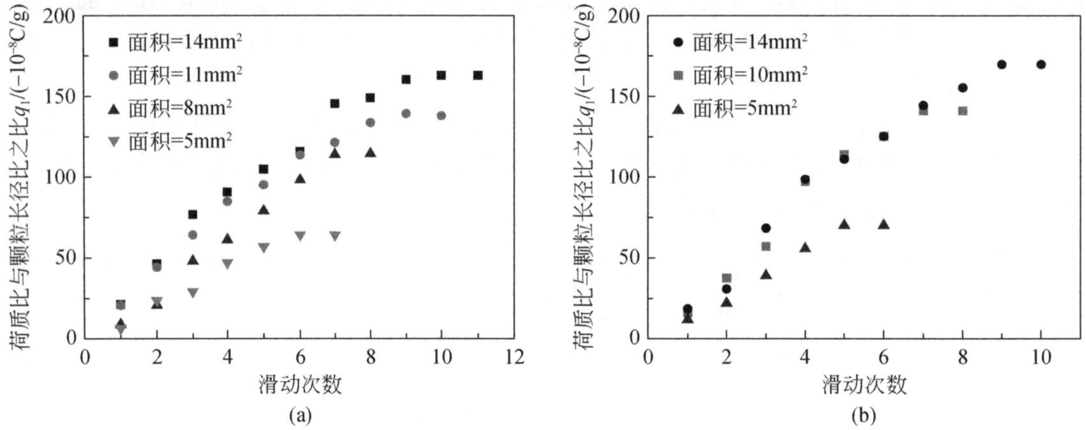

图5.5　荷质比与颗粒长度比的比率q_1与重复滑动次数关系

（a）矩形；（b）半圆柱形，颗粒滑动接触面具有不同的滑动面积

通过拟合以下指数函数和滑动时间、静电荷数据，使用非线性回归法得到每个颗粒的q_e［式（5.4）］。

$$q_1 = q_e\left[1-\exp\left(-\frac{t}{\tau}\right)\right] \tag{5.10}$$

式中，q_e是特定电荷与颗粒长径比的平衡比率；τ是滑动颗粒静电发生的特征时间。如果颗粒在平板上滑动时间t远远大于τ，则转移电荷将成为平衡电荷。由此，颗粒在平板上滑动接触生成的电荷可以达到饱和。如图5.6所示三种典型颗粒拟合q_1指数函数相对滑动时间的结果。拟合结果（表5.1）表明，滑动面积为14mm²的矩形颗粒，其特征时间和平衡q_1分别为1.34s和1.6×10^{-10}nC/g。对于具有相同滑动面积的半圆柱颗粒，其特征时间与平衡q_1分别为1.48s和1.7×10^{-10}nC/g。可以得到结论，对于相同滑动面积，特征时间和平衡q_1与颗粒滑动面形状无关。相反，对于滑动面积5mm²的矩形颗粒，其特征时间和平衡q_1分别为1.64s和6.5×10^{-11}nC/g，这完全不同于滑动面积为14mm²的较大矩形颗粒。因此，颗粒滑动面积对颗粒特征时间与平衡特定电荷量确实有一定的影响，它可能比颗粒滑动接触面形状更重要。在图 5.6 中，因为颗粒初始时没有携带电荷，故 q_1 在初始阶段是 0。然而，当与导体接触时，随着实验进行，分散电荷可能通过导体镜像吸引返回至导体接触面，甚至可能会转移到导体上，这种静电发生机理可能因此会随着接触时间增加而导致净电荷转移减少。

表 5.1　颗粒特征时间和平衡

颗粒滑动面积 S/mm²	颗粒形状	特征时间 τ/s	平衡 q_1/(nC/g)
14	矩形	1.34	1.6×10^{-10}
5	矩形	1.64	6.5×10^{-11}
14	半圆柱形	1.48	1.7×10^{-10}

注：q_1 见拟合式（5.10），滑动次数见图 5.5。

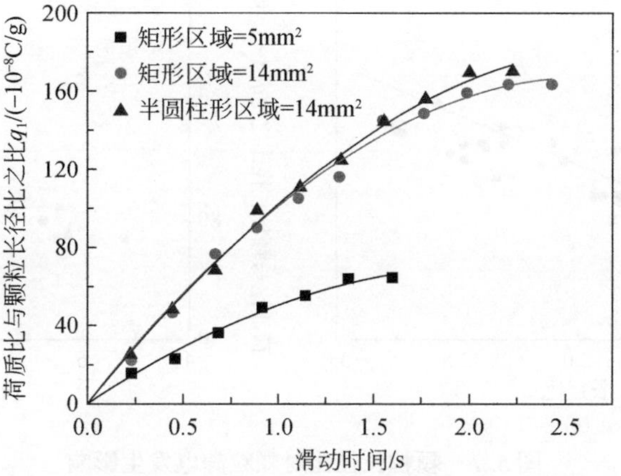

图 5.6　q_1 与滑动次数间的拟合指数函数［式（5.10）］

在电荷弛豫模型中，通过颗粒反复滑动实验测定的平衡电荷可以解释为“限量电荷”。最大电荷量取决于颗粒滑动面的性质，如颗粒长径比、颗粒滑动接触面积及颗粒材料。颗粒长径比或者颗粒滑动面积与平衡电荷（图 5.7）之间的关系表明，平衡电荷与颗粒长径比及颗粒滑动面积均成正比关系，与前置边缘无关。相同面积的半圆形和矩形颗粒可获得相近数量的平衡电荷。颗粒滑动发生的平衡电荷，其发展趋势与颗粒撞击实验结果一致。使用颗粒撞击带电实验有类似发现（Matsuyama and Yamamoto，1997），即静电发生最大电荷与颗粒接触面积的 1.5 次方成正比。

如图 5.8 所示颗粒滑动平板倾斜角度和前置边缘对平衡电荷密度（q_{de}，平衡电荷）的影响。静电发生（q_{de}）依赖于颗粒长径比［图 5.8（a）］表明，当板倾角为 30°、54°、70°时，q_{de}均随着颗粒长径比增加而增加。具体说，当颗粒长径比大于 1.6 时，q_{de}急剧增加。再次证实，平衡电荷增加与颗粒滑动平板的倾斜角度［图 5.8（a）］与颗粒前冲角［图 5.8（b）］无关。这表明，q_{de}不依赖于实验操作条件，而是取决于颗粒与其接触平板的材料性质。因此，平衡电荷可以认为是一种表征材料静电特性的关键参数。该结论与 Watanabe 等（2007）

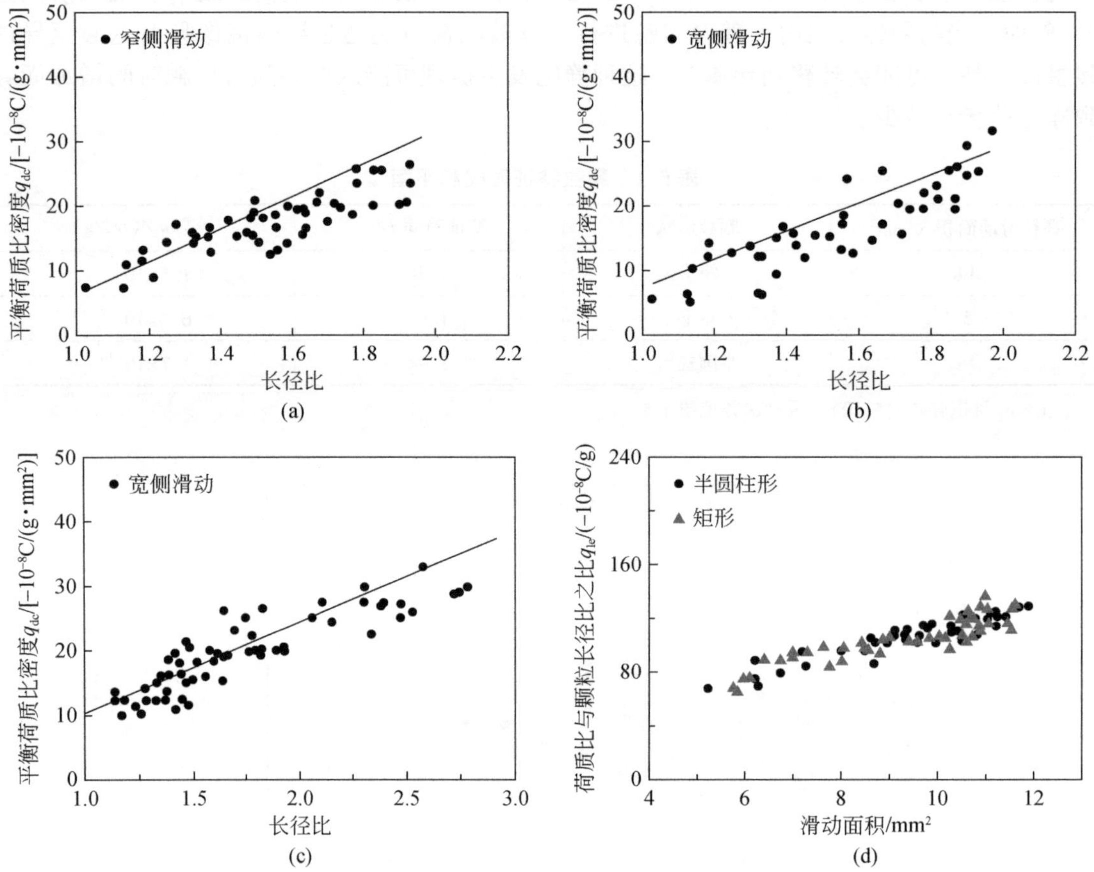

图 5.7　颗粒长径比对颗粒静电发生影响

（a）半圆柱颗粒窄侧滑动；（b）半圆柱颗粒宽侧滑动；（c）矩形颗粒宽侧滑动；
（d）矩形与半圆柱颗粒的滑动面积对静电发生的影响

的实验结果吻合，该工作研究了不同材料颗粒的平衡电荷与撞击速度的函数关系。研究发现平衡电荷与颗粒撞击速度无关，但与材料有关。如图 5.8（b）所示，相对于颗粒边长，颗粒前冲角对静电发生作用不大，尽管静电随着颗粒长径比增加而明显增加。

颗粒的接触电位差是评估其静电特性的基本物理参数。因为颗粒与金属接触的功函数是不同的。转移静电量确定后，便于平衡两种材料的能量水平，可应用式（5.2）证明。本章中使用的金属材料功函数的值可以从其他研究成果中获得，如不锈钢、Cu 和 Al 的ϕ_M分别是 4.3eV、4.4eV（Wilson，1996）和 4.26eV（Zhu et al.，2001）。平衡电荷密度（表 5.2）可通过四种聚合物颗粒在不同金属平板上重复滑动实验后获得。假设电荷不变，应用式（5.2）计算得出ϕ_P。计算结果（表 5.3）与文献中实验值（Guardiola et al.，1996；Watanabe et al.，2007）吻合良好。q_e值相对于接触电位差呈线性关系（图 5.9），与接触电位差定性相关。接触电位差可认为是电荷转移的驱动力（Guardiola et al.，1996）。

表 5.2　平衡电荷密度的计算值，q_e/S（10^{-13} C/mm^2）

颗粒材料	板材料		
	不锈钢	Cu	Al
聚氯乙烯（PVC）	−35	−30	−37
聚苯乙烯（PS）	−41	−34	−43
聚甲醛（POM）	47	53	41
丙烯腈-丁二烯-苯乙烯（ABS）	−45	−35	−47

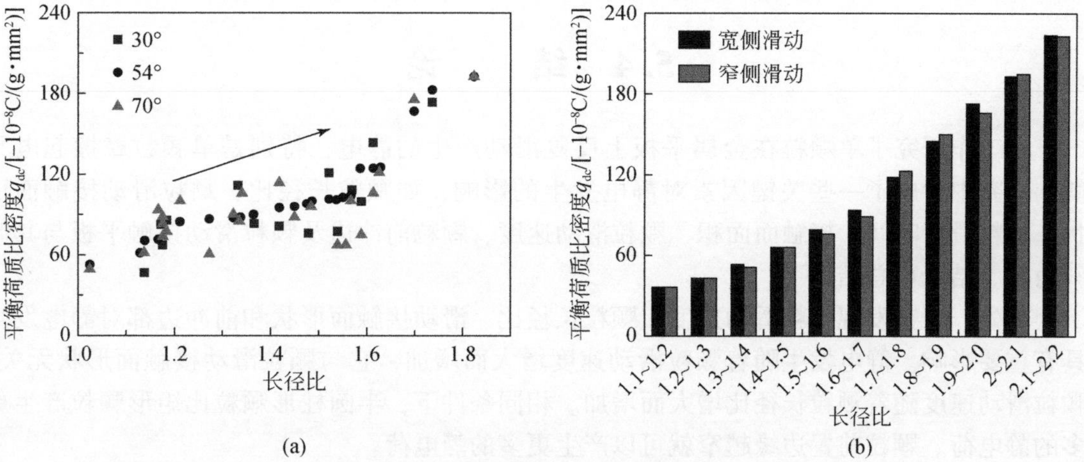

图 5.8　颗粒静电发生的影响

（a）滑板倾斜角；（b）颗粒前冲角（倾斜角为 54°）

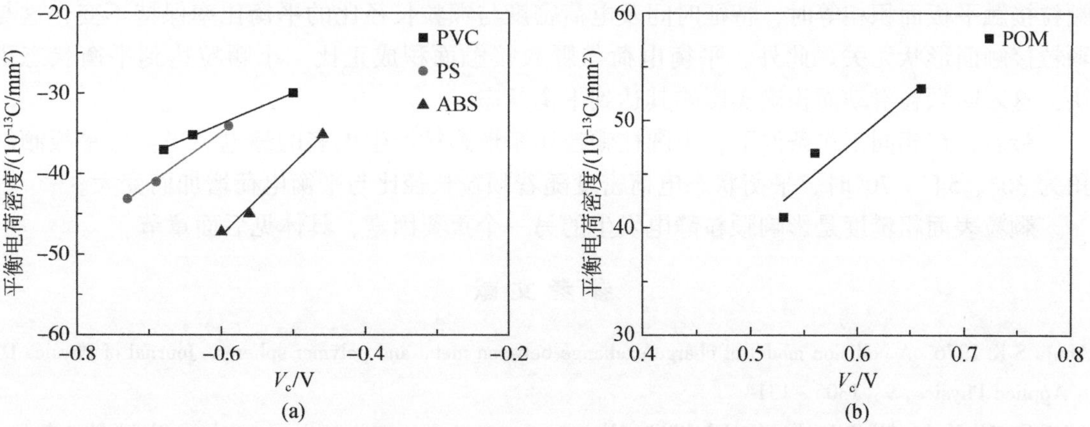

图 5.9　平衡电荷密度(q_e/S) 和接触电位差（V_c）之间的关系，四种聚合物颗粒对不同金属计算得到接触电位差

PVC. 聚氯乙烯；PS. 聚苯乙烯；ABS. 丙烯腈-丁二烯-苯乙烯；POM. 聚甲醛

表 5.3 现有研究与文献对比

颗粒材料	计算值	文献值
聚氯乙烯（PVC）	4.94	4.85（Davies，1969）
聚苯乙烯（PS）	4.99	4.9（Yamamoto and Scarlett，1986）
聚甲醛（POM）	3.74	—
丙烯腈-丁二烯-苯乙烯（ABS）	4.86	—

5.4 结　论

本工作研究了单颗粒在金属平板上反复滑动产生的静电，特别是单颗粒摩擦起电平衡。研究中考虑了一些关键因素对静电发生的影响，如颗粒长径比、颗粒滑动接触面形状、颗粒滑行时间、接触面面积、颗粒滑动速度、颗粒前冲边及颗粒滑动接触平板与其倾斜角度。结论可总结如下。

首先，研究发现颗粒滑动速度、颗粒长径比、滑动接触面形状和前冲边都对静电发生具有重要影响。静电发生随着颗粒滑动速度增大而增加，它与颗粒滑动接触面形状无关。颗粒滑动速度随着颗粒长径比增大而增加。相同条件下，半圆柱形颗粒比矩形颗粒产生更多的静电荷。颗粒前置边缘越窄就可以产生更多的静电荷。

其次，研究发现平衡电荷与颗粒长径比成正比，它与颗粒滑行接触平板的倾斜度或前置边缘无关。研究表明，平衡状态下电荷密度不依赖操作条件，但取决于颗粒与颗粒滑动接触平板的材料性质。因此，平衡电荷可视为表征材料静电发生属性的重要参数。当滑动颗粒接触平板面积相等时，特征时间及电荷密度与颗粒长径比的平衡比率保持不变，这与颗粒接触面形状无关。此外，平衡电荷与颗粒接触面积成正比。小颗粒达到平衡状态更快，这表明颗粒滑动面积确实影响其达到平衡状态。

最后，在相同工作条件下，半圆柱颗粒比矩形颗粒产生更多的静电。当实验平板倾斜角为 30°、54°、70°时，平衡状态电荷密度随着颗粒长径比与平衡电荷增加而变大。

颗粒表面粗糙度是影响颗粒静电发生的另一个重要因素，具体见后面章节。

参 考 文 献

Ahuja S K. 1976. A collision model of charge exchange between metal and polymer spheres. Journal of Physics D: Applied Physics, 9: 1305 ~ 1314

Ali F S, Ali M A, Ali R A, Inculet I I. 1998. Minority charge separation in falling particles with bipolar charge. Journal of Electrostatics, 45: 139 ~ 155

Bailey A G. 1993. Charging of solids and powders. Journal of Electrostatics, 30: 167 ~ 180

Cheng Y P, Lau D Y J, Guan G Q, Fushimi C, Tsutsumi A, Wang C H. 2012. Experimental and numerical investigations on the electrostatics generation and transport in the downer reactor of a triple-bed combined circulating fluidized bed. Industrial & Engineering Chemistry Research, 51: 14258 ~ 14267

Ciborowski J, Wlodarski A. 1962. On electrostatic effects in fluidized beds. Chemical Engineering Science, 17: 23 ~ 32

Colver G M. 2000. An interparticle force model for AC-DC electric fields in powders. Powder Technology, 112: 126 ~ 136

Davies D K. 1969. Charge generation on dielectric surfaces. Journal of Physics D: Applied Physics, 2: 1533 ~ 1537

Dwari R K, Rao H K. 2008. Characterising electron transfer mechanism in tribo-electrification of pyrite through contact angle measurements. The Open Mineral Processing Journal, 1: 6 ~ 17

Elsdon R, Mitchell F R G. 1976. Contact electrification of polymers. Journal of Physics D: Applied Physics, 9: 1445 ~ 1460

Glor M. 2003. Ignition hazard due to static electricity in particulate processes. Powder Technology, 135-136: 223 ~ 233

Guardiola J, Rojo V, Ramos G. 1996. Influence of granule size, fluidization velocity and relative humidity on fluidized bed electrostatics. Journal of Electrostatics, 37: 1 ~ 20

He C, Bi X T, Grace J R. 2015. A novel dual-material probe for in situ measurement of particle charge densities in gas-solid fluidized beds. Particuology, 21: 20 ~ 31

Itakura T, Masuda H, Ohtsuka C, Matsusaka S. 1996. The contact potential difference of powder and the tribo-charge. Journal of Electrostatics, 38: 213 ~ 226

Johnson T W, Melcher J R. 1975. Electromechanics of electrofluidized beds. Industrial & Engineering Chemistry Research, 14: 146 ~ 153

Klinzing G E. 1986. Clustering under the influence of electrostatic forces. International Journal of Multiphase Flow, 12: 853 ~ 857

Liao C C, Hsiau S S, Huang T Y. 2011. The effect of vibrating conditions on the electrostatic charge in a vertical vibrating granular bed. Powder Technology, 208: 1 ~ 6

Lim E W C, Yao J, Zhao Y L. 2012. Pneumatic transport of granular materials with electrostatic effects. AIChE Journal, 58: 1040 ~ 1059

Masuda H, Komatsu T, Iinoya K. 1976. The static electrification of granules in gas-solids pipe flow. AIChE Journal, 3: 558 ~ 564

Matsusaka S, Maruyama H, Matsuyama T, Ghadiri M. 2010. Triboelectric charging of powders: A review. Chemical Engineering Science, 65: 5781 ~ 5807

Matsusaka S, Nishida T, Gotoh Y, Masuda H. 2003. Electrification of fine particles by impact on a polymer film target. Advanced Powder Technology, 14: 127 ~ 138

Matsuyama T, Yamamoto H. 1997. Charge relaxation process dominates contact charging of a granule in atmospheric conditions: II. General model. Journal of Physics D: Applied Physics, 30: 2170 ~ 2175

Matsuyama T, Yamamoto H. 2006. Impact charging of particulate materials. Chemical Engineering Science, 61: 2230 ~ 2238

Mazumder M K, Sims R A, Biris A S, Srirama P K, Saini D, Yurteri C U, Trigwell S, De S, Sharma R. 2006. Twenty-first century research needs in electrostatic processes applied to industry and medicine. Chemical Engineering Science, 61: 2192 ~ 2211

Moughrabiah W O, Grace J R, Bi X T. 2009. Effects of pressure, temperature, and gas velocity on electrostatics in gas-solid fluidized beds. Industrial & Engineering Chemistry Research, 48: 320 ~ 325

Nemeth E, Albrecht V, Schubert G, Simon F. 2003. Polymer tribo- electric charging: dependence on thermodynamic surface properties and relative humidity. Journal of Electrostatics, 58: 3 ~ 16

Nwose E N, Pei C, Wu C Y. 2012. Modelling die filling with charged particles using DEM/CFD. Particuology, 10: 229 ~ 235

Saleh K, Ndama A T, Guigon P. 2011. Relevant parameters involved in tribocharging of powders during dilute phase pneumatic transport. Chemical Engineering Research & Design, 89: 2582 ~ 2597

Wang F J, Zhu J X, Beeckmans J M. 2000. Pressure gradient and particle adhesion in the pneumatic transport of cohesive fine powders. International Journal of Multiphase Flow, 26: 245 ~ 265

Wang F, Wang J D, Yang Y R. 2008. Distribution of electrostatic potential in a gas-solid fluidized bed and measurement of bed level. Industrial & Engineering Chemistry Research, 47: 9517 ~ 9526

Watanabe H, Ghadiri M, Matsuyama T, Ding Y L, Pitt K G, Maruyama H, Matsusaka S, Masuda H. 2007. Triboelectrification of pharmaceutical powders by particle impact. International Journal of Pharmaceutics, 334: 149 ~ 155

Wilson R G. 1996. Vacuum thermionic work functions of polycrystalline Be, Ti, Cr, Fe, Ni, Cu, Pt, and type 304 stainless steel. Journal of Applied Physics, 37: 2261 ~ 2267

Yamamoto H, Scarlett B. 1986. Triboelectric charging of polymer particles by impact. Particle & Particle Systems Characterization, 3: 117 ~ 121

Yao J, Wang C H. 2006. Granular size and shape effect on electrostatics in pneumatic conveying systems. Chemical Engineering Science, 61: 3858 ~ 3874

Yao J, Zhang Y, Wang C H, Liang Y C. 2006. On the electrostatic equilibrium of granular flow in pneumatic conveying systems. AIChE Journal, 52: 3775 ~ 3793

Yao J, Zhang Y, Wang C H, Matsusaka S, Masuda H. 2004. Electrostatics of the granular flow in a pneumatic conveying system. Industrial & Engineering Chemistry Research, 43: 7181 ~ 7199

Yao L, Bi H T, Park A H. 2002. Characterization of electrostatic charges in freely bubbling fluidized beds with dielectric particles. Journal of Electrostatics, 56: 183 ~ 197

Yoshida M, Ii N, Shimosaka A, Shirakawa Y, Hidaka J. 2006. Experimental and theoretical approaches to charging behavior of polymer particles. Chemical Engineering Science, 61: 2239 ~ 2248

Zhu C, Wang D W, Lin C. H. 2010. Jet dispersion and deposition of charged particles in confined chambers. Particuology, 8: 28 ~ 36

Zhu K W, Tan R B H. , Chen F X, Ong K H, Heng O P W S. 2007. Influence of granule wall adhesion on granule electrification in mixers. International Journal of Pharmaceutics, 328: 22 ~ 34

Zhu Z Z, Hou Z F, Huang M C, Huang R B, Zheng L S. 2001. Change of work function of Pd, Ag, K on Al (001) as a function of external electric field. Chinese Physics Letters, 18: 1111 ~ 1113

附录 5. A　单颗粒静电发生装置及实验设计

单颗粒静电发生装置如图 5. A1 所示。在一定倾斜角 θ 不锈钢板表面（图 5. A1 标记 2），让颗粒滑动一次或多次，不锈钢板厚度与长度一定（厚度为 2mm、长度为 188mm），在支架上固定。用防静电镊子将单个颗粒放置在倾斜的钢板上，在重力作用下，颗粒自行下滑至放置在平板下方的法拉第杯里（图 5. A1 标记 1；型号：TR8031；生产商：

Advantest 公司；产地：日本）。每次实验后，将颗粒从法拉第杯中取出，放置另一块金属板上放电。法拉第杯包括两个彼此绝缘的金属杯且外杯接地。法拉第杯与数字静电计（图 5. A1 标记 3；型号：R8252；生产商：Advantest 公司；产地：日本）相连，可以检测到每个颗粒上的电荷。静电计与计算机（图 5. A1 标记 6）相连，每 50ms 记录电荷数据并自动存储数据到磁盘。高速摄像仪（图 5. A1 标记 5；型号：i- speed LT；生产商：Olympus；产地：日本）记录了颗粒完整的运动，对应的滑动速度可以确定。在面积为 $6m^2$ 封闭房间内通过除湿器（图 5. A1 标记 4；型号：DH40ED；生产商：TOSOT；产地：中国），可将湿度控制在恒定水平。为了避免周围环境影响，法拉第杯、不锈钢板及静电计都进行接地处理。

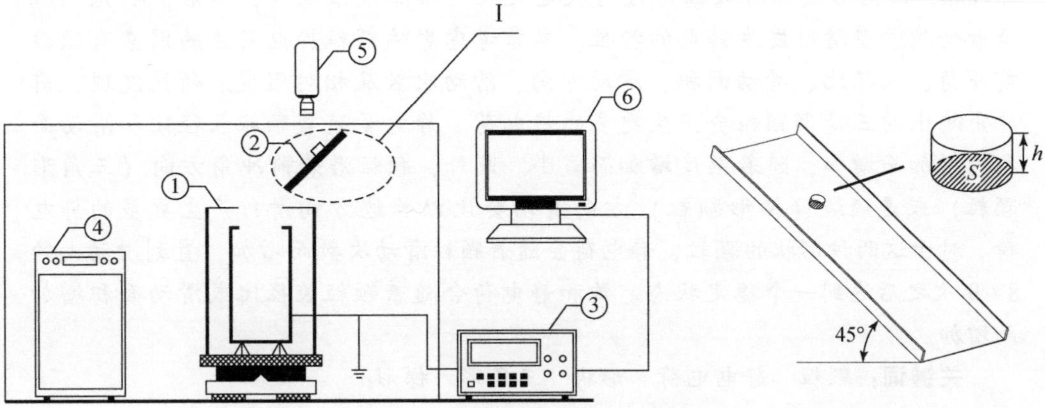

图 5. A1　单颗粒静电发生实验设置

①法拉第杯；②金属平板；③静电计；④湿度控制仪；⑤高速摄像机；⑥计算机

第6章　颗粒形状影响颗粒静电发生的实验研究

摘要：在颗粒处理系统中，很容易观察到不同形状颗粒的静电问题。颗粒静电发生与其形状之间的依赖关系还没有被人们完全理解。本章内容则是基于此来研究颗粒形状对静电发生的影响。首先将聚氯乙烯（PVC）颗粒（直径1.1～4.1mm，三角形或梯形颗粒）进行放电处理，排除残余电荷，随后，研究颗粒沿着金属管壁滑动发生静电的特性。本章考虑影响颗粒静电发生的因素有颗粒前冲角、长径比、滑动面积、滑动方向、滑动次数及相对湿度。研究发现，前冲角越小的三角形颗粒会产生更多的静电荷。静电量随着颗粒长径比和滑动面积的增加而增加，随着湿度增加而减小。此外，颗粒沿着前冲角方向（三角形颗粒）或是短边（梯形颗粒）方向滑动会比以长边方向滑行产生更多的静电荷。对于这两种形状的颗粒，静电荷会随着颗粒滑动次数而增加，直到滑动大约8～9次之后达到一个稳定状态。饱和静电荷会随着颗粒长径比或滑动面积增加而增加。

关键词：颗粒　静电电荷　形状　三角形　梯形

6.1　简　　介

颗粒材料通常用于能量、化工、制药与材料加工工业中的颗粒处理或气动输送系统。由于颗粒材料与系统部件（如进料器、阀门、管壁等）之间相互作用导致机械磨损（Bemrose and Bridgwater，1987；Yao et al.，2006），因此在颗粒系统中可以看到不同形状的颗粒。在这些过程中，颗粒会通过与不同材料反复碰撞摩擦产生静电而自然获得静电（Yao et al.，2004；Bi，2005）。这个带电过程可能导致许多现象发生，如颗粒团聚、火花点燃甚至爆炸（Ohsawa，2003，Watanabe et al.，2007）。静电影响与相关静电发生机理都是很复杂的，常常依赖于不同因素，如物理、化学及使用材料的电学特性与环境条件。这可能会导致实验的重复性差，而这种现象是我们研究的主要问题。正是因为这些研究中存在的固有困难，文献中报道有关颗粒系统中静电荷测量或者计算问题有限。Matsusaka和Masuda（2003）发展了一种颗粒反复撞击墙壁引起静电的方法，采用这种方法获得了颗粒流中每个颗粒带不同数量的静电电荷，并用理论分析了颗粒电荷分布。随后，Matsusaka等（2008）发展了稀释气固流中颗粒撞击产生静电的理论，尤其是金属管中产生脉动电信号的原因。Zhu等（2010）发展了一种用于研究干粉的流体动力学与静电沉积法结合的完全模拟方法，其中流场、电场及颗粒分布都在计算中考虑。Nwose等（2012）发展了一种离散元件方法与计算流体动力学相耦合的方法（DEM/CFD），用来研究真空与空气环境中粉末注模过程静电对颗粒流动行为的影响，其中实现了长距离静电相互作用。此外，重要静电特性的测量方法，检测颗粒带电技术及颗粒带电应用也都进行了叙述。Yao 和 Wang（2006）对连续循环气动输送系统中的颗粒尺寸与形状影响静电发生进行了综合研究。Yao 等（2006）综合了包括静电计、电容层析成像（ECT）及颗粒图像测速（PIV）在内的多种仪器来表征颗粒在气力输送系统中静电效应下的行为，并确定气力输送系统的静电平衡状态。Nomura 等（2003）与 Guardiola 等（1996）进行了大量实验证实湿度是控制静电发生的因素之一。

在本章中，研究 PVC 颗粒（放电完毕）静电发生及应用一种简单而有效的方法研究颗粒形状对静电发生的影响。由旋转阀机械磨损（Yao et al.，2006）形成具有多种形状的颗粒，将其单颗粒沿金属板滑行产生静电电荷，采用荷质比及荷质比密度来描述其静电发生特性。本章以单颗粒运动为研究对象，揭示颗粒形状影响静电发生的作用机理。

6.2　实验设计

应用单颗粒静电发生装置，如附录 5. A1 所示。将颗粒放置在倾斜的不锈钢平板上（54°）。颗粒在重力作用下滑动，落入放置在倾斜管下的法拉第杯中。实验中环境湿度控制于 50%，温度保持于 28℃。实验中始终将不锈钢管、法拉第杯与静电计接地处理。对于具有不同面的单颗粒，将最稳定的平面作为滑动接触面，避免滚动发生（Yao and Wang，2006）。单颗粒的质量用测量精度为 10^{-4}g 的电子天平测量，计算获得颗粒荷质比。颗粒滑动平面边长是应用测量精度为 10^{-4}m 的千分尺测量，颗粒滑动面积及滑动面角度可以通过计算获得。实验通过颗粒滑动摩擦，颗粒接触表面与管壁表面各自会带上极性相反的静电荷。单颗粒从法拉第杯中取出后再次放在倾斜管道顶部，重复进行上述实验，一直到颗粒所带静电达到饱和状态。

6.3　结果与讨论

6.3.1　定义

颗粒。本章中使用两个基本形状的颗粒，三角形与梯形。对于三角形颗粒［图 6.1（a）］，滑动面（阴影）形状是三角形的，对于梯形颗粒［图 6.1（b）］，滑动面（阴影）形状是梯形的。两种颗粒的更多信息如图 6.1（c）、（d）所示。图 6.1（c）、（d）中（i）为滑动面、（ii）和（iii）为侧面、（iv）为滑动中的颗粒。本章中，三角形颗粒的长度范围是 2.5 ~ 5.0mm，面积范围是 3.7 ~ 7.0mm²。梯形颗粒，长度范围是 2.0 ~ 4.8mm，面积范围是 4.0 ~ 12.0mm²。

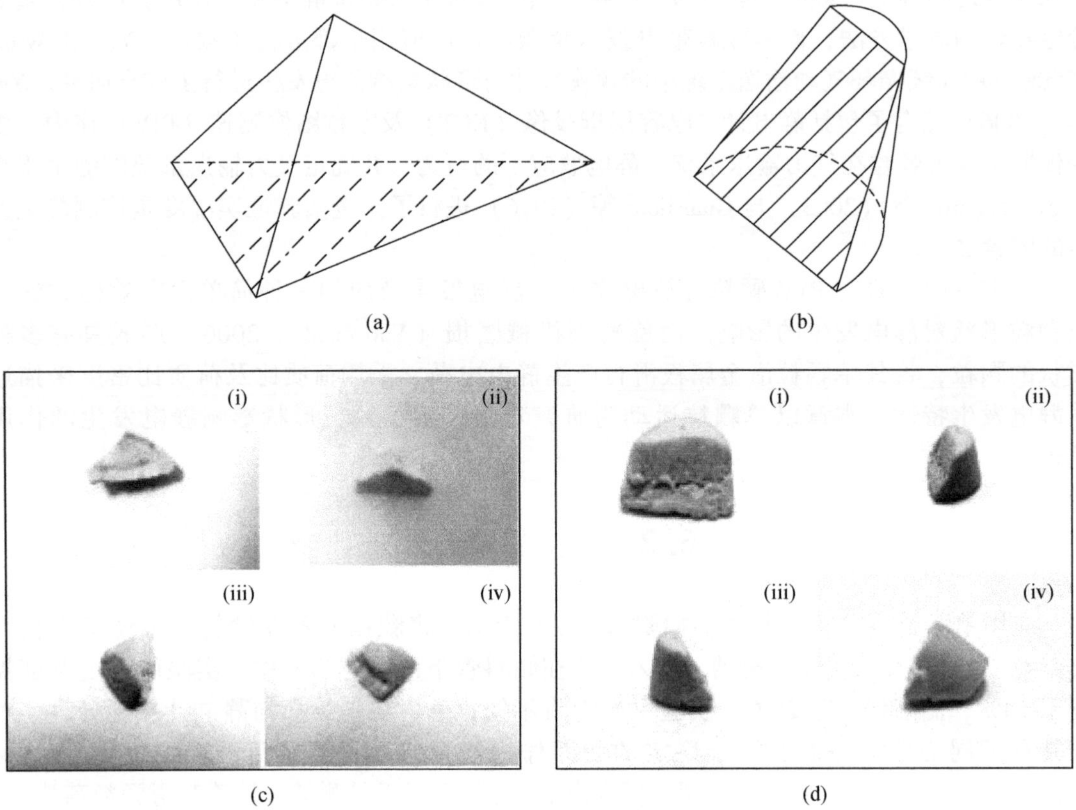

图 6.1 颗粒形状及显微镜图像

(a) 三角形；(b) 梯形；(c) 三角形颗粒；(d) 梯形颗粒

长径比。两种颗粒的滑动面如图 6.2 所示。三角形颗粒的长径比定义为：长径比=长度（L）/宽度（W），$L>W$。三角形颗粒的滑动面如图 6.2（a）所示，其中 L 是沿滑动方向的高度，W 是平均长度。相似地，梯形颗粒［图 6.2（b）］的长径比定义为：长径比=宽度（W）/长度（L），$W>L$，其中 L 是沿滑动方向的高度，W 是平均长度。

荷质比。影响颗粒静电发生的因素有很多，如颗粒前冲角、颗粒长径比、颗粒接触面面积、环境相对湿度、颗粒滑动次数等。本章基于这些因素对颗粒静电发生影响进行了研究。为了便于分析，定义以下变量：

荷质比=电荷/质量（C/g） (6.1)

荷质比与颗粒长径比之比=荷质比/长径比（C/g） (6.2)

荷质比密度=荷质比/面积［$C/(g\cdot mm^2)$］ (6.3)

荷质比密度与颗粒长径比之比=荷质比密度/长径比［$C/(g\cdot mm^2)$］ (6.4)

其中，颗粒的前冲角是指对于三角形颗粒，沿着滑动方向的角度叫作前冲角，α［图 6.2（c）］，前冲角也是接触面最大的一个角。研究发现前冲角对三角形颗粒的静电荷生成有明显影响。

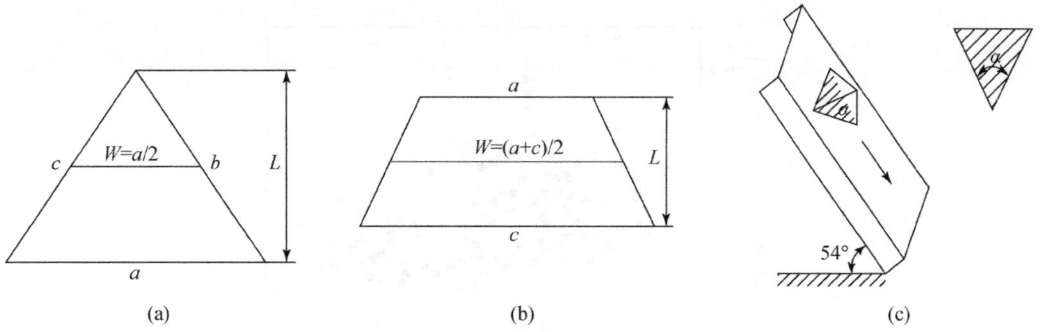

图 6.2　颗粒滑动面示意图

（a）三角形；（b）梯形；（c）三角形颗粒的前冲角 α 与颗粒形状相关角度

6.3.2　静电生成的影响因素

研究发现，对于三角形颗粒与梯形颗粒，一些因素对静电生成有显著影响，如颗粒前冲角、颗粒长径比、颗粒滑动方向、滑动次数及环境相对湿度。这些因素对颗粒静电发生的影响，以下逐一分析。

6.3.2.1　颗粒前冲角

在本章实验中，使用了 50 个三角形颗粒，前冲角范围为 40° ~ 90°。三种不同湿度条件下（60%、70%、80%）颗粒前冲角对荷质比密度的影响如图 6.3 所示。研究发现，所有条件下，荷质比密度都是随着前冲角的增大而减小。这表明前冲角越小的三角形颗粒可以通过沿管壁滑动产生更多的静电荷，也说明颗粒前冲角越小，其静电容量越高。这可能是因为颗粒滑动速度，如图 6.4 所示。一个颗粒沿着管壁从顶端滑至尾部落入法拉第杯所需时间大约是 0.6 ~ 0.8s，这是通过使用精度为 0.1s 的计时器所测量。因为滑动距离不变时，颗粒滑动时间越短，其滑动速度越大，从图 6.4 可知，可以产生更多的静电荷。可以解释为，前冲角越小颗粒的滑动阻力越小，速度因此越大。可以得到结论，滑动速度随着前冲角减小而增大，导致更大动量，由此促进在颗粒表面产生更多静电。

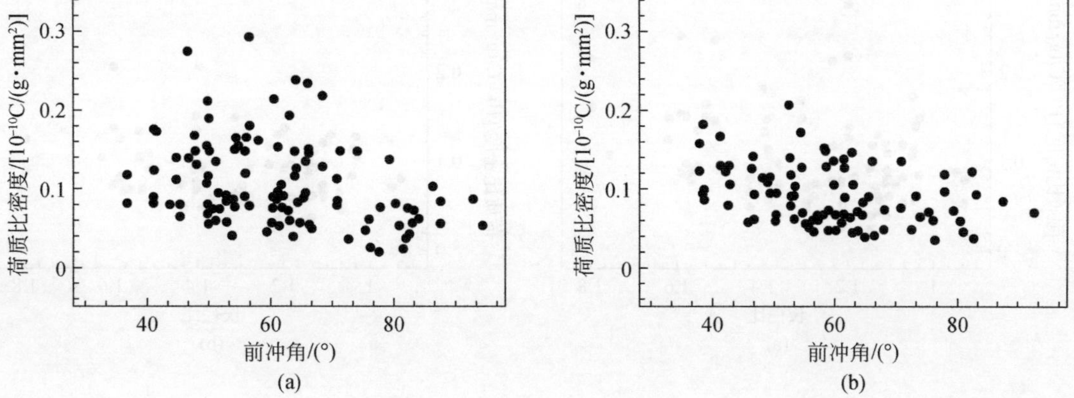

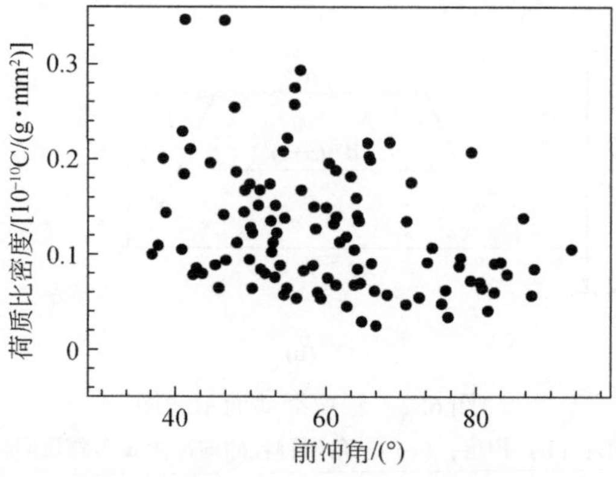

(c)

图 6.3　不同前冲角三角形颗粒静电发生比较

相对湿度（a）60%；（b）70%；（c）80%

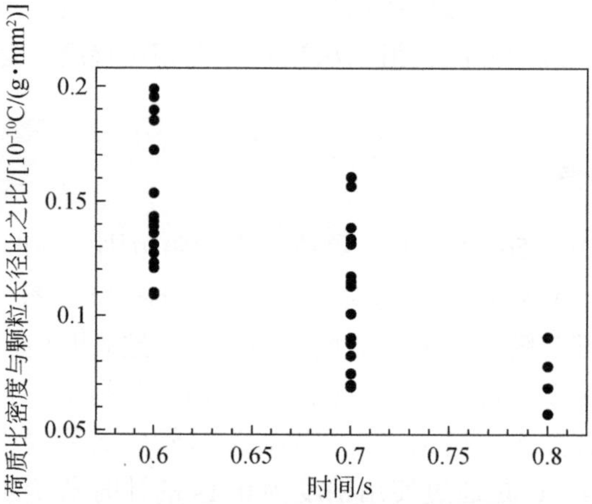

图 6.4　颗粒滑动速度对静电发生的影响

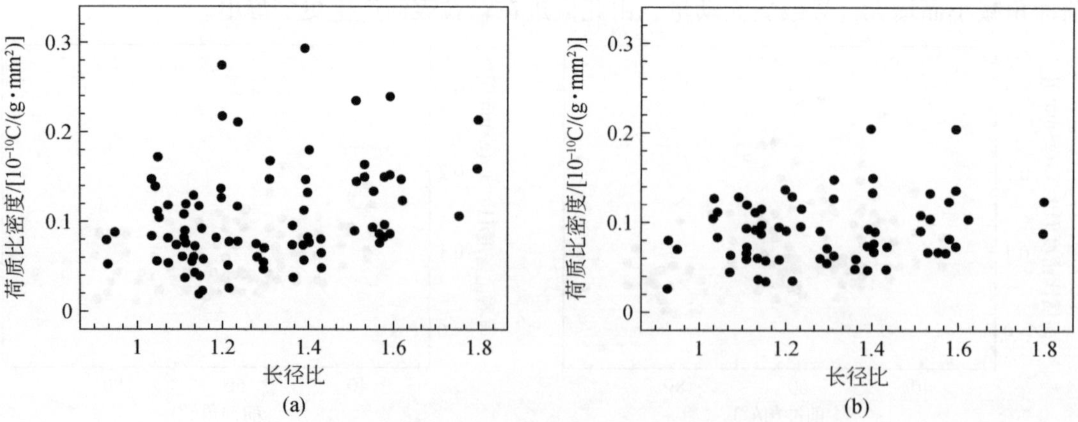

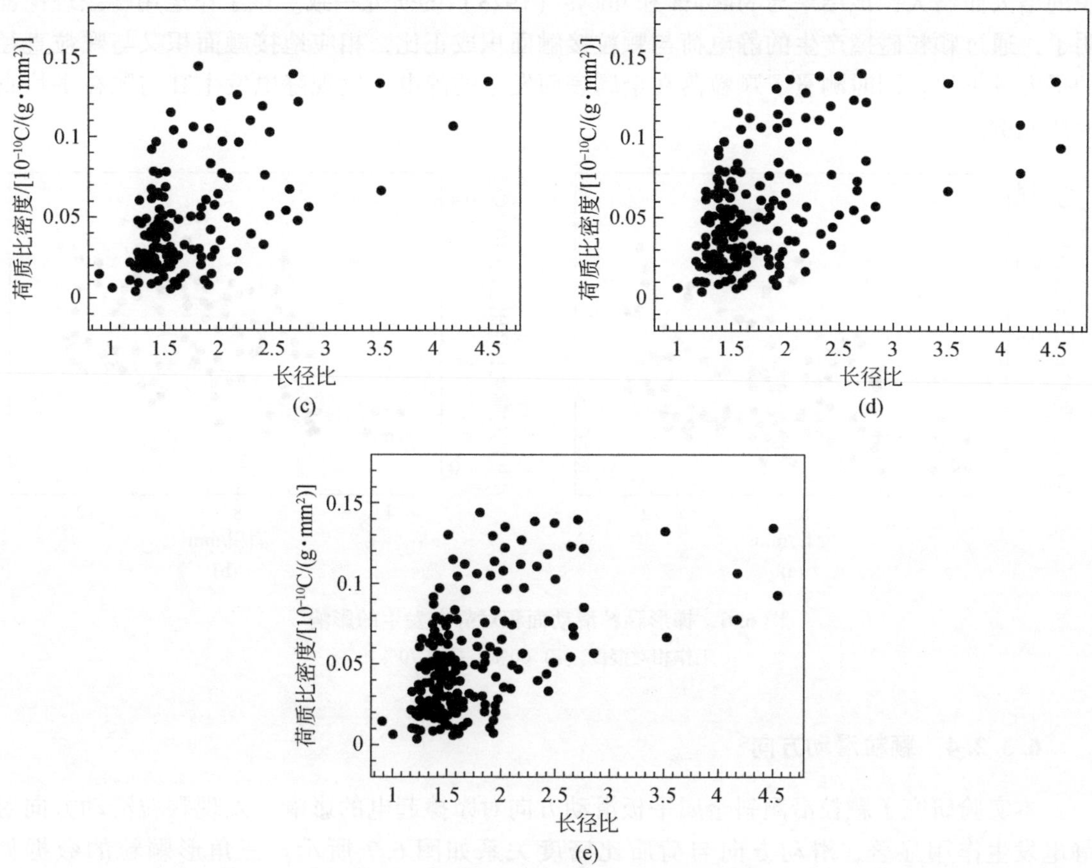

图6.5　颗粒长径比对静电发生的影响

三角形颗粒，环境相对湿度（a）60%；（b）70%。梯形颗粒，环境相对湿度（c）60%；（d）70%；（e）80%

6.3.2.2　颗粒长径比

图6.5为颗粒长径比对荷质比密度的影响。如图6.5（a）、（b）所示三角形颗粒在相对湿度为60%与70%下颗粒长径比对荷质比密度的影响，如图6.5（c）、（e）所示梯形颗粒在相对湿度为60%～80%下颗粒长径比对荷质比密度的影响。可以发现，荷质比密度随着长径比增大而增大，这表明产生的静电荷随着颗粒长径比增大而增多。这与前期研究（Yao and Wang，2006；Yao et al.，2006）的结果相吻合。因此得到结论，颗粒长径比越大产生静电越多。

6.3.2.3　滑动面积

对于梯形颗粒（滑动面积为4～12mm²），静电荷（荷质比与长径比之比）与滑动面积的关系如图6.6所示。实验是在相对湿度为60%与70%的条件下进行的。分析发现，荷质比与长径比之比是随着颗粒滑动面积的增大而增大，意味着静电发生随着颗粒滑动面积的增大而增大，该结果与 Masuda 和 linoya（1978）的研究一致。该工作运用赫兹理论证明了，通过颗粒碰撞产生的静电荷与颗粒接触面积成正比，相应地接触面积又与颗粒直径的平方成正比。同时测量了颗粒落在金属表面发生的静电，发现静电发生其与颗粒平均直径成比例。

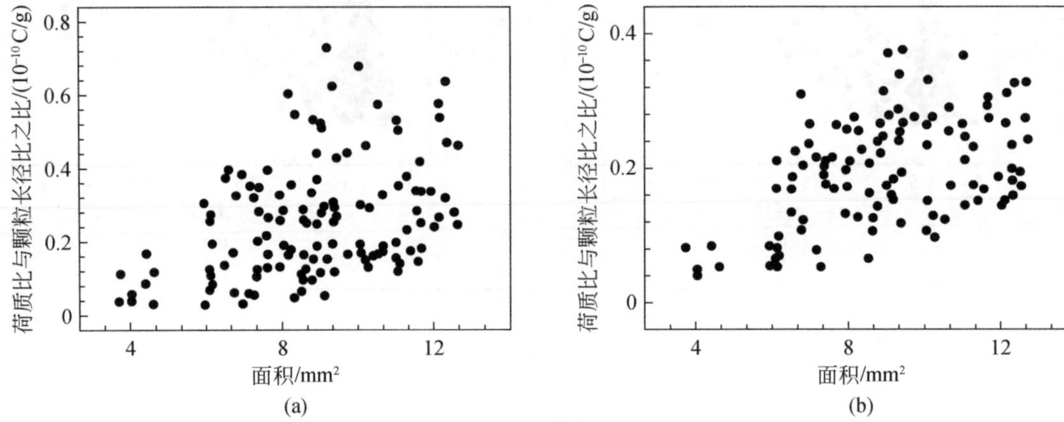

图 6.6　梯形颗粒滑动面积对静电发生的影响

工作相对湿度（a）60%；（b）70%

6.3.2.4　颗粒滑动方向

本实验研究了颗粒沿倾斜金属平板滑动方向对摩擦起电的影响。发现颗粒滑动方向对静电发生作用显著，滑动方向与荷质比密度关系如图 6.7 所示。三角形颗粒的数据如图 6.7（a）、（b）所示。在图 6.7（a）中，实心点代表颗粒沿前冲角方向滑动的测量值[图 6.7（b）（i）]，空心点代表颗粒沿长边滑动的测量值［图 6.7（b）（ii）］。由此可见，沿前冲角方向滑动的颗粒静电荷（荷质比密度）远远大于沿长边滑动获得的静电荷。类似地，图 6.7（c）、（d）为梯形颗粒。在图 6.7（c）中，实心点代表颗粒沿短边滑动获得静电测量值［图 6.7（d）（i）］、空心点代表颗粒沿长边滑动获得静电测量值[图 6.7（d）（ii）]。再次看到，颗粒沿短边滑动获得的静电（荷质比密度）远远高于沿长边滑动获得的静电。可以得到结论，颗粒滑动方向影响静电荷的产生，即颗粒沿前冲角方向或短边方向滑动比其沿长边滑动能产生更多的静电。其工作原理可能与颗粒滑动速度有关。颗粒沿前冲角方向（三角形颗粒）或短边方向（梯形颗粒）滑动的阻力小于沿长边方向滑动的阻力，颗粒可以获得较大的速度和更多的动量，由此产生更多静电。Ema 等（2003）通过使用六种不同速度探究了颗粒冲击速度对摩擦生电的影响，发现电流随着颗粒冲击速度增大而增大。

6.3.2.5　相对湿度

环境湿度对静电发生有显著的影响，相对湿度定义为相同温度下环境空气的绝对湿度与饱和绝对湿度之比。绝对湿度指每立方米空气中的水蒸气量。

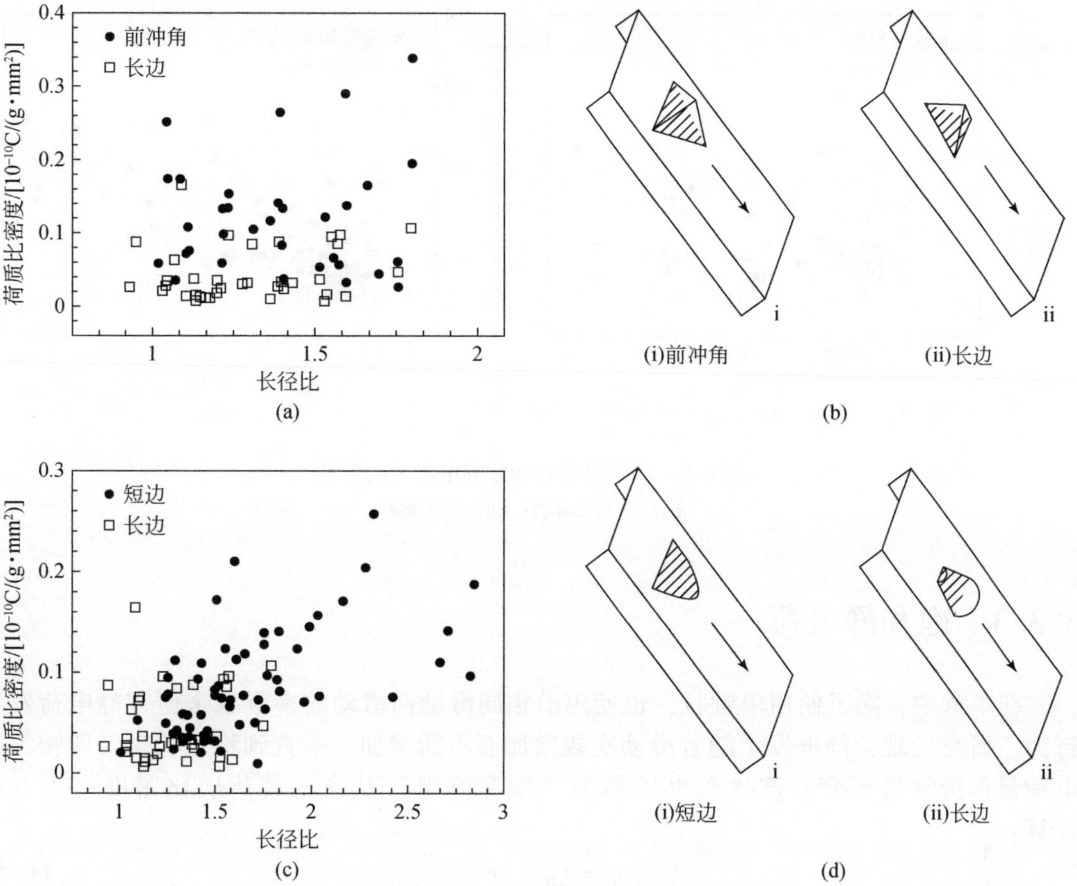

图 6.7　颗粒滑动方向对静电发生影响

（a）荷质比密度与长径比关系（三角形颗粒）；（b）三角形颗粒滑动方向示意图；（c）荷质比密度与长径比关系（梯形颗粒）；（d）梯形颗粒滑动方向示意图

图 6.8 为不同湿度时荷质比密度与颗粒长径比关系。图 6.8（a）中的两套数据是在湿度范围为 58% 与 83% 时的三角形颗粒实验数据。图 6.8（b）是在湿度范围为 50% 与 83.2% 时的梯形颗粒数据。实验结果证实，静电荷（荷质比密度）随湿度减小而增大。它与 Saleh 等（2011）发现结果一致。后者研究了气力输送系统中细玻璃珠颗粒在不同相对湿度（0～90%）下的摩擦生电，发现湿度越低产生的静电荷越高。此外，上述实验结果也同 Nomura 等（2003）和 Greason（2000）一致。相对湿度高可能会导致更多水分子吸附在颗粒表面。水是良好的导电体，颗粒间的电阻随水分子吸收的增加而减小。它导致静电荷从较高电位移动到较低电位，而不会在颗粒表面积累而产生高荷质比密度。

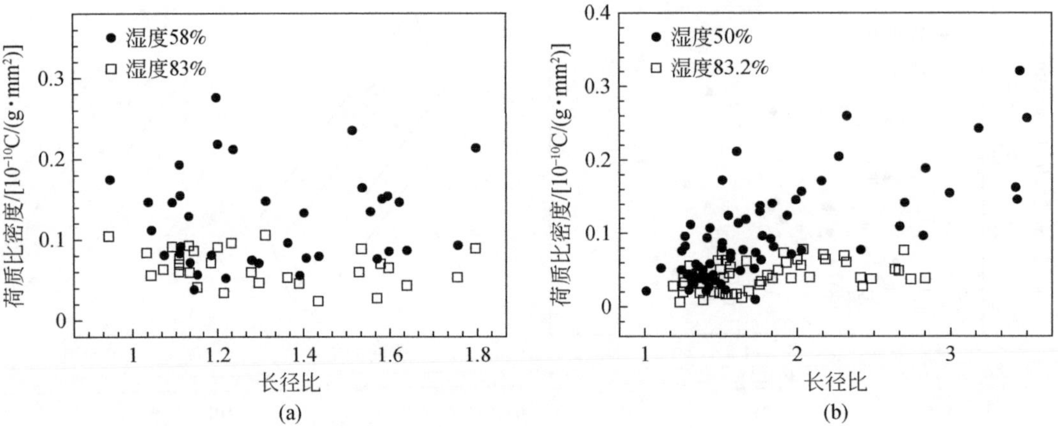

图 6.8　相对湿度对颗粒静电发生的影响

（a）三角形颗粒；（b）梯形颗粒

6.3.3　饱和静电荷

在本章中，除了使用单颗粒，也使用沿相同滑动面滑动的多颗粒来研究静电荷发生行为。研究发现，静电发生随着滑动次数增加而不断增加，一直到稳定状态，即颗粒的电荷量保持常量不变。该状态也被称为“饱和静电”状态，其荷质比密度可用下式计算：

$$q_d = q_{d0}(1 - e^{-t/\tau}) \tag{6.5}$$

式中，q_d 为荷质比密度；q_{d0}是饱和荷质比密度；τ 是特征时间。如果颗粒滑动时间 t 远大于其特征时间，转移的电荷量将达到饱和。因此，颗粒与管壁间产生的电荷随滑动时间增加至特征时间而达到饱和量。

如图 6.9 所示，单颗粒多次滑动实验中，梯形颗粒的静电荷产生量随滑动次数和长径比的变化关系。研究发现荷质比密度随着滑动次数增加而增大［图 6.9（a）］，它与颗粒长径比无关；荷质比与长径比之比也是随着颗粒滑动次数增加而增大［图 6.9（b）］，它与颗粒滑动面积无关。在所有滑动中，荷质比密度随长径比增大而增大［图 6.9（a）］，荷质比与长径比之比随着颗粒滑动面积增大而增大［图 6.9（b）］。颗粒多滑动实验所测量的实验趋势与颗粒单滑动实验获得结果保持一致。

图 6.10 是梯形颗粒［图 6.10（a）］与三角形颗粒［图 6.10（b）］的荷质比密度与颗粒长径比之比与颗粒滑动次数的关系。由图 6.10 可知，尽管曲线不重合，但反应荷质比密度与长径比之比随滑动次数增长的趋势相同，而且颗粒在滑动 8～9 次后都可达到饱和静电荷状态。

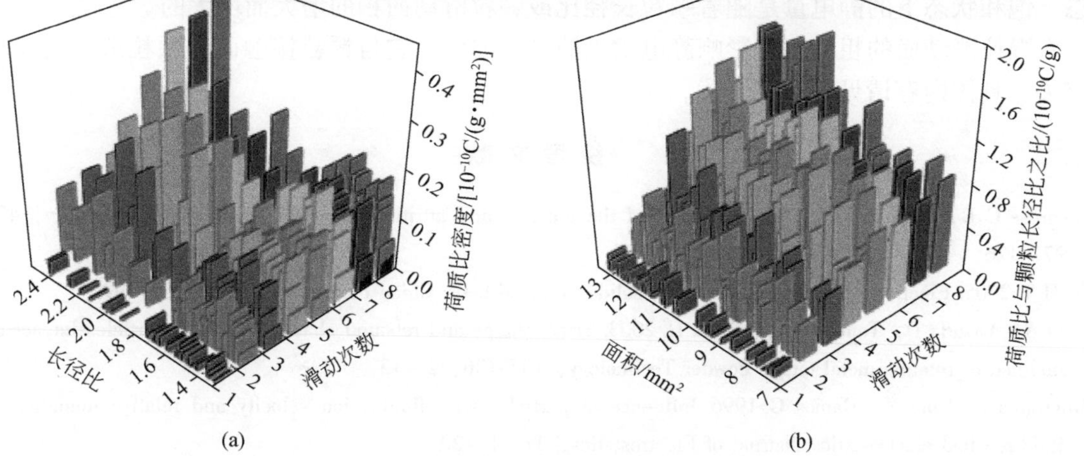

图 6.9　梯形颗粒多次滑动对静电发生的影响

（a）颗粒长径比；（b）颗粒滑行面积

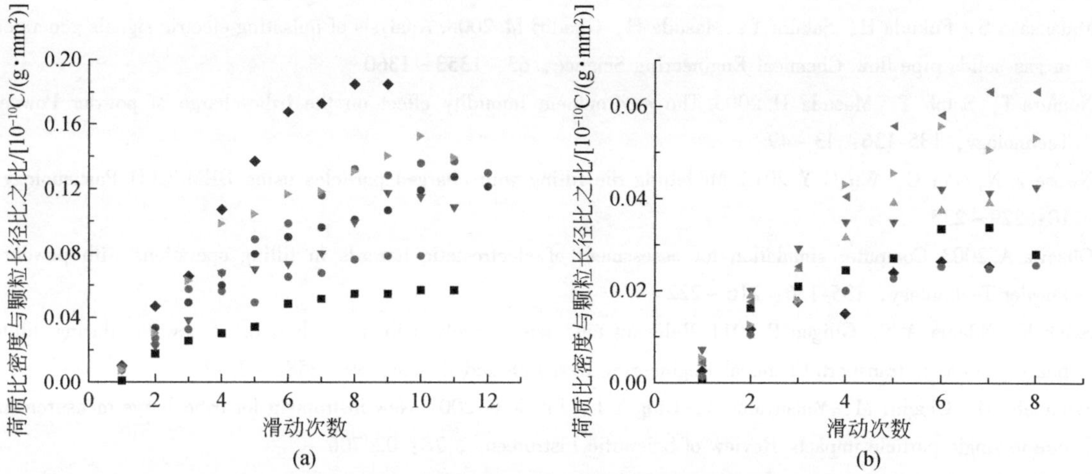

图 6.10　颗粒多次滑动静电发生饱和静电量

（a）梯形颗粒；（b）三角形颗粒

6.4　结　　论

本章主要研究三角形与梯形 PVC 颗粒的静电发生。前冲角越小的三角形颗粒，经滑动后可以产生更多的静电。这表明颗粒的形状角度越尖其静电发生能力越大。对于三角形与梯形的颗粒，静电发生都是随颗粒长径比或颗粒滑动面积的增大而增大，随着环境湿度的增大而减小。研究结果表明颗粒的滑动方向对颗粒静电发生同样有显著影响。此外，本章实验发现，静电发生随颗粒滑动次数增多而不断增加，大约滑动 8 ~ 9 次后达到饱和状态。饱和状态下的静电量是随着颗粒长径比或颗粒滑动面积的增大而增大的。

颗粒滑动面的粗糙度是影响静电发生的另一因素，它与颗粒接触面和颗粒滑动速度都有关，具体内容请见后章节陈述。

参 考 文 献

Bemrose C R, Bridgwater J. 1987. A review of the attrition and attrition test methods. Powder Technology, 49: 97 ~ 126

Bi H T. 2005. Electrostatic phenomena in gas-solids fluidized beds. China Particuology, 3: 395 ~ 399

Ema A, Yasuda D, Tanoue K, Masuda H. 2003. Tribo-charge and rebound characteristics of particles impact on inclined or rotating metal target. Powder Technology, 135-136: 2 ~ 13

Guardiola J, Rojo V, Ramos G. 1996. Influence of particle size, fluidization velocity and relative humidity on fluidized bed electrostatics. Journal of Electrostatics, 37: 1 ~ 20

Greason W. 2000. Investigation of a test methodology for triboelectrication. Journal of Electrostatics, 49: 245 ~ 256

Masuda H, Linoya K. 1978. Electrification of particles by impact on inclined metal plates. AIChE Journal, 24: 950 ~ 956

Matsusaka S, Masuda H. 2003. Electrostatics of particles. Advanced Powder Technology, 14: 143 ~ 166

Matsusaka S, Fukuda H, Sakura Y, Masuda H, Ghadiri M. 2008. Analysis of pulsating electric signals generated in gas-solids pipe flow. Chemical Engineering Science, 63: 1353 ~ 1360

Nomura T, Satoh T, Masuda H. 2003. The environment humidity effect on the tribo-charge of powder. Powder Technology, 135-136: 43 ~ 49

Nwose E N, Pei C, Wu C Y. 2012. Modelling die filling with charged particles using DEM/CFD. Particuology, 10: 229 ~ 235

Ohsawa A. 2003. Computer simulation for assessment of electrostatic hazards in filling operations with powder, Powder Technology, 135-136: 216 ~ 222

Saleh K, Ndama A T, Guigon P. 2011. Relevant parameters involved in tribo-charging of powders during dilute phase pneumatic transport. Chemical Engineering Research and Design, 89: 2582 ~ 2597

Watanabe H, Ghadiri M, Matsuyama T, Ding Y L, Pitt K G. 2007. New instrument for tribocharge measurement due to single particle impacts. Review of Scientific Instruments, 78: 024706

Yao J, Wang C H. 2006. Granular size and shape effect on electrostatics in pneumatic conveying systems, Chemical Engineering Science, 61: 3858 ~ 3874

Yao J, Wang C H, Lim E W C, Bridgwater J. 2006. Granular attrition in a rotary valve: Attrition product size and shape. Chemical Engineering Science, 61: 3435 ~ 3451

Yao J, Zhang Y, Wang C H, Matsusaka S, Masuda H. 2004. Electrostatics of the granular flow in a pneumatic conveying system. Industrial & Engineering Chemistry Research, 43: 7181 ~ 7199

Zhu C, Wang D, Lin C H. 2010. Jet dispersion and deposition of charged particles in confined chambers. Particuology, 8: 28 ~ 36

第7章　颗粒滑动速度与颗粒形状影响静电发生的研究

摘要：静电现象在气固两相系统普遍存在，它会引起严重的安全问题，如颗粒聚集、管道堵塞甚至爆炸。目前为止，静电发生的基本原理还没有得到充分研究。在本章中，使用聚氯乙烯颗粒（PVC）（直径1.1～4.1mm，颗粒滑动面形状是三角形或者梯形），研究颗粒滑动速度、颗粒形状因素（如前冲角、长径比与滑动接触面积）及颗粒静电饱和度对静电发生的影响。本章阐述了聚合物与金属之间的电子转移原理。研究发现，颗粒静电发生与颗粒滑动速度有很大关系。颗粒静电发生随滑动速度的减小而增加，这是由于颗粒与金属有较长的接触时间。对于三角形与梯形颗粒，滑动多次后，颗粒表面静电发生量趋于饱和，其静电饱和曲线可以通过指数拟合方程准确描述。

关键词：静电　颗粒　速度　饱和　形状

7.1　简　　介

在气力输送颗粒系统中静电发生是普遍存在的工业现象，这是因为颗粒会频繁与管道壁面碰撞及颗粒-颗粒碰撞。这种静电发生过程称为摩擦带电（Lim et al.，2006；Watanabe et al.，2007）。管道内静电积累可以导致放电危险与安全问题（Yao et al.，2004），如颗粒分离（Eow et al.，2003）、电火花（Zhang et al.，2008）、颗粒聚集甚至爆炸（Nifuku and Katoh，2003；Ohsawa，2003）。

静电发生现象原因可以用化学或物理知识解释。有关接触静电发生的研究已经开展了很多年。Lowell 和 Rose-Innes（1980）研究了三种接触静电发生，金属与金属、金属与绝缘体及绝缘体与绝缘体。Masuda 等（1984）通过测量气固两相流中的静电计算出粉末的流量。Matsusaka 等（2002）建立摩擦生电模型分析气固管流中的静电分布。Li 等（2015）通过振动与旋风输送分析了摩擦静电分离过程中塑料颗粒的摩擦生电性能。为了定量描述静电发生特征，现有多种不同的静电测量方法，包括测量静电电荷、颗粒速度、颗粒质量流量等，如感应环探针法（Gajewski，1996）、双平面电容层析成像（ECT；Xue et al.，2012）、空间滤波方法（Xu et al.，2009）。近年来，气力输运颗粒条件（传输速度、颗粒材料、颗粒形状与环境湿度等）与静电发生之间的关系也得到越来越多研究者的关注。例如，Yao 等（2004）研究了气力输送颗粒系统中不同流量下的颗粒流，发现静电作用下的典型流动形式。随后 Yao 和 Wang（2006）使用类似的实验系统，发现了气动输送颗粒系统的静电平衡状态，此外，发现了颗粒形状对颗粒静电发生有显著的影响，也分析了环境湿度、颗粒材料、流动特性及其他因素对静电发生的影响。然而，目前对于单颗粒摩擦生电的工作原理尚未研究清楚。

本章将分别讨论单颗粒的电子转移、颗粒滑动速度、颗粒形状及单颗粒静电带电饱和特性。PVC 作为工业广泛使用的颗粒材料在本章中使用。研究发现，在滑动距离相同条件下，颗粒滑动速度越低静电发生越多。颗粒静电饱和曲线可以通过指数拟合方程描述，这与其他研究结论相一致。

7.2 实　　验

本章研究了两种颗粒形状的滑动面——三角形和梯形。图 7.1（a）是三角形颗粒示意图、图 7.1（b）是梯形颗粒示意图；图 7.1（c）、（d）是图 7.1（a）、（b）中颗粒样品的显微镜图像；图 7.1（c）Ⅰ与图 7.1（d）Ⅰ是颗粒滑动接触面。三角形颗粒的长度范围是 2.5 ~ 5.0mm，滑动面积范围是 3.7 ~ 7.0mm^2。三角形样品颗粒的平均质量是 13.1mg。梯形颗粒的长度范围是 2.0 ~ 4.8mm，滑动面积范围是 4.0 ~ 8.0mm^2。梯形样品

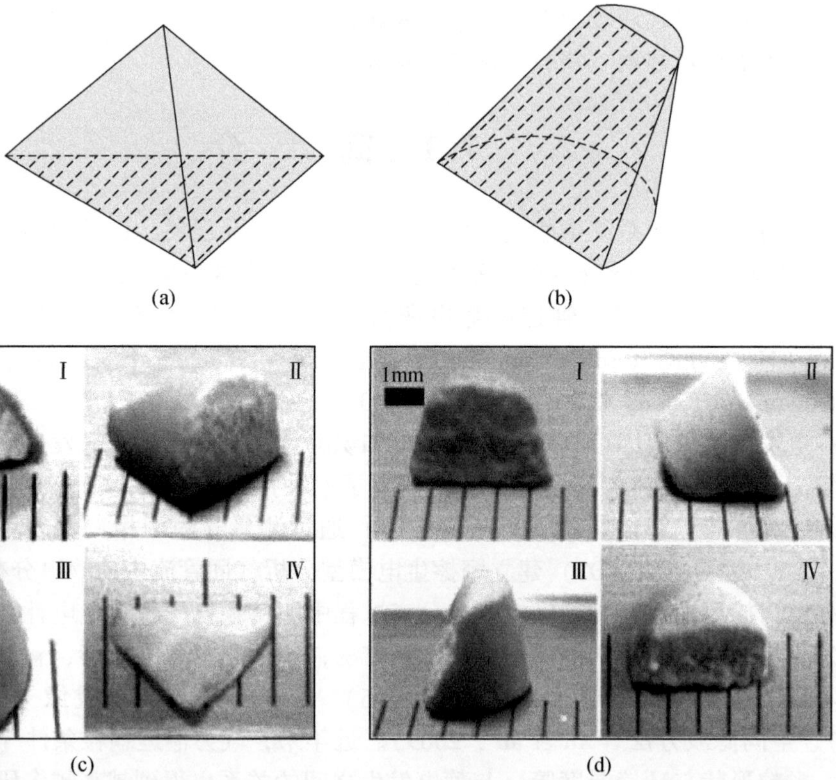

图 7.1　颗粒形状［（a）三角形、（b）梯形］及显微镜图像［（c）三角形、（d）梯形］

（a）、（b）中虚线区域为颗粒滑动接触面积。（c）三角形颗粒：Ⅰ. 前置面（接触面）；Ⅱ. 背面；Ⅲ. 侧面；Ⅳ. 俯视面。（d）梯形颗粒：Ⅰ. 前置面（接触面）；Ⅱ. 背面；Ⅲ. 侧面；Ⅳ. 俯视面

颗粒的平均质量是 19.44mg。颗粒滑动接触面的长度与宽度定义如图 7.2 所示。三角形颗粒的长径比定义为：长径比=长度（L）/宽度（W），其中 $L>W$。梯形颗粒的长径比定义为：长径比=宽度（W）/长度（L），其中 $W>L$。

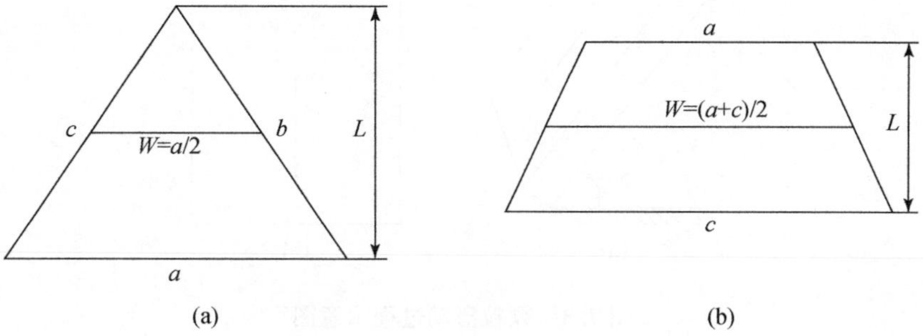

图 7.2　颗粒长径比

（a）三角形；（b）梯形。a，b，c 是颗粒滑动平面的边长，W 是颗粒宽度，L 是颗粒高度

7.3　荷　质　比

为了描述静电发生特征，相关静电特征函数定义如下：

荷质比=电荷/质量（C/g）　(7.1)

荷质比与颗粒长径比之比=荷质比/长径比（C/g）　(7.2)

荷质比密度=荷质比/面积［$C/(g \cdot mm^2)$］　(7.3)

荷质比密度与颗粒长径比之比=荷质比密度/长径比［$C/(g \cdot mm^2)$］　(7.4)

7.4　实 验 设 计

本章实验有两种形式：①单颗粒在金属板上仅滑动一次；②单颗粒在金属板上滑动多次，直到其静电饱和。

实验装置如附录 5.A 所示，单个颗粒放置在倾斜（54°）不锈钢板上，颗粒在重力作用下滑至放置在不锈钢板下部的法拉第杯中。不锈钢板上的整个滑动距离设置为 15cm。当一个带电颗粒滑入法拉第杯内杯后，两个金属杯之间的电压差 V 立刻测得，随后计算获得总电荷量（Murtomaa and Laine，2000）。环境相对湿度设置为 50%±5%，温度设置为 18℃±2℃。如图 7.3 所示角度 α 称为颗粒滑动前冲角。为了确保颗粒实验过程为稳定滑动（无滚动），颗粒前冲角选择范围为 30°～90°。

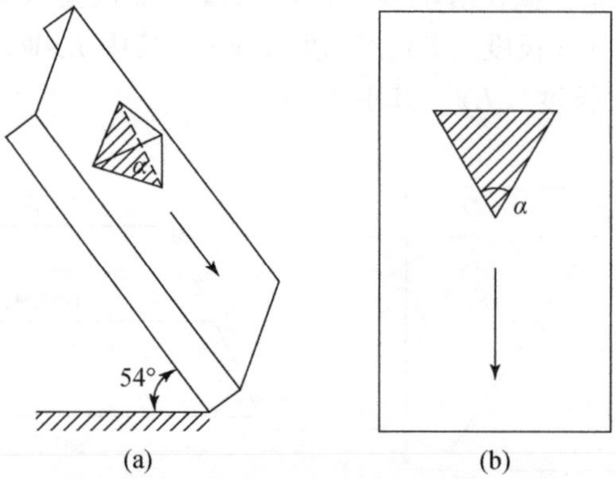

图 7.3　颗粒滑动过程示意图

（a）侧视图；（b）前视图。虚线区域是颗粒接触面积。角度 α 为前冲角（30°～90°），保持稳定滑动模式

7.5　结果与讨论

7.5.1　电荷转移

颗粒与金属表面接触或摩擦产生静电过程称为“摩擦带电”。在接触、摩擦与分离后，颗粒与金属表面带同等数量的相反电荷。静电发生与材料、粗糙度、湿度、温度、应变力等有关，它可以解释为两接触表面之间电子转移的结果（Nemeth et al.，2003）。通常，绝缘体倾向于保留电子，如聚氯乙烯（PVC）、聚丙烯（PP）及聚四氟乙烯（PTFE）。沿金属平板滑动时，PVC 颗粒带负电，金属平板带正电，它依赖于 PVC（聚合物）在聚合物-金属界面处具有悬挂键。由于聚合物表面晶格突然断裂，悬挂键在固定原子上表现为不饱和键。图 7.4（a）为悬挂键示意图（Yoshida et al.，2006），悬挂键不稳定，可以轻易获得电子。在聚合物与金属间电子转移过程中，聚合物是电子接收体，金属是电子供体。因此在本章中 PVC 颗粒均带负电。如图 7.4（b）所示颗粒沿金属板滑动示意图。在每次实验前颗粒与金属板都进行了放电处理，以确保它们显电中性。滑动过程可以分为三个阶段。首先，将颗粒放置在倾斜板顶端。其次，当颗粒沿金属平板滑动时，在双方表面上分别形成双电荷层，即聚合物颗粒表面形成负电荷层，金属表面形成正电荷层（Matsusyama et al.，2006；Matsusaka et al.，2010）。在第三阶段，随着颗粒滑动距离增加电荷积累增大。当颗粒滑入法拉第杯中时，滑动过程中产生的静电荷可以通过静电计检测并由所连接的计算机在线记录。

7.5.2　颗粒滑动速度

如图 7.5 所示颗粒滑动速度影响颗粒静电发生，颗粒沿着恒定距离滑动。图 7.5（a）

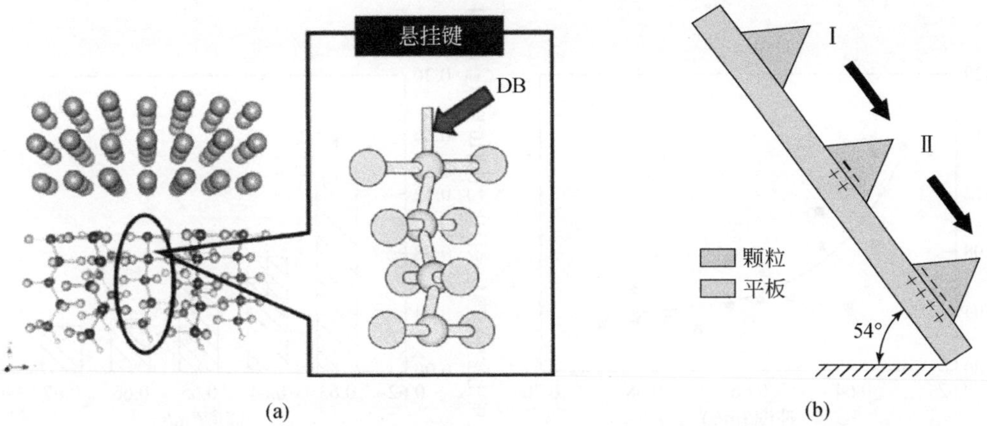

图7.4　(a) 悬挂键示意图 (PTFE-Al); (b) 颗粒滑动过程静电生成示意图

为三角形颗粒，静电发生随着颗粒滑动速度增加而减少。梯形颗粒也有相同的趋势[图7.5 (c)]。此外，在Hogue等（2008，2009）工作中有相似结果，玻璃球放置在倾斜且角度可调的平板之上，沿着不同角度滑动相同距离，但滑动时间不同。研究发现，静电发生随着颗粒滑动时间增加而增加。由此可得结论，静电发生随着颗粒滑动速度的增加而减少。这是因为相同滑动距离，滑动速度越小，颗粒-平板接触时间越长，颗粒会得到更多电子，反之亦然。

本章中，颗粒滑动速度范围为0.63～0.70m/s，它由高速摄像仪（型号：i-speed LT，1000FPS；生产商：OLMPUS；产地：日本）以2000帧/s拍摄测得。颗粒滑动速度为0.7m/s，滑动距离为15cm。三角形与梯形颗粒的滑动速度对摩擦生电过程的影响分别如图7.5 (a)、(c) 所示。研究发现，颗粒静电发生（荷质比密度与长径比之比）随着颗粒滑动速度增加而减少。相似的研究成果在Hogue等（2008，2009）中可发现。本章实验中，颗粒在金属平板滑行长度是相同的，颗粒滑动速度越大，沿平板滑动所用时间越短。由于金属与颗粒之间电子转移可用的时间较短，因此产生总的静电量相对较少。

如图7.5 (b)、(d) 所示为给定颗粒滑动速度（0.01m/s）下的荷质比密度与反应标准偏差（SD）的误差，$s=\sqrt{\frac{\sum_{i-1}^{n}(x-\bar{x})^2}{n}}$。三角形颗粒在较低速度下的SD大于较高速度下的SD，表明颗粒在较高滑动速度下产生的静电比较低滑动速度下发生的静电更加稳定。但是梯形颗粒却没有相似的趋势。

图7.6是颗粒滑动速度对颗粒静电发生的影响。实验对象是六个典型三角形颗粒，标号A1～F1，详细数据如表7.1所示。时间0.0s时颗粒原始位置位于金属平板顶部，如图7.6 (a) 所示。在时间0.2s，每个颗粒的瞬态位置如图7.6 (a) 所示。可以发现颗粒F1的滑动距离是最长的，颗粒A1的滑动距离是最短的，但两者颗粒滑动时间长度相同。也就是说，颗粒F1滑动速度最大，颗粒A1滑动速度最小。与此相应，在0.2s内静电发

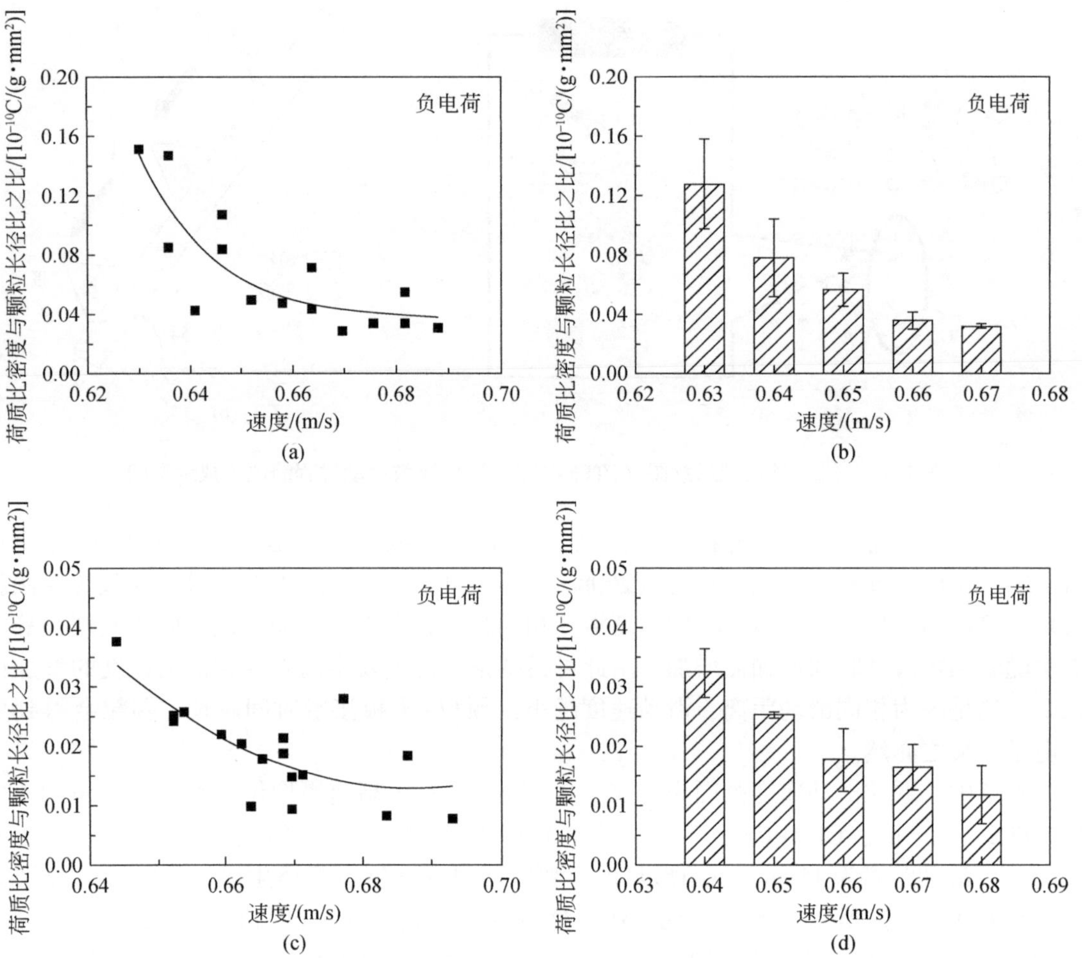

图 7.5　颗粒滑动速度对静电发生影响

(a) 三角形颗粒速度；(b) 三角形颗粒表面电荷带标准偏差；(c) 梯形颗粒速度；(d) 梯形颗粒表面电荷带标准偏差

生量如图 7.6 (c) 所示。显然，颗粒 A1 上产生的静电电荷量要高于其他五个颗粒。静电发生随着颗粒滑动速度的增加而减小，这与图 7.5 所得结论相一致。相同结果可以从图 7.6 (b)、(d) 梯形颗粒滑动过程获得。六个典型的梯形颗粒，A2 ~ F2，它们的详细信息如表 7.2 所示。在时间 0.2s 时刻，每个颗粒的位置如图 7.6 (b) 所示，相应生成的静电如图 7.6 (d) 所示。A2 颗粒滑动速度最小，但静电发生量最多，这与三角形颗粒获得的结论一致。

表 7.1　颗粒 A1 ~ F1 信息

颗粒编号	质量/mg	宽度/mm	长度/mm
A1	10.8	4.12	2.47
A2	12.2	4.46	2.55

续表

颗粒编号	质量/mg	宽度/mm	长度/mm
A3	10.1	3.52	3.16
A4	10.3	4.22	3.33
A5	19.2	3.68	2.78
A6	20.2	3.20	2.97

表 7.2　颗粒 A2 ~ F2 信息

颗粒编号	质量/mg	a/mm	c/mm	长度/mm
A2	11.7	2.58	4.54	2.29
B2	21.9	3.46	4.42	3.13
C2	23.5	3.74	4.36	2.78
D2	13.9	3.32	4.46	1.91
E2	23.3	3.90	4.46	2.76
F2	31.0	4.04	4.32	2.95

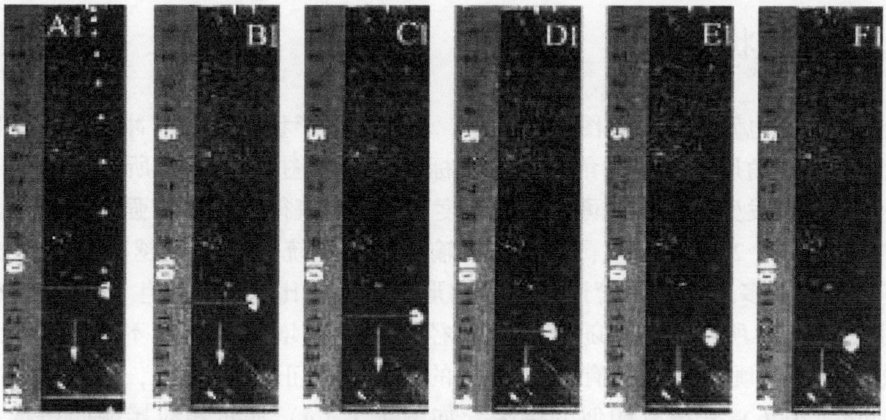

(a)

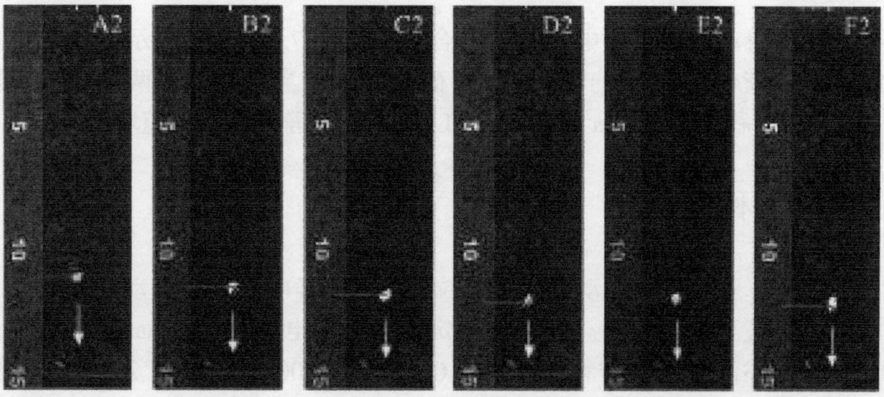

(b)

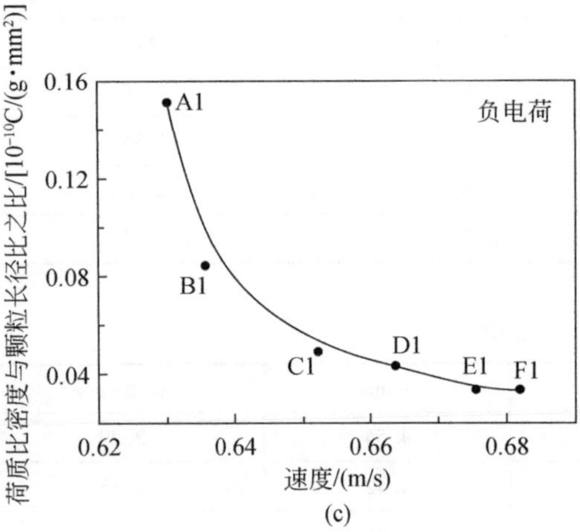

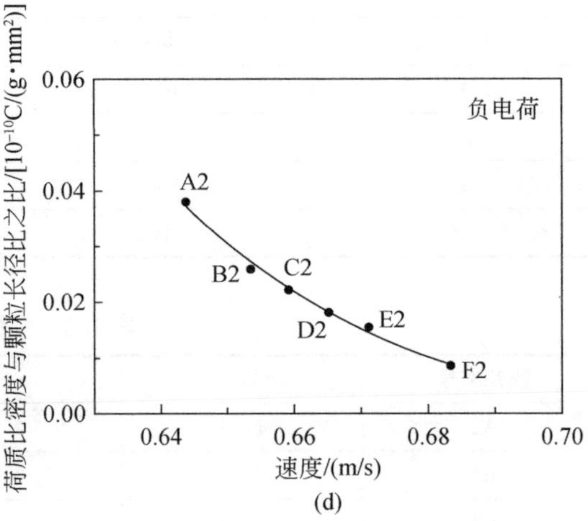

图7.6　六个三角形颗粒滑动过程，(a) 滑动时刻为0.2s时高速摄像仪拍摄图像；(b) 滑动时刻为0.2s时高速摄像仪拍摄图像；(c) 滑动速度与静电生成；六个梯形颗粒的滑动过程；(d) 颗粒滑动速度和静电发生

7.5.3　颗粒形状因素

颗粒形状对静电发生影响如图7.7所示。具体三个形状因素即前冲角、长径比与颗粒滑动接触面积。三角形颗粒前冲角作用带有标准偏差如图7.7 (a) 所示。可见三角形颗粒前冲角越小静电发生越大，这可能因为角度小的颗粒获得电子能力强。该结果与前期研究 (Yao and Wang, 2006) 一致，即在气力输送颗粒系统中，越小越窄的颗粒在静电效应下比其他颗粒更多地黏附在管道壁上。梯形颗粒长径比对静电发生影响 (带有标准偏差) 如图7.7 (b) 所示。静电随着颗粒长径比增加而增大。具有不规则形状的颗粒，如条形颗粒，总是倾向于比具有规则形状的颗粒，如正方形颗粒，产生更多的静电。Yao和Wang (2006) 获得有相似的结果。如图7.7 (c) 所示颗粒接触面积越大产生的静电越大。

颗粒长径比与滑动面积对静电发生的联合效应如图7.7 (d) 所示。当颗粒长径比与滑动面积都较小 (紫色区) 时，产生静电 (荷质比) 相当小。随着两者增大，颗粒长径比大于2.0，滑动面积大于11mm^2 (橙色和红色区域)，静电发生迅速增加。

7.5.4　静电饱和

本章实验发现，颗粒重复滑动会增加颗粒上生成的静电。颗粒滑动次数越多，颗粒上生成的静电越多，直至达到稳定。此时的稳定状态为静电饱和 (Kanazawa et al., 1995)，可以使用函数来描述静电发生与释放过程 (Greason, 2000; Ireland, 2009)。单位质量静电定义为 (Itakura et al., 1996; Liao et al., 2011)：

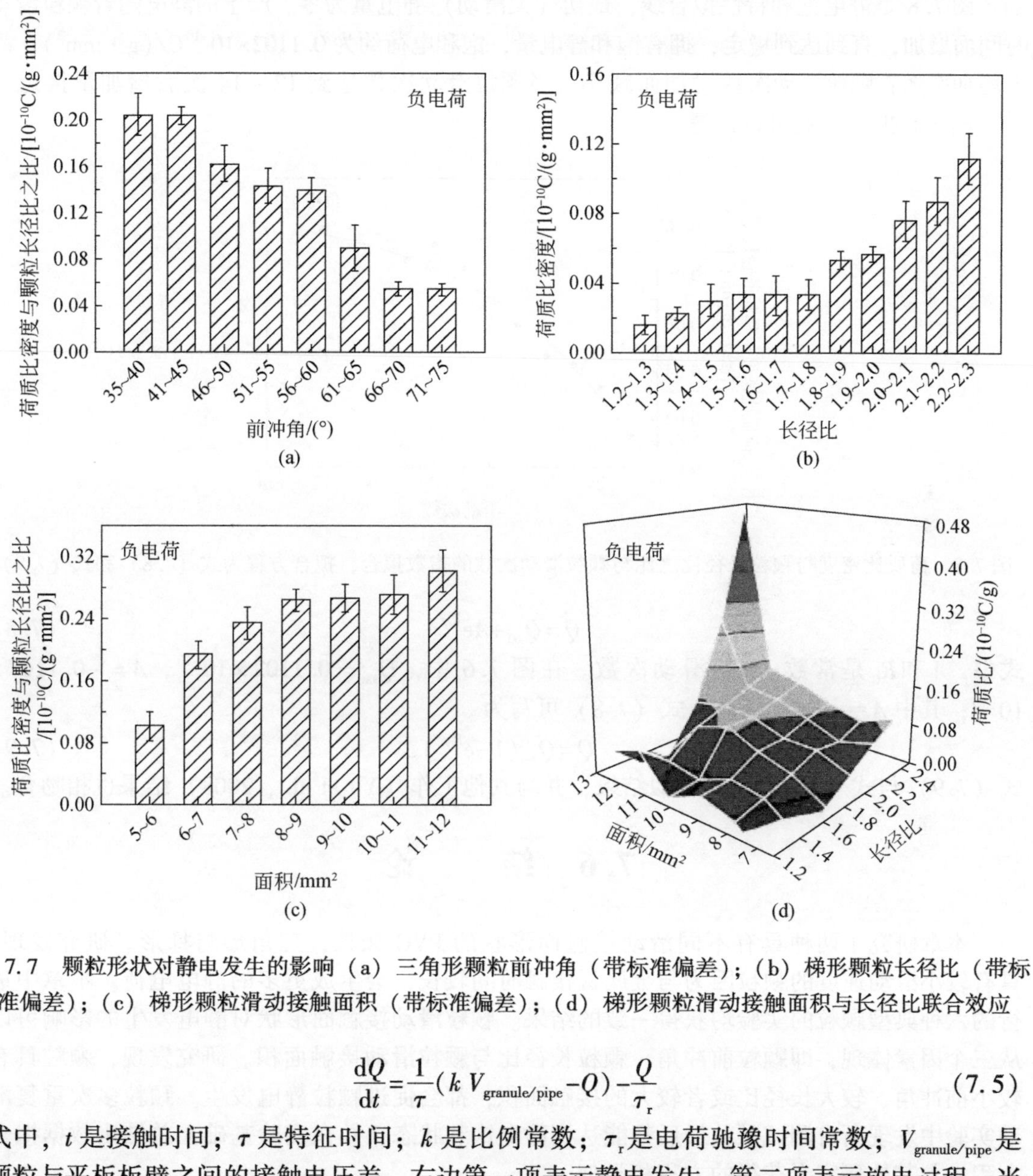

图 7.7　颗粒形状对静电发生的影响（a）三角形颗粒前冲角（带标准偏差）；（b）梯形颗粒长径比（带标准偏差）；（c）梯形颗粒滑动接触面积（带标准偏差）；（d）梯形颗粒滑动接触面积与长径比联合效应

$$\frac{\mathrm{d}Q}{\mathrm{d}t}=\frac{1}{\tau}(k\,V_{\text{granule/pipe}}-Q)-\frac{Q}{\tau_{\mathrm{r}}} \tag{7.5}$$

式中，t 是接触时间；τ 是特征时间；k 是比例常数；τ_{r} 是电荷驰豫时间常数；$V_{\text{granule/pipe}}$ 是颗粒与平板板壁之间的接触电压差。右边第一项表示静电发生，第二项表示放电过程。当生成静电荷稳定后，$\frac{\mathrm{d}Q}{\mathrm{d}t}$ 项等于 0。Ireland（2009）与 Liao 等（2011）定义颗粒的静电荷与饱和电荷为

$$Q=Q_{\text{sat}}\left(1-\exp\left(\frac{-t}{\tau}\right)\right) \tag{7.6}$$

$$Q_{\text{sat}}=\frac{kV_{\text{granule/pipe}}}{1+\tau/\tau_{\mathrm{r}}} \tag{7.7}$$

图 7.8 是静电饱和特性拟合线，最初（无滑动）静电量为零。产生的静电随着颗粒滑动时间而增加，直到达到稳定，拥有饱和静电量，饱和电荷约为 0.1102×10^{-10}C/(g·mm²)。静电增加率随着颗粒滑动次数增加而减小，当颗粒滑动次数达到 12～14 次后增加量接近为零。图 7.8 拟合函数可以设置。

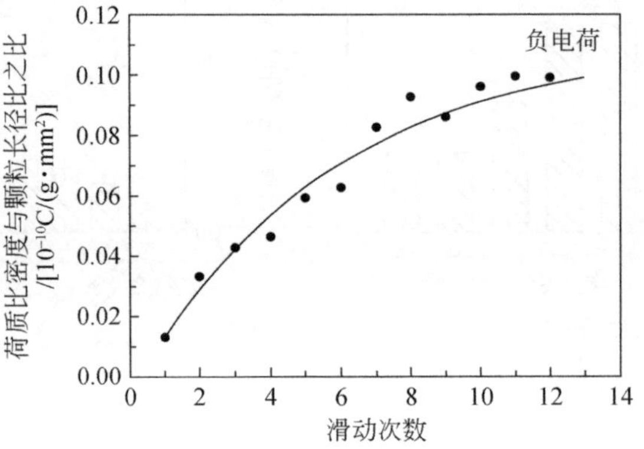

图 7.8　荷质比密度与颗粒长径比之比与颗粒滑动次数的指数拟合，拟合方程为式（7.8）和式（7.9）

$$Q=Q_{sat}+Ae^{R_0t'} \tag{7.8}$$

式中，A 和 R_0 是常数；t' 是滑动次数。在图 7.6 中，$Q_{sat}=0.1102\times10^{-10}$，$A=-0.1167\times10^{-10}$，其中 $A\approx-Q_{sat}$。因此，式（7.8）可写为

$$Q=Q_{sat}(1-e^{R_0t'}) \tag{7.9}$$

式（7.9）与式（7.6）具有相似结果，并与其他工作（Yu et al.，2008）结果也相吻合。

7.6　结　　论

本章研究了两种具有不同滑动接触面形状的 PVC 颗粒，三角形与梯形。研究发现，具有较小滑动速度的颗粒因为与金属板接触时间较长，会生成更多的静电电荷。本章中进行的六种典型颗粒的实验均获得一致的结果。颗粒滑动接触面形状对静电发生的影响可以从三个因素体现，即颗粒前冲角、颗粒长径比与颗粒滑动接触面积。研究发现，颗粒具有较小前冲角、较大长径比或者较大的接触面积，都会促进颗粒静电发生。颗粒多次重复滑动实验中发现所有测试颗粒最后都能达到静电饱和状态，并在实验基础上总结出数据拟合方程，与其他研究者获得的方程相类似。

颗粒表面粗糙度（Yu et al.，2008）是根本影响颗粒接触面积及电子转移的基本因素，它也会通过颗粒材料与环境湿度对静电发生产生间接影响。这些将在第 9 章中进行详细论述。此外，本章中因为颗粒滑动长度限制及作用在颗粒上力较小，导致颗粒滑动速度变化范围小。

参 考 文 献

Eow J, Speranza A, Hayati I, Ghadiri M. 2003. Mitigation of segregation and stratification in bulk granular mixtures by the electroclamping method. Powder Technology, 135-136: 92 ~ 104

Gajewski J. 1996. Electrostatic, inductive ring probe bandwidth. Measurement Science & Technology, 7: 1766 ~ 1775

Greason W. 2000. Investigation of a test methodology for triboelectrication. Journal of Electrostatics, 49: 245 ~ 256

Hogue M, Calle C, Curry D, Weitzman P. 2008. Calculating the trajectories of triboelectrically charged particles using Discrete Element Modeling (DEM). Journal of Electrostatics, 66: 32 ~ 38

Hogue M, Calle C, Curry D, Weitzman P. 2009. Discrete element modeling (DEM) of triboelectrically charged particles: Revised experiments. Journal of Electrostatics, 67: 691 ~ 694

Ireland P. 2009. Contact charge accumulation and separation discharge. Journal of Electrostatics, 67: 462 ~ 467

Itakura T, Masuda H, Ohtsuka C, Matsusaka S. 1996. The contact potential difference of powder and the tribocharge. Journal of Electrostatics, 38: 213 ~ 226

Kanazawa S, Ohkubo T, Nomoto Y, Adachi T. 1995. Electrification of a pipe wall during powder transport. Journal of Electrostatics, 35: 47 ~ 54

Li J, Wu G, Xu Z. 2015. Tribo-charging properties of waste plastic granules in process of tribo-electrostatic separation. Waste Manag, 35: 36 ~ 41

Liao C, Hsiau S, Huang T. 2011. The effect of vibrating conditions on the electrostatic charge in a vertical vibrating granular bed. Powder Technology, 208: 1 ~ 6

Lim E W C, Zhang Y, Wang C H. 2006. Effects of an electrostatic field in pneumatic conveying of granular materials through inclined and vertical pipes. Chemical Engineering Science, 61: 7889 ~ 7908

Lowell J, Rose-Innes A. 1980. Contact electrification, Advances in Physics, 29: 947 ~ 1023

Masuda H, Matsusaka S, Nagatani S. 1984. Measurements of powder flow rate in gas-solids pipe flow based on the static electrification of particles. Advanced Powder Technology, 5: 241 ~ 254

Matsusaka S, Maruyama H, Matsuyama T, Ghadiri M. 2010. Triboelectric charging of powders: A review. Chemical Engineering Science, 65: 5781 ~ 5807

Matsusaka S, Umemoto H, Nishitani M, Masuda H. 2002. Electrostatic charge distribution of particles in gas-solids pipe flow. Journal of Electrostatics, 55: 81 ~ 96

Matsusyama T, Yamamoto H. 2006. Impact charging of particulate materials. Chemical Engineering Science, 61: 2230 ~ 2238

Murtomaa M, Laine E. 2000. Electrostatic measurements on lactose-glucose mixtures, Journal of Electrostatics, 48: 155 ~ 162

Nemeth E, Albrecht V, Schubert G, Simon F. 2003. Polymer tribo-electric charging: dependence on thermodynamic surface properties and relative humidity. Journal of Electrostatics, 58: 3 ~ 16

Nifuku M, Katoh H. 2003. A study on the static electrification of powders during pneumatic transportation and the ignition of dust cloud. Powder Technology, 135-136: 234 ~ 242

Ohsawa A. 2003. Computer simulation for assessment of electrostatic hazards in filling operations with powder. Powder Technology, 135-136: 216 ~ 222

Xu C, Tang G, Zhou B, Wang S. 2009. The spatial filtering method for solid particle velocity measurement based on an electrostatic sensor. Measurement Science & Technology, 20: 045404

Xue Q, Wang H X, Yang C Y, Cui Z Q. 2012. Dynamical lag correlation exponent based method for gas-solid flow velocity measurement using twin-plane electrical capacitance tomography. Measurement Science & Technology, 23: 085301

Watanabe H, Ghadiri M, Matsuyama T, Ding Y L, Pitt K G. 2007. New instrument for tribocharge measurement due to single particle impacts. Review of Scientific Instruments, 78: 024706

Yao J, Wang C H. 2006. Granular size and shape effect on electrostatics in pneumatic conveying systems. Chemical Engineering Science, 61: 3858 ~ 3874

Yao J, Zhang Y, Wang C H, Matsusaka S, Masuda H. 2004. Electrostatics of the granular flow in a pneumatic conveying system. Industrial & Engineering Chemistry Research, 43: 7181 ~ 7199

Yoshida M, Li N, Shimosaka A, Shirakawa Y, Hidaka J. 2006. Experimental and theoretical approaches to charging behavior of polymer particles. Chemical Engineering Science, 61: 2239 ~ 2248

Yu D, Castle G, Adamiak K. 2008. The effect of shape and roughness on the maximum induction charge for small particles. Journal of Physics: Conference Series, 142: 012079

Zhang Y, Liang Y C, Wang C H. 2008. Hazard of electrostatic generation in a pneumatic conveying system: electrostatic effects on the accuracy of electrical capacitance tomography measurements and generation of spark. Measurement Science & Technology, 19: 015502

第8章　正应力对颗粒静电发生的影响

摘要： 单颗粒静电发生机理对于理解气力输送颗粒系统中静电现象是至关重要的。然而，目前关于单颗粒静电发生的研究还十分缺乏。本章基于单颗粒沿金属板滑动发生静电测量，研究了颗粒正应力与环境湿度、静电饱和度及颗粒接触面积等因素对静电产生的影响。研究发现，在颗粒滑动过程中产生的静电随着颗粒正应力的增加而增加，它与颗粒材料及环境湿度无关。环境湿度会降低静电发生，本研究发现这种影响随着正应力增加而降低。本章中所有实验颗粒都具有相同的静电随时间增加率，直到达到静电饱和状态。研究还发现颗粒正应力对颗粒-金属板的接触面积有着重要影响。

关键词： 正应力　颗粒　静电生成　静电

8.1　简　　介

在气力输送颗粒系统中，颗粒与颗粒之间及颗粒与壁面之间的碰撞是不可避免的，这在能源、化学、制药和材料处理工业中很常见。在这种条件下，颗粒带电与材料通过接触带电的过程称为摩擦带电。这样的带电过程可能会引发很多生产实际与安全问题，例如颗粒聚集、点火危险，甚至爆炸（Ohsawa，2003；Watanabe et al.，2007）。此外，静电放电还会影响在线测量，包括测量精度，甚至导致仪器损坏。因此，气力输送颗粒系统中产生的静电可能对在线测量产生不可忽视的影响。Zhang 等（2008）研究发现，在气力输送颗粒系统中产生的静电会对电容层析成像（ECT）测量精度造成显著的影响。Yao 等（2004）运用高精度静电计（型号：R8252 数字静电计；厂商：Advantest Corporation；产地：Japan）测量了气力输送颗粒系统中发生的静电，测量过程中静电计被系统静电放电而损坏。另一方面，颗粒静电也可能会给工业生产带来一定好处，例如，基于颗粒静电发生原理，一些相应的测量技术用来测量流动特性，Xu 等（2012）与 Li 等（2012）分别设计了静电传感器来测量气力输送颗粒系统中的颗粒速度。

由于影响因素的复杂性，包括化学、物理、环境条件及所用材料的特性，摩擦静电发生机理尚未完全澄清。Guardiola 等（1996）发现当两个物体接触时，电子从一个物体转移到另一个物体，形成一个带相反电荷的“双电层”位于物体接触表面或者表面附近，它们之间的距离只有几个分子直径。如果将一个物体从另外一个物体拉开，电子平衡就不可能建立，这样一个物体会保留更多的电子，而另一个物体电子则失去电子。根据电子守恒定律，一个物体失去的电子量等于另一个物体增加的电子量。

在近半个世纪，颗粒静电现象被广泛研究，旨在澄清静电与影响因素之间的关系。Guardiola 等（1996）研究发现，带电能力随颗粒尺寸与颗粒运动速度的增加而增加。Ema

等（2003）研究了颗粒-壁面之间冲击速度、冲击角度对静电发生的影响。Matsusaka 与 Masuda（2003）发展了一种评估颗粒反复撞击墙壁产生静电的方法，用于估计静电生成与电荷分布。Yao 等（2004）综合使用多种测量方法，包括数字静电计、法拉第杯与模块化参数电流互感器（MPCT），表征气力输送颗粒系统中静电效应下的典型颗粒流动模式。2006 年，Yao 和 Wang 继续研究气力输送颗粒系统中颗粒尺寸与颗粒形状对静电发生的影响。Yao 等（2006）使用数字静电计、电容层析成像（ECT）系统及颗粒图像测速（PIV）系统测量和表征"静电平衡状态"下颗粒的静电发生。Matsusaka 等（2007）研究发现，可以控制颗粒系统中的颗粒静电，不仅可以控制颗粒电荷极性，还可以控制电荷量。近期，Bunchatheeravate 等（2013）开发了一种技术，用来预测任何给定长度直管中的颗粒电荷，它适用于几种形状与尺寸的颗粒由于颗粒冲击管壁带电引发电荷转移的限制。

尽管学者对于气力输送颗粒系统中的静电研究已经做了大量的工作，但是基于单颗粒静电发生原理的研究甚少，例如，正应力对颗粒静电发生的影响。特别是，本章中研究了颗粒所受正应力与环境湿度之间的关系。众所周知，正应力决定颗粒-壁面接触，它会直接影响静电产生。本章实验使用 PVC 颗粒沿着倾斜金属板滑动产生静电，正应力随倾斜角不同而不同。静电、颗粒滑行时间与滑行距离同时记录。

8.2 实验设计

8.2.1 实验装置

实验装置如图附录 5. A 所示，本实验使用两片长度不同的不锈钢板（钢板 I：厚度 2mm，长度 188mm，宽度 60mm；钢板 II：厚度 2mm，长度 550mm，宽度 42mm）。颗粒在不锈钢板上滑动过程使用高速摄像仪记录，根据所记录的颗粒滑动距离与滑动时间，计算得到颗粒滑动速度。

本章实验可以分为两部分。第一部分实验测试了 18 个白色圆柱形 PVC 颗粒（聚氯乙烯，颗粒 I），颗粒详细数据如表 8.1 所示。实验设置条件，环境湿度分别控制为 50% 和 60%，环境温度为 22°C。金属板（长 188mm，宽 60mm）固定在支架上，倾斜角度可以调整。实验时金属平板有五个不同的倾斜角度，35°、40°、45°、50°、55°。每个实验颗粒沿一定长度（150mm）的金属板下滑落至法拉第杯中，实验三次，最后取平均值。

第二部分实验是测试 41 个黄色圆柱形 PVC 颗粒（聚氯乙烯，颗粒 II），颗粒详细数据如表 8.2 所示。环境相对湿度分别控制在 60% 和 82%，环境温度为 22°C。金属板倾斜角度设置为 36°。实验颗粒分别沿五种不同滑动距离下滑，分别是 300mm、250mm、200mm、150mm、100mm。

表 8.1　颗粒 I 数据（白色 PVC）

编号	质量/mg	直径/mm
[a,b]1	43.00	4.10
[a]2	44.00	4.02
[a]3	44.00	4.20
[a]4	48.00	3.88
[a]5	46.00	3.78
[b]6	45.00	4.06
[b]7	44.00	4.10
[b]8	42.00	3.90
[b]9	50.00	4.26
10	44.00	3.76
11	39.00	3.98
12	46.00	4.06
13	40.00	4.04
14	43.00	4.02
15	39.00	4.02
16	43.00	3.84
17	43.00	3.88
18	43.00	3.82

注：上标 a. 颗粒 1，2，3，4，5 对应于图 8.2（a）中的颗粒 1，2，3，4，5；上标 b. 颗粒 1，6，7，8，9 对应于图 8.2（b）中的颗粒 1，2，3，4，5。

表 8.2　颗粒 II 数据（黄色 PVC）

编号	质量/mg	高度/mm	直径/mm
[a]1	35.40	2.26	3.90
[a]2	35.70	2.26	3.88
[a]3	39.80	2.46	4.02
[a]4	43.00	2.36	4.22
[a]5	43.80	2.56	4.12
6	20.70	1.24	4.06
7	30.50	1.76	4.18
8	31.40	1.88	4.12
9	32.50	1.90	4.12
10	36.30	2.08	4.14

续表

编号	质量/mg	高度/mm	直径/mm
11	37.30	2.30	4.02
12	37.80	2.28	4.00
13	38.50	2.56	3.88
14	39.70	2.50	3.90
15	40.20	2.28	4.10
16	41.00	2.48	4.06
17	45.60	2.70	4.02
18	45.70	2.66	4.14
19	46.60	2.90	4.02
20	46.70	2.64	4.22
21	47.20	2.70	4.22
22	48.00	2.88	4.20
23	48.40	2.60	4.46
24	48.50	2.80	4.10
25	48.50	2.70	4.24
26	49.80	2.76	4.32
27	50.60	2.86	4.26
28	50.70	3.10	4.00
29	50.90	3.10	4.16
30	51.10	2.29	4.14
31	52.00	3.12	4.08
32	54.80	3.18	4.12
33	55.70	3.30	4.12
34	56.60	3.40	4.02
35	58.00	3.40	4.10
36	58.20	3.36	4.12
37	23.30	1.50	4.10
38	40.60	2.76	4.00
39	46.20	2.90	4.14
40	53.80	3.30	4.18
41	56.60	3.26	4.22

注：上标 a. 颗粒 1，2，3，4，5 对应于图 8.5 中的 1，2，3，4，5。

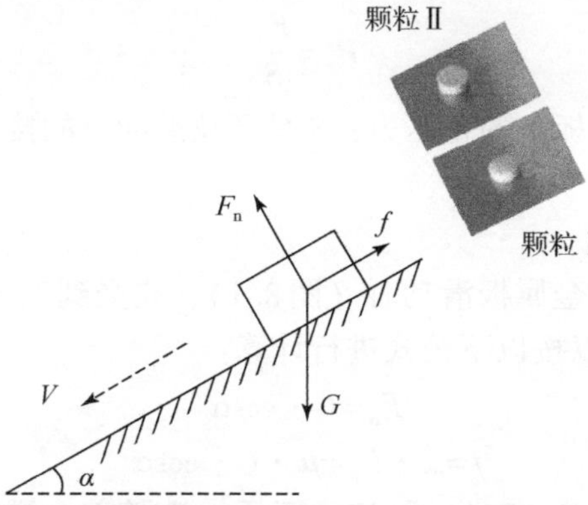

图 8.1　颗粒沿倾斜金属板下滑及颗粒受力示意图
本章中使用两种颗粒，颗粒Ⅰ（白色）与颗粒Ⅱ（黄色）

8.2.2　颗粒性质

实验中使用聚氯乙烯（PVC）颗粒的几何形状如图 8.1 所示。颗粒质量使用电子天平测量，精度为 10^{-4}g。颗粒高度与半径使用游标卡尺测量，测量精度为 0.1mm，由此可以计算得到颗粒滑动接触面积。实验颗粒详细数据如表 8.1 和表 8.2 所示。

颗粒质量与颗粒滑动接触面积是颗粒正应力影响颗粒沿金属板滑动过程中静电发生的两个重要因素。为了比较不同环境湿度、滑动长度、滑动时间等条件下静电发生的特性，定义“荷质比密度”为归一化荷质比［式（8.2)］，它包括了颗粒质量与颗粒滑动接触面积，可以用来评价静电特性。

荷质比=电荷/质量（C/kg）　(8.1)

荷质比密度=荷质比/(质量·接触面积)［$C/(kg \cdot m^2)$］　(8.2)

研究发现，静电发生（荷质比密度）随颗粒质量或颗粒表面积的增加而增加，但它们间没有比例关系。“荷质比密度”如式（8.2）所示，提出了评估单颗粒静电发生的能力。

本章每次实验之前都要将实验颗粒放置在接地金属板上放电至少 24 小时，直到颗粒上所有静电荷全部释放（Yao et al.，2004，2006)。

8.3　结果与讨论

8.3.1　正应力

Yao 等（2014）研究发现，单颗粒静电发生取决于其自身的特性，包括颗粒质量、颗粒形状、颗粒接触面积等。颗粒质量与颗粒接触面积都是有关颗粒正应力（P_n）影响静电发生的重要因素。正应力（P_n）可以定义为

$$P_n = \frac{F_n}{S} \tag{8.3}$$

式中，F_n是颗粒作用在金属板上的正压力；S 是颗粒滑动时的接触面积。

8.3.1.1 倾斜角度

当颗粒沿倾斜角为 α 的金属板滑动时（图 8.1），它受到三个力作用，即重力 G、正压力F_n与摩擦力 f，后二者可以按以下公式进行计算：

$$F_n = G \cdot \cos\alpha \tag{8.4}$$

$$f = \mu \cdot F_n = \mu \cdot G \cdot \cos\alpha \tag{8.5}$$

式中，μ 是动摩擦常数。由式（8.4）可知，正压力F_n随着金属板倾斜角度 α 的减小而增大，即金属板倾斜角度越大，作用在颗粒上的正压力F_n越小。根据牛顿第二定律，滑动方向上作用在颗粒上的合力可以计算为

$$F = ma = G \cdot \sin\alpha - f = G(\sin\alpha - \mu \cdot \cos\alpha) \tag{8.6}$$

式中，m 为颗粒质量；a 是颗粒滑动加速度；α 是颗粒沿金属板滑动的倾斜角度。

如图 8.2（a）所示分别为颗粒 I 在相对湿度为 50% 与 60% 时，正应力对静电发生的影响。实验分两组，每组五个颗粒，颗粒详细信息如表 8.1 所示。可以发现，颗粒 I 静电发生（荷质比密度）随着所受正应力的增加而增加，增加比例彼此不同，它依赖于诸如颗粒尺寸、颗粒形状、表面粗糙度及颗粒滑动速度等因素。为了简化问题，本章研究某个因素影响单颗粒静电发生时，其他因素均保持不变。

对于一个具有固定接触面积的单颗粒，正压力F_n可能会决定静电生成。由式（8.4）可知，正压力F_n随着金属板倾斜角度 α 的减小而增大，它会影响颗粒静电生成。这是因为较大的F_n会使颗粒与金属板接触更紧密，在接触面会引发更多相互作用（包括增加颗粒-金属板之间接触面积及摩擦力）导致静电发生增加。该结论与 Ema 等（2003）研究结果一致，Ema 使用玻璃珠颗粒撞击金属板产生静电，发现静电发生随着撞击力增加而增加。其工作原理依赖于颗粒-壁面的彼此接触，因为作用力越大，接触面积也就越大。此外，正应力影响静电发生可以用以下电容器模型解释：

$$\Delta q = K_c \cdot C \cdot V \tag{8.7}$$

式中，Δq 是静电产生量；K_c是常数；V 是接触电位差；C 是颗粒与金属表面间的电容，可以计算如下：

$$C = \frac{\varepsilon_0 \cdot S}{d_0} \tag{8.8}$$

式中，ε_0是绝对介电常数；S 是接触面积；d_0是临界间隙距离，包括接触体之间的表面粗糙度。可见，C 随d_0的减小而增大。一般来说，式（8.7）中的K_c和 V 取决于材料特性。当颗粒沿金属板下滑时，较大的正应力会导致颗粒与金属板之间较大的接触面积（S）和较小的距离（d_0），即表明较大电容 C 可以存储大量的静电［式（8.8）］。

此外，由图 8.2（b）可知，当相对湿度为 60% 时，静电发生随着正应力增加而增加，这与图 8.2（a）中相对湿度 50% 时得到的结论一致。

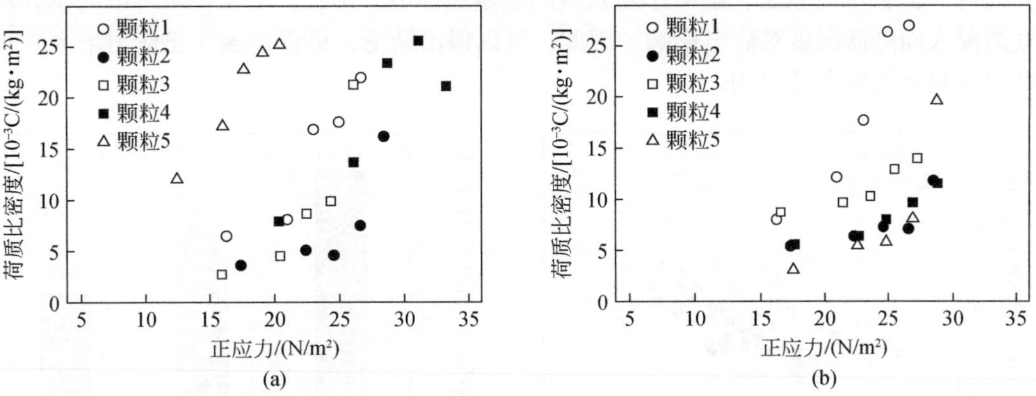

图 8.2　正应力对颗粒 I 静电发生的影响

（a）$RH=50\%$；（b）$RH=60\%$。（a）颗粒 1，2，3，4，5 分别对应于表 8.1 中的颗粒 1，2，3，4，5；（b）颗粒 1，2，3，4，5 分别对应表 8.1 中的颗粒 1，6，7，8，9

8.3.1.2　湿度影响

环境湿度对颗粒静电生成的影响如图 8.3 所示，其中相同的颗粒分别在两种不同湿度 50% 与 60% 条件下测试静电发生。由图 8.3（a）可知，当湿度为 60% 时静电发生显然低于湿度为 50% 时的静电，表明相对湿度大会抑制静电发生。此外，如图 8.3（a）所示，在两种湿度条件下，静电发生趋势随着正应力增加而增加。该趋势在相对湿度为 50% 时比 60% 时更为明显，但不是每点都有该趋势，特别是在较高湿度条件下。测量得到的静电信号通常在一种趋势下而不是在一条单调线内波动，这是因为静电信号微弱且容易受到环境影响，特别是环境湿度大时。图 8.3（a）的结果与 Yao 等（2006）的实验观察结果相一致，该实验研究了多颗粒在气力输送系统中运动的静电发生，发现静电发生随着湿度降低而增加，反之亦然。其原因是水作为良导体可以促进静电电荷从高电势向低电势转移。同样结果可以从 Nomura 等（2003）与 Greason（2000）的研究中得到。到目前为止，湿度对颗粒静电发生的影响可以用几种理论来解释。由于实验时温度相同，无论是相对湿度还是绝对湿度都适合使用，本书中均使用相对湿度。Saleh 等（2011）解释颗粒表面吸附的水分子会促进接触表面的导电性，并加强电荷弛豫现象。Greason（2000）解释这是因为对地的有效电阻减小引发泄漏增加。

此外，两种相对湿度 50% 与 60% 条件下静电发生与正应力之间关系的不同如图 8.3（b）比较，三个正应力范围平均差计算获得，15～20N/m^2、20～25N/m^2、25～30N/m^2。例如，当正应力在 15～20N/m^{2}时，环境相对湿度为 50% 下测定荷质比密度比相对湿度为 60% 时平均高 13.94×10^{-3}C/(kg · m^2)。然而，当正应力在 20～25N/m^{2}和 25～30N/m^{2}时，该差异分别减小到 10.94×10^{-3}C/(kg · m^2) 与 7.43×10^{-3}C/(kg · m^2)。显然，因为湿度原因导致静电发生差异随着正应力增大而减小，这表明正应力越大倾向于减小由于湿度引起的负面影响。其工作机理取决于两个方面，首先，随着正应力增加，两个物体（颗粒和金属板）之间表面接触更紧密，会减小空穴或间隙避免静电。第二，更强接触可以防御外部湿空气的侵入而降低湿度对静电影响。因此，可以得出结论，更强接触（正应力增大）可以降低湿度对静电发生的影响。

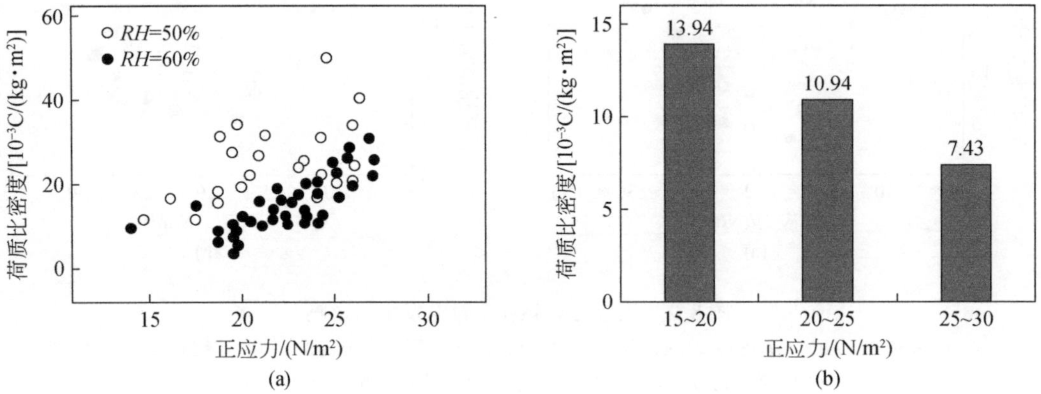

图 8.3　（a）湿度对颗粒 I 静电发生的影响及（b）相对湿度 $RH=50\%\sim60\%$ 荷质比密度的平均差

8.3.1.3　滑动距离

本章实验研究颗粒沿倾斜金属板下滑发生的静电现象。颗粒 II 的滑动距离选择为 100mm、150mm、200mm、250mm 和 300mm。作用在单颗粒上的正应力随金属板倾斜角度的变化而不同。经过不同滑动距离，颗粒滑动产生的静电（荷质比密度）与作用在颗粒上正应力之间关系如图 8.4 所示。荷质比密度在 $0\sim200\times10^{-3}C/(kg\cdot m^2)$ 范围内变化。首先从图中发现，所有颗粒静电发生都是随着正应力的增加而增加，该结论与图 8.2 和图 8.3（a）中所得结果一致。其次，随着颗粒滑动距离增加，静电发生趋势增加（图 8.4）。这是因为如果颗粒滑动距离较长，会引发颗粒与金属板之间发生更多相互作用，发生更多静电。然而，这种趋势对于长滑动距离不太明显，因为静电发生过程可能达到饱和状态。第三，如图 8.4 所示，不同的颗粒滑动距离，结果具有几乎相同的荷质比密度与正应力之比，这表明它们遵循相同的规律。

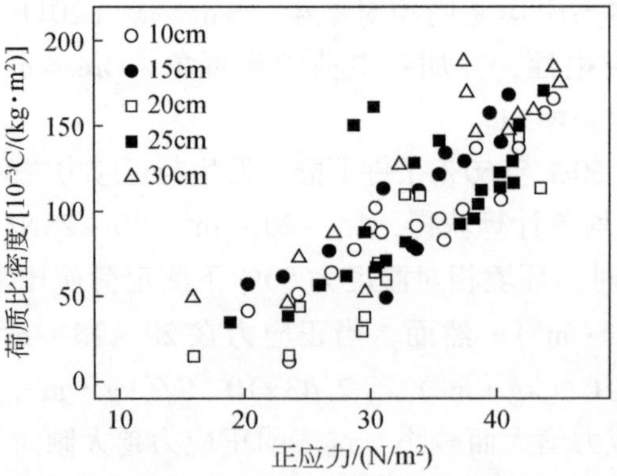

图 8.4　正应力对颗粒 II 在不同滑动距离下静电发生的影响（相对湿度 $RH=60\%$）

8.3.2　滑动时间与饱和状态

本章实验中，单颗粒分别沿着倾斜金属板滑动不同的距离，分别为 100mm、150mm、200mm、250mm 和 300mm。颗粒滑动过程由高速摄像仪记录，可用于记录滑动时间与位置。基于颗粒滑动过程的视频记录，可以检查颗粒在滑动过程中是否发生了一些不规则运动，如颗粒翻转与旋转。

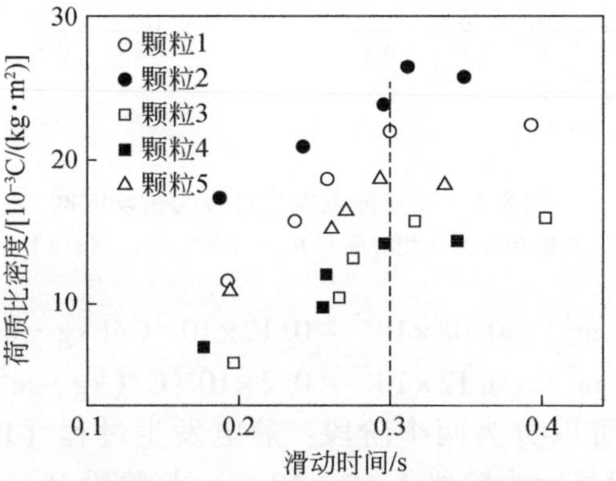

图 8.5　颗粒 II 沿金属板滑动静电发生过程（颗粒 1，2，3，4，5 分别对应表 8.2 中的颗粒 1，2，3，4，5）（相对湿度 $RH=60\%$）

图 8.5 是颗粒 II 滑动时间长短对静电发生的影响。颗粒详细数据如表 8.2 所示。实验发现，所有颗粒具有相同的静电发生过程趋势，即静电发生以几乎相同速率随着时间而增加，最终达到饱和状态。例如，图 8.5 中颗粒 1 上静电荷数量随着滑动时间而增加，直到在 0.3s 时达到饱和状态。在电容器模型中，接触带电与接触时间之间的关系如下。

$$\frac{\mathrm{d}q}{\mathrm{d}t}=\alpha(q_s-q)-\beta\cdot q \tag{8.9}$$

式中，α、β、q_s分别为静电发生系数、放电系数与饱和电荷。对式（8.9）积分可得

$$q=q_s\cdot\frac{1}{1+\dfrac{\beta}{\alpha}}\left[1-\mathrm{e}^{-(\alpha+\beta)t}\right] \tag{8.10}$$

此外，研究颗粒沿着不同长度金属板（如图 8.6 所示，相对湿度 $RH=82\%$）滑动静电发生的过程。沿着短金属板（长度 $l=10$cm）滑动，对于两种颗粒 I 和 II［图 8.6（a）、（b）］，发现静电发生随着滑动时间从低到高增加［荷质比密度，颗粒 I：0.03×10^{-3} ~ 0.11×10^{-3}C/(kg·m²)；颗粒 II：0.02×10^{-3} ~ 0.26×10^{-3}C/(kg·m²)］。这表明静电发生过程处于不饱和阶段。当金属板较长（$l=15$cm）时，发现静电发生处于不变水平，没有增加的过程（荷质比密度，颗粒 I：0.06×10^{-3} ~ 0.14×10^{-3}C/(kg·m²)；颗粒 II：0.07×10^{-3} ~ 0.32×10^{-3}C/(kg·m²)，这说明该距离范围内滑动之后静电发生达到饱和阶段。对于较长金属板，例如 $l=25$cm、30cm，静电发生达到恒定水平的饱和状态，颗粒 I 分别为 0.06×

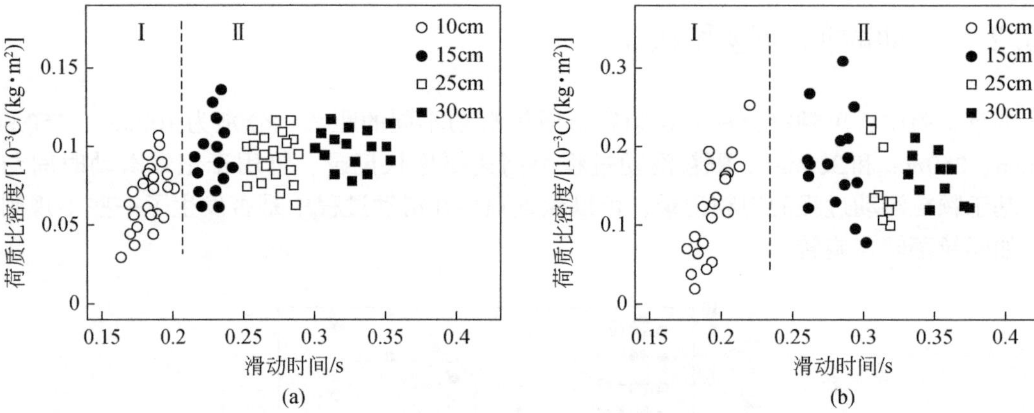

图 8.6　颗粒静电发生过程与滑动时间

I 不饱和态；II 饱和状态（相对湿度 $RH=82\%$）。(a) 颗粒 I；(b) 颗粒 II

$10^{-3}\sim0.12\times10^{-3}$ C/(kg·m²)，$0.08\times10^{-3}\sim0.12\times10^{-3}$ C/(kg·m²)，颗粒 II 分别为 $0.1\times10^{-3}\sim0.24\times10^{-3}$ C/(kg·m²)，$0.12\times10^{-3}\sim0.2\times10^{-3}$ C/(kg·m²)。因此，根据金属板长度，颗粒静电发生过程可以分为两个阶段：静电发生过程（I）和饱和状态（II），如图 8.6 所示，这两个阶段显示为阶段 I（0～10cm）与阶段 II（>10cm）。值得注意的是，比较图 8.6（b）与图 8.4 可以发现，湿度对静电发生影响非常明显，如图 8.6（b）所示荷质比密度（相对湿度 $RH=82\%$）值比图 8.4（相对湿度 $RH=60\%$）小三个数量级。

8.3.3　接触面积

图 8.7 为静电发生［式（8.1）定义荷质比］与颗粒（颗粒 II）和金属板之间接触面积的关系。可清楚发现，荷质比随着颗粒-金属板接触面积的增加而增加，它与颗粒滑动长度无关。它表明颗粒的静电发生能力随着接触面积的增大而增强（颗粒与金属板接触面的形状是圆形的）。该结果与 Marra 等（2009）研究细磷酸盐颗粒聚集气溶胶摩擦带电实验结果相一致，他们发现颗粒产生的静电随着颗粒平均尺寸增大而增加。此外，上述结果还与 Cheng 等（2012）实验结果相一致，他们研究了下行管反应器中的静电发生，发现平均感应电流与颗粒直径之间存在着相对应的增长趋势。此外，Masuda 等（1976）研究发现，颗粒弹性碰撞时接触面积随着颗粒尺寸发生变化。总而言之，颗粒静电发生是随着颗粒接触面积的增大而增大。

图 8.8 为颗粒表面的微观面貌。通过 LSM 测量颗粒的表面形态如图 8.8（a）所示。研究发现 PVC 颗粒的表面粗糙并存在划痕。该划痕是通过机械作用产生，如在颗粒输运过程中颗粒与管壁或与其他颗粒发生碰撞导致。由于划痕之处多为凹坑，因此它实际减小了颗粒表面的实际接触面积。图 8.8（b）是通过激光扫描显微镜测量的突出区域表面显微照片。红色区域表示为突出区域，它是颗粒与金属板真实接触发生静电的实际面积。在图 8.8（b）中，右侧和底部的条形图是中心线的高度，其中红色线表示中间粗糙度。

图 8.8 表示颗粒与金属板的接触面积并不是由划痕和突出面积组成的颗粒整个面积。实际颗粒接触面积可能受其他因素的影响，如正应力与表面粗糙度。

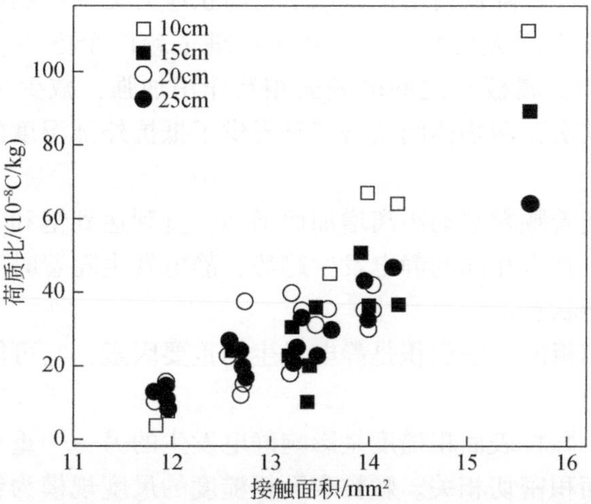

图 8.7　接触面积对颗粒静电发生的影响（颗粒样品 II，相对湿度 $RH=60\%$）

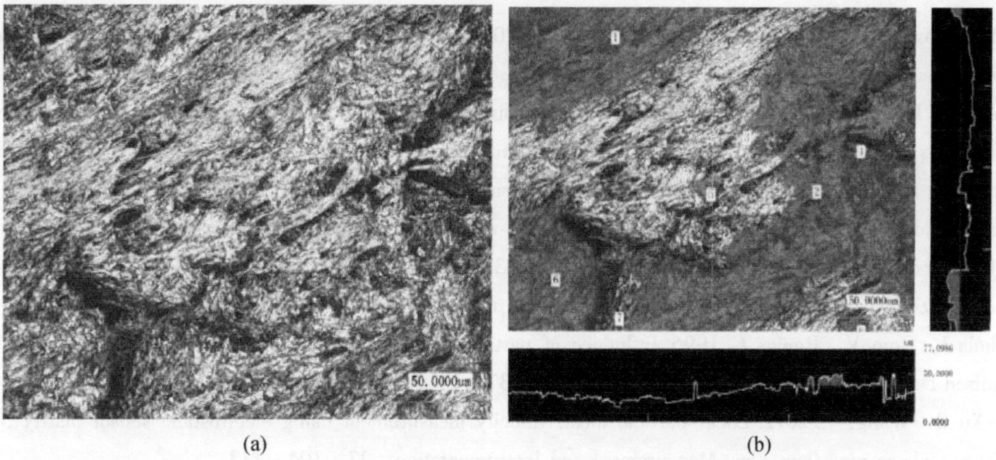

图 8.8　（a）颗粒表面形态图及（b）颗粒凸出区域（红色）

8.4　结　　论

本章研究了颗粒沿金属板滑动过程静电发生。研究了颗粒所受正应力与相对湿度、静电饱和度及颗粒接触面积对静电发生的综合影响，得到结论如下。

第一，作用于颗粒上的正应力对其静电发生有着显著影响。研究发现静电发生随着正应力增加而增大。对于一个具有一定接触面积的单颗粒，正应力可能决定其静电的发生。

较大正应力可导致颗粒更紧密地与金属板接触，在接触面上引发更多相互作用（增大颗粒与金属板的接触面积及摩擦力），增大静电发生。

第二，静电发生随湿度降低而增加，该结论与正应力无关。然而，研究发现湿度对静电发生的作用随着正应力增大而减小。其作用机理依赖两个方面。首先，随着正应力增大，两个物体（颗粒和金属板）之间的表面相互作用加强，减少了两物体间的空腔或间隙，避免静电放电。其次，两物体间紧密接触提供了抵抗外部湿度的屏障，降低湿度对静电发生的影响。

第三，静电发生随着颗粒滑动距离增加而增加，直到达到饱和状态。在静电发生过程中，发现所有实验颗粒具有相同的静电发生趋势，静电发生随着时间增加以几乎相同的速率增长，最终达到饱和状态。

第四，颗粒与金属板的接触面积是静电发生的重要因素，它可能取决于正应力和颗粒表面粗糙度。

本章研究中发现，颗粒表面粗糙度是影响静电发生的另一个重要因素，它与颗粒所受正应力以及颗粒接触面积密切相关。颗粒表面粗糙度的尺度规模为纳米级，它对静电发生影响将在第 9 章中详细论述。

参考文献

Bunchatheeravate P，Curtis J，Fujii Y，Matsusaka S. 2013. Prediction of particle charging in a dilute pneumatic conveying system. AIChE Journal，59：2308 ~ 2316

Cheng Y P，Lau D Y J，Guan G Q，Fushimi C，Tsutsumi A，Wang C H. 2012. Experimental and numerical investigations on the electrostatics generation and transport in the downer reactor of a triple-bed combined circulating fluidized bed. Industrial & Engineering Chemistry Research，51：14258 ~ 14267

Ema A，Yasuda D，Tanoue K，Masuda H. 2003. Tribo-charge and rebound characteristics of particles impact on inclined or rotating metal target. Powder Technolgy，135：2 ~ 13

Greason W D. 2000. Investigation of a test methodology for triboelectrification. Journal of Electrostatics，49：245 ~ 256

Guardiola J，Rojo V，Ramos G. 1996. Influence of particle size，fluidization velocity and relative humidity on fluidized bed electrostatics. Journal of Electrostatics，37：1 ~ 20

Li J，Xu C，Wang，S. 2012. Local particle mean velocity measurement using electrostatic sensor matrix in gas-solid two-phase pipe flow. Flow Measurement and Instrumentation，27：104 ~ 112

Marra W D，Rodrigues M V，Miranda R G A，Barrozo M A S，Coury J R. 2009. The effect of the generation and handling in the acquired electrostatic charge in airborne granules. Powder Technology，191：299 ~ 308

Masuda H，Komatsu T，Iinoya K. 1976. The static electrification of granules in gas-solids pipe flow. AIChE Journal，3：558 ~ 564

Matsusaka S，Masuda H. 2003. Electrostatics of particles. Advanced Powder Technology，14：143 ~ 166

Matsusaka S，Oki M，Masuda H. 2007. Control of electrostatic charge on particles by impact charging. Advanced Powder Technology，18：229 ~ 244

Nomura T，Satoh T，Masuda H. 2003. The environment humidity effect on the tribo-charge of powder. Powder Technology，135：43 ~ 49

Ohsawa A. 2003. Computer simulation for assessment of electrostatic hazards in filling operations with powder. Powder Technology，135：216 ~ 222

Saleh K，Ndama A T，Guigon P. 2011. Relevant parameters involved in tribocharging of powders during dilute phase pneumatic transport. Chemical Engineering Research & Design，89：2582 ~ 2597

Xu C，Li J，Wang S. 2012. A spatial filtering velocimeter for solid particle velocity measurement based on linear electrostatic sensor array. Flow Meas Instrum，26：68 ~ 78

Yao J，Wu J J，Zhao Y L，Lim E W C，Cao P G，Zhou F，Wang C H，Li N. 2014. Experimental investigations of granular shape effects on the generation of electrostatic charge. Particuology，15：82 ~ 89

Yao J，Zhang Y，Wang C H，Matsusaka S，Masuda H. 2004. Electrostatics of the granular flow in a pneumatic conveying system. Industrial & Engineering Chemistry Research，43：7181 ~ 7199

Yao J，Zhang Y，Wang C H，Liang C. 2006. On the electrostatic equilibrium of granular flow in pneumatic conveying systems. AIChE Journal，52：3775 ~ 3793

Watanabe H，Ghadiri M，Matsuyama T，Ding Y L，Pitt K G，Maruyama H，Matsusaka S，Masuda H. 2007. Triboelectrification of pharmaceutical powers by particle impact. International Journal of Pharmaceutics，334：149 ~ 155

Zhang Y，Liang Y C，Wang C H. 2008. Hazard of electrostatic generation in a pneumatic conveying system：electrostatic effects on the accuracy of electrical capacitance tomography measurements and generation of spark. Measurement Science and Technology，19：015502

第9章　颗粒表面粗糙度对静电发生的影响

摘要：颗粒的静电发生是一个多变与复杂的问题，其工作原理还有很多尚未澄清。在前几章的内容中涉及诸多因素对静电发生的影响，但没有关于颗粒表面粗糙度的问题。本章研究目的是研究颗粒表面粗糙度对静电发生影响。实验颗粒使用了两种材料，聚氯乙烯（PVC）和聚丙烯（PP），颗粒直径为4mm，高度为2mm，形状为圆柱体或半圆柱体。颗粒工作表面经过砂纸打磨后获得不同的表面粗糙度，其范围为0.14μm至8.60μm。研究发现，不均匀颗粒表面倾向于在两个物体之间产生空穴，空穴中存储空气能够加速放电。相同的粗糙度下，PVC会比PP产生更多的静电电荷（大约一个数量级）。对于两种材料，静电发生都是先随着颗粒表面粗糙度的增大而增加，然后再减小。研究发现，当相互作用、颗粒接触面积和空穴放电三者作用处于平衡时，静电发生最强。在湿度、表面粗糙度和接触面积的综合作用下，本章实验颗粒中等粗糙度附近，颗粒静电发生最强。颗粒接触表面粗糙度越低，湿度对静电发生影响越大。

关键词：静电荷产生　表面粗糙度　颗粒

9.1　简　　介

在气力输送颗粒系统及颗粒输运工业中，具有不同电势的颗粒-壁面与颗粒-颗粒相互接触，会导致静电发生。一方面，静电发生引起很多问题，如颗粒聚集、颗粒黏附容器壁面导致不稳定的流化床（Joseph and Klinzing，1983）。在日常工作系统中，静电会不断发生与积累。随着静电量达到饱和状态，大量静电可能突然放电，导致火花、火灾或者爆炸。另一方面，静电发生也可以应用为新兴的颗粒加工技术，如静电沉淀（Maria et al.，2003）、电流体动力学雾化（EHDA；Yao et al.，2008）和静电涂层（Prasad et al.，2016）。尽管摩擦带电现象已认知很长时间，但是其工作原理尚未完全澄清，特别地，由于复杂性高，颗粒表面粗糙度对静电发生影响尚未得到充分研究。本章工作旨在研究表面粗糙度与其他因素对颗粒静电发生的影响。

关于颗粒静电发生的机理研究已经持续了多年。早期所提出模型之一是电容器模型（Matsusaka et al.，2000），它考虑了颗粒与壁面重复碰撞过程中随时间发展的电荷弛豫现象。基于颗粒-壁面的一次碰撞，Matsuyama建立了所谓的电荷弛豫模型（Matsusyama and Yamamoto，2006）。研究发现，因为颗粒和壁面之间距离随着接触表面的彼此分开而增加，如果静电荷保持恒定，则电容减小。当发生静电电压上升直到达到气体击穿水平，导致引发放电现象。最终剩余电荷称为“残余电荷”。作为对电容器模型（Matsusaka et al.，2000）补充（Matsusyama and Yamamoto，2006），电容器模型的非定量缺陷得到改善。

Ireland（2009）研究了放电过程中电荷的积累与分离，发现放电现象对多次接触的电荷积累有显著影响。为了避免由放电而可能引发的事故，控制该现象显得格外重要。通过将偏转电压加到检测面上，来实现施加高的电荷分离，从而消除放电现象。研究将导体与绝缘体组合引起的变化，如表面状态模型（Gutman and Hartmann，1992）和分子离子状态模型（Fabish et al.，1980）。

此外，对静电发生作用已有较多的研究。Masuda 等（1995）研究了静电电位的影响，使用丙烯-苯乙烯丙烯酸材料制成的颗粒证明颗粒的电位与平板厚度的平方成比例。Guardiola 等（1996）研究了相对湿度（*RH*）对流化床中玻璃珠颗粒静电发生影响，证实当相对湿度低于一定值时，静电发生低、不稳定，与相对湿度无关。静电电荷量随着相对湿度适度增加保持近似恒定，进一步增加至超过RH_{max}时，导致瞬时放电，不再保留静电荷。Mehrani 等（2005）使用法拉第杯在线测量流化床中颗粒输运过程中的静电发生，证实由周围空气引起的静电变化可以忽略，静电发生主要是由于流化床中颗粒-壁面碰撞作用导致。此外，由于工业颗粒处理系统中的颗粒磨损或破碎，颗粒尺寸与颗粒形状会不断发生变化。Yao 等（2006）研究了气力输送颗粒系统中颗粒尺寸与颗粒形状对静电发生的影响。研究发现，静电发生量与颗粒接触面的形状、面积有关。此外，Yao 等（2004）发现气力输送颗粒系统中存在三种典型静电作用下的颗粒流形。从等效电流、电荷密度及最大静电发生量分析，证实静电发生随着时间而增加，一直达到饱和状态，促使颗粒流形成特定的流形。后又相继研究了单颗粒沿金属板滑动的过程中正应力（Yao et al.，2016）及颗粒滑动速度（Wu et al.，2016）、环境相对湿度（Yao et al.，2014，2016）、静电饱和度（Yao et al.，2016）与颗粒接触面积（Yao et al.，2014）对静电发生的影响。研究发现，正应力是影响颗粒-金属板接触面积的重要因素，决定静电发生。Jiang 等（2008）研究了平板表面粗糙度对颗粒流动的影响，颗粒在平板上经过较短滑动后飞离，在亚微米尺度内，颗粒与颗粒碰撞发生非常少，夹带气流速度随表面粗糙度的增加而减小，当$Ra \approx 0.3$时达到最小。然而，由于几何效应，微米尺度表面粗糙度不能有效地减小相互作用力。

随着计算条件的不断发展，越来越多研究者应用数值模拟的方法研究静电对颗粒运动的影响。Hogue 等（2008）应用离散单元模拟（DEM）方法研究带电颗粒的运动轨迹，考虑了电泳力与范德华力，获得更加精确静电发生常数及荷质比。Lim 等（2012）耦合大涡模拟（LES）与离散单元（DEM）法，研究气力输送颗粒系统中静电对颗粒输送的作用。研究发现，当气流速度低时，静电成为影响气力输送系统中颗粒行为的主导因素，但当气流速度高时，曳引力是颗粒行为的主导因素。

研究颗粒静电发生主要方法有多颗粒法（Yao et al.，2004；Yao and Wang，2006；Lim et al.，2012）与单颗粒法（Yao et al.，2014，2016）。在气力输送颗粒系统中，发现静电作用下三种典型的颗粒流动流形（Yao et al.，2004）及相关的静电作用机理（Yao et al.，2014）。在气力输送颗粒系统中，由于颗粒-管道壁面或颗粒-机器-部件相互作用而导致颗粒破碎或磨损，产生更小的颗粒（Yao et al.，2006）。Yao 和 Wang（2006）研究了颗粒尺寸与形状对静电发生影响。为了对多颗粒静电进行深层次理解，Yao 等（2014，

2016）先对单颗粒静电发生原理进行研究，将颗粒正应力结合过程因素如环境湿度、静电饱和度和颗粒接触面积对静电发生影响（Yao et al.，2016）。颗粒形状因素，包括前冲角、长径比、接触面积、滑动方向、滑动次数及环境相对湿度对静电发生的影响（Yao et al.，2014）。然而到目前为止，很少有关于颗粒摩擦表面粗糙度对静电发生影响的研究。本章工作旨在探讨表面粗糙度对静电发生的作用机理。实验中使用两种颗粒材料，PVC 与 PP，原始形状是圆柱体或半圆柱体，底部直径为 4mm，高度为 2mm。颗粒表面粗糙度使用精度 0.5nm 的激光扫描显微镜（LSM）测量。颗粒粗糙度范围为 0.14μm 至 8.60μm，分析了它与环境湿度、颗粒材料、颗粒高度、接触面积等因素对颗粒静电发生的影响。

9.2 实验方法

9.2.1 颗粒表面处理与测量

在本章中，使用了两种颗粒，PVC 和 PP。在气力输送颗粒系统中大多颗粒被破碎成较小的颗粒（Yao et al.，2006）。为了通过表征单颗粒静电发生特征来估计气动输送颗粒系统中的静电发生（Masuda et al.，1995），在本章中，将三种常见的颗粒底部形状作为接触面，即圆形、矩形和半圆形（图 9.1）。在颗粒滑入法拉第杯过程中，颗粒形状保持不变，颗粒与壁面碰撞对颗粒本身没有影响。除非另有说明，涉及颗粒表面的测量（表面粗糙度、静电荷产生等）都是基于接触面。为了获得不同的颗粒表面粗糙度，分别使用 180 目、400 目、800 目、1200 目及 2000 目的砂纸研磨颗粒工作表面，最小粗糙度是采用抛光方法获得。相对应的砂纸粒度与颗粒表面粗糙度如表 9.1 所示，两种研磨膏分别选择为 0.5μm 与 5μm。值得注意的是，每个颗粒研磨后需要用压缩空气进行清洁，使用激光扫描显微镜（LSM）检测实验接触表面没有打磨后的碎渣残留。每个实验颗粒的质量使用精度为10^{-4}g 的电子天平测量，计算获得颗粒荷质比。颗粒滑动面的每条边长度使用精度为10^{-5}m 的千分尺测量。实验颗粒半径为 2mm，厚度范围为 1.85mm 至 2.01mm，重量范围为 34.0mg 至 38.9mg（表 9.2）。此外，使用激光扫描显微镜（型号：LSM，VK-X200K；制造商：Keyence Corporation）测量颗粒表面粗糙度与颗粒接触表面凸出面积。其在 z 轴测量分辨率为 0.5nm，重复精度（δ）为 0.012μm；x 轴分辨率为 1nm，重复精度（3δ）为 0.02μm。在本章实验中，倾斜金属板的粗糙度 Ra 远小于 1μm，可以假设当颗粒沿着金属板滑动时，其表面粗糙度保持恒定并且不受金属板的影响。

表 9.1　砂纸粒度与表面平均粗糙度

粒度/目	180	400	800	1200	2000
μm	80	38	18	10	6.5

表9.2 颗粒样品大小（柱状体）

材料	编号	厚度/mm	重量/mg	粒度/目
PVC	1	1.97	34.0	180
	2	2.00	34.0	400
	3	2.01	36.0	1200
	4	2.01	37.2	2000
	5	2.01	36.8	抛光（5μm）
	6	2.00	34.4	抛光（0.5μm）
PP	1	1.92	36.1	180
	2	1.85	36.7	180
	3	2.05	35.1	400
	4	1.99	38.2	800
	5	1.99	36.4	800
	6	2.01	38.9	1200

颗粒表面粗糙度 *Ra* 如下测定。首先，校正用于测量颗粒 *Ra* 的平面倾斜方向。其次，倾斜方向可以通过方程“$z=ax+by+c$”估计，其中参数 a、b、c 是通过最小二乘法在整个区域或选择区域中获得。随后，将 a、b、c 值代入方程，从图像的四个点获得最小高度。基于命名的方程，图像中所有点高度可以计算获得。通过所有高度点和最小值之间的差值来校正倾斜方向，有助于消除由于颗粒放置的倾斜方向引起的误差。第三，平均高度（*Ra*）可以通过式（9.1）得到。

$$Ra = \frac{1}{n}\sum_{n=1}^{N} |Rn| \tag{9.1}$$

9.2.2 静电发生测量

单颗粒静电发生装置见附录5.A所示。每次实验之前，将实验颗粒单独放置在接地的金属板上放电24小时以上。该松弛时间的选择是基于先前研究（Yao et al.，2004，2006）所定。静电荷测量范围为1nC至10μC，最小分辨率为1fc。图9.1所示金属板倾斜角度设置为45°。颗粒可以在重力的作用下自动从金属板顶部滑动到其底部，并落入法拉第杯中。本章实验中，颗粒滑动距离为10～15cm，在相同滑动条件下，获得静电发生统计结果。所有实验进行三次，最终取平均值，误差范围为7%至15%。PVC PP颗粒沿不锈钢板滑动后将携带负电荷。

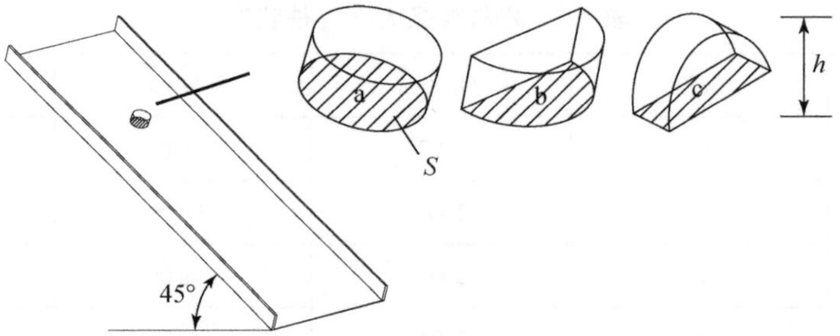

图 9.1 颗粒摩擦生电

S：滑动面积，h：颗粒高度。(a) 圆形；(b) 半圆形；(c) 矩形

9.3 结果与讨论

9.3.1 表面粗糙度

通过 LSM 测量颗粒表面形态，如图 9.2 所示颗粒的二维结构。图 9.2（a）为 180 目砂纸研磨 PVC 颗粒后颗粒的表面形态，图 9.2（b）是 180 目砂纸研磨 PP 颗粒后颗粒的表面形态，图 9.2（c）是 1200 目砂纸研磨 PP 颗粒后颗粒的表面形态，图 9.2（d）是用 0.5μm 研磨膏抛光的 PVC 颗粒。刻度距离为 50μm。

从图 9.2（a）~（c）可看出，颗粒表面形态非常粗糙，表面划痕方向相同。这些划痕是通过砂纸研磨后产生。当一个颗粒表面使用低目数砂纸打磨［图 9.2（b），180 目 PP 颗粒］，由于较大砂粒作用，颗粒表面破坏程度要高于使用高目数砂纸打磨［图 9.2（c），1200 目 PP 颗粒］。可以发现，图 9.2（b）中的壑沟和脊峰比图 9.2（c）中的更宽更深，它减小了颗粒表面的实际接触面积，这是因为颗粒的主要缺陷是点凹坑。它说明，由较低目数砂纸研磨的颗粒具有更宽和更深的壑沟和脊峰，具有更少的面–面接触面积，所以静电发生能力较低。然而，当颗粒表面抛光时［图 9.2（d）］，颗粒表面粗糙度下降，没有出现较大的壑沟和脊峰，颗粒实际表面接触面积明显大于用砂纸研磨颗粒的表面。上述结论与颗粒材料无关。

(a)

(b)

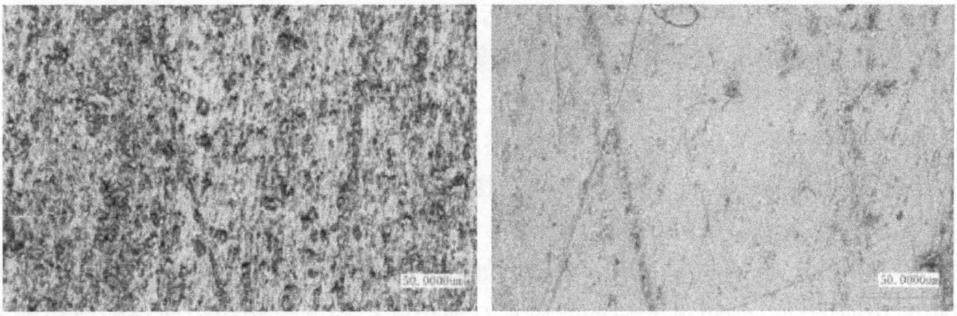

(c)　　　　(d)

图 9.2　通过砂纸研磨 PVC/PP 颗粒的二维表面形态

(a) 180 目 (PVC); (b) 180 目 (PP); (c) 1200 目 (PP); (d) 用 0.5μm 研磨膏抛光 (PVC)

图 9.3 是图 9.2 的三维表征，z 轴上的变量为颗粒粗糙度高度。例如，PVC 颗粒经过 180 目砂纸打磨后粗糙度最大高度为 58.1μm [图 9.2 (a)]，PP 颗粒经过 180 目砂纸打磨后粗糙度最大高度为 77.1μm [图 9.2 (b)]，PVC 颗粒经过 1200 目砂纸打磨后粗糙度最大高度为

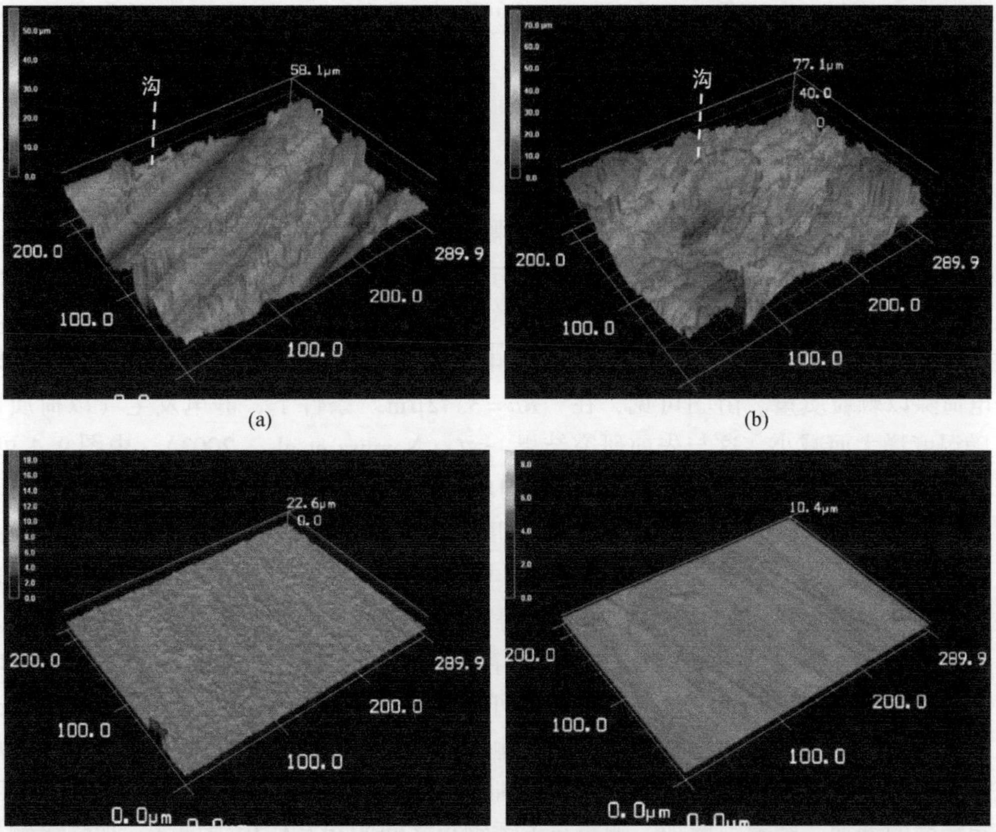

(c)　　　　(d)

图 9.3　由砂纸研磨 PVC/PP 颗粒的三维表面形态

(a) 180 目 (PVC); (b) 180 目 (PP); (c) 1200 目 (PP); (d) 用 0.5μm 磨料膏抛光 (PVC)

22.6μm［图9.2（c）］，PVC颗粒经过抛光后粗糙度的最大高度为10.4μm［图9.2（d）］。这表明由粗砂纸研磨的颗粒具有较高的粗糙度。因为摩擦带电仅仅通过表面接触产生，所以本实验中颗粒静电发生仅在如图9.3（a）、（b）所示的红色高粗糙度区域，在绿色或蓝色的低粗糙度区域［图9.3（a）、（b）沟壑］无静电发生，颗粒表面与不锈钢表面无接触。另一方面，与图9.3（a）、（b）相比，图9.3（c）、（d）的粗糙度相当低，因此具有较大的接触面积产生更多的静电。

通过研磨或抛光产生的颗粒表面粗糙度如表9.3所示。可以发现，颗粒表面粗糙度随砂纸目数减小而增加，经过抛光后的颗粒具有最小的粗糙度。颗粒表面缺陷或粗糙度通过摩擦与接触面积影响摩擦带电。此外，在放电弛豫过程中，两个颗粒表面间的不平表面会形成空穴，其中存储的空气会有助于加速放电。

表9.3　颗粒表面粗糙度

颗粒材料	PVC				PP			
粒度/目	180	400	1200	抛光	180	400	800	1200
Ra/μm	8.455	3.420	0.638	0.160	10.796	4.254	1.627	1.007

9.3.2　湿度

本章实验所用PVC是亲水性材料。随着颗粒滑动过程中的PVC颗粒-金属相互作用，颗粒获得电子而带负电荷。颗粒表面粗糙度与环境湿度与静电发生的关系，静电测量的绝对值如图9.4所示。如果没有特别提及，相类似的方法将用于本章后面的情况。图9.4为湿度对颗粒表面粗糙度（PVC颗粒）产生静电的影响，其中纵坐标变量“荷质比”定义为静电荷除以颗粒质量。由图可见，在“Ra=3.42μm”条件下，静电发生（以荷质比表征）随湿度增大而减小，这与先前研究结果一致（Nomura et al.，2003）。由图9.4可见，随着环境湿度的增加（RH=27%～70%）静电放电量增加，残余电荷量明显降低（$18\times10^{-10}\sim5\times10^{-10}$C/g）。然而，当颗粒表面粗糙度降低至低水平“$Ra$=0.16μm”时，静电发生量几乎保持恒定（$6\times10^{-10}\sim2\times10^{-10}$C/g），与增加湿度（$RH$=27%～64%）无关，这点似乎与上面及先前（Nomura et al.，2003）得出的结论相反。它可以解释为两种原因。首先，颗粒具有较小粗糙度表面拥有较少空穴存储水分子。其次，由于颗粒表面粗糙度较低，面与面接触变得更紧减少放电。此解释可由前人工作（Zou et al.，2014）得到支持，该工作研究了粗糙度对聚合物颗粒接触面发生放电的影响。研究确定了在由粗糙度形成的空穴中会产生放电现象。另一方面，You和Song（2012）发现摩擦力与表面粗糙度相关。随着粗糙度的增加，摩擦力增加，颗粒与不锈钢板之间的相互作用力增强，加强接触导致产生更多的静电。它可以解释为什么“Ra=3.42μm”产生的静电高于“Ra=0.16μm”时产生的静电，如图9.4所示。

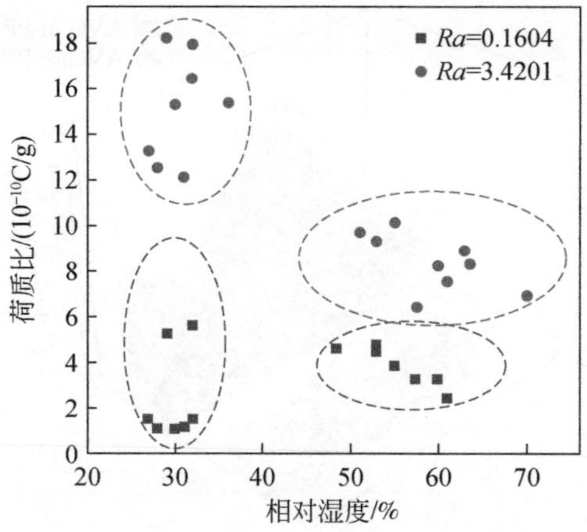

图 9.4　对于 PVC 颗粒–金属相互作用，不同表面粗糙度，颗粒静电发生与相对湿度之间的关系
颗粒工作面形状为圆形，用 180 目砂纸研磨

9.3.3　颗粒材料

本章实验使用两种颗粒材料，PVC 与 PP，它们摩擦发生静电特性如图 9.5（a）比较所示，它们分子结构分别如图 9.5（b）、（c）所示。本章所有实验颗粒静电发生于长 10cm 的不锈钢板上，倾斜角为 45°，环境湿度 $RH=26\% \sim 70\%$。PP 与 PVC 之间的摩擦起电差异可以通过它们的电特性来解释，如表 9.4 所示（Krevelen，1997）。PVC 介电常数为 2.8 ~ 3.05，大于 PP 的介电常数 2.2。当颗粒沿着不锈钢板滑动时，两个表面形成了一个电容器。电容可由下式近似得到

$$C=\frac{\varepsilon \cdot S'}{z_0} \tag{9.2}$$

$$\Delta Q=CV \tag{9.3}$$

式中，S'为接触面积；z_0 是颗粒与不锈钢板之间的空隙；ε 为空气的介电常数，式（9.3）表明储存在系统中的电荷随着电容增大而增多，同样也是随着电压增大而增加。

表 9.4　PVC/PP 电学特性（据 Yao et al.，2014）

	介电常数（ε）	耗散因数（20℃，50Hz）/$\tan\delta \times 10^4$	特点
PVC	2.8 ~ 3.05	70 ~ 200	有极性
PP	2.2	2 ~ 3	无极性

图 9.5 表明，PVC 平均静电明显高于 PP 平均静电，它取决于材料性质。PVC 是一种极性聚合物，其中 Cl—C 键是偶极，C 原子连接到另一个 H 原子［图 9.5（b）］。由于 Cl

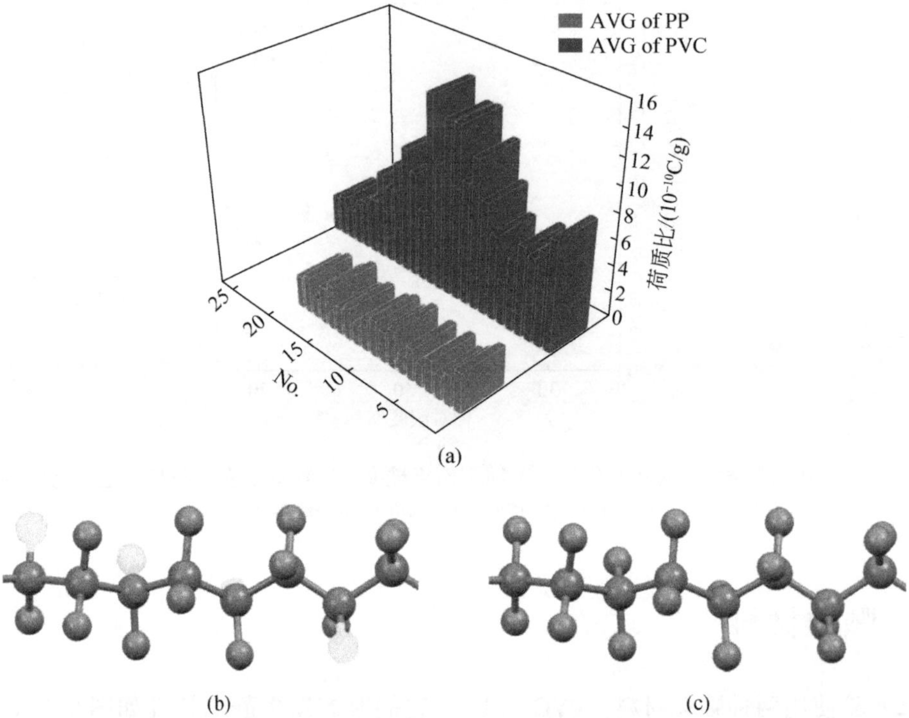

图 9.5　(a) 沿金属板滑动 PP/PVC 颗粒静电发生后荷质比（颗粒滑动接触面形状为圆形，180 目砂纸研磨）及分子结构（球-棒模型）
(b) PVC；(c) PP。灰色：C 原子、蓝色：H 原子、黄色：Cl 原子

原子感应效应，C—H 键电子云向 C 原子移动，而 H 原子缺乏电子。因此，PVC 是较好的电子受体，即质子供体。PP 是非极性材料，不会发生感应效应［图 9.5（c）］，难以发生静电。因此，在相同的摩擦条件下，PVC 倾向于产生比 PP 更多的静电（负电荷）。

9.3.4　颗粒高度

颗粒静电产生可以由 Matsusaka 等（2010，2015）、Matsusaka（2011）、Mizutani 等（2015）和 Bunchatheeravate 等（2013）提出的电容器模型来表示。本章中，由摩擦产生的静电可由式（9.3）计算，电压 V 可以通过式（9.4）计算。

$$V=V_c-V_e-V_b+V_{ex} \tag{9.4}$$

式中，V_c 是常数，由不锈钢表面功函数引起的电位差；V_e 由图像电荷引起，由下式计算

$$V_e=k_e \cdot q_e \tag{9.5}$$

式中，q_e 是在接触之前颗粒上的初始电荷。在放电 24 小时后，留在颗粒表面上的静电荷（q_e）降到最低水平（Yao et al.，2004，2006），为测量后做参考，初始电荷 V_e 是一常数。式（9.4）中的 V_b 由周围带电颗粒引起，可由下式计算得到

$$V_b = k_b \cdot q_b \tag{9.6}$$

式中，q_b是空间电荷。本章中颗粒在实验过程中是逐个单独使用，附近没有任何带电颗粒，所以q_b和V_b都为0。在式（9.4）中，V_{ex}是由其他电场引起的电势差。本章中，不锈钢板接地良好所以其上没有电荷，V_{ex}等于零。式（9.3）和式（9.4）可简化为

$$\Delta Q = C(V_c - V_e) \tag{9.7}$$

式中，$(V_c - V_e)$是恒定的，使得转移的电荷量与电容C成比例。

本章实验中，一些颗粒的表面做了抛光处理。抛光后，颗粒粗糙度分布在0.1～0.3μm的范围内。如果颗粒工作表面的粗糙度与接触面积是恒定的，则电容也将保持恒定，转移电荷量近似等于一个恒定值K。

$$\Delta Q \propto K \tag{9.8}$$

$$\frac{Q}{m_p} \propto \frac{K}{\rho_p S h} = \frac{K'}{h} \tag{9.9}$$

式中，m_p为颗粒质量，荷质比由式（9.9）给出，它与颗粒密度（ρ_p）、滑动表面面积（S），颗粒高度（h）（图9.1）的乘积相关。

图9.6为静电发生与颗粒（PVC）高度的关系。颗粒沿着15cm的不锈钢板以45°的倾斜角滑动。实验使用颗粒的工作表面粗糙度小于0.5μm，选择接触面积相同的实验颗粒。由图9.6可见，颗粒荷质比随着颗粒高度的增加而减小。这是因为颗粒重心比较高，在滑动过程中阻力大，降低了滑动速度，该结论与前期研究发现一致（Yao et al.，2014）。可以得到结论，静电发生随着颗粒滑动速度降低而降低。

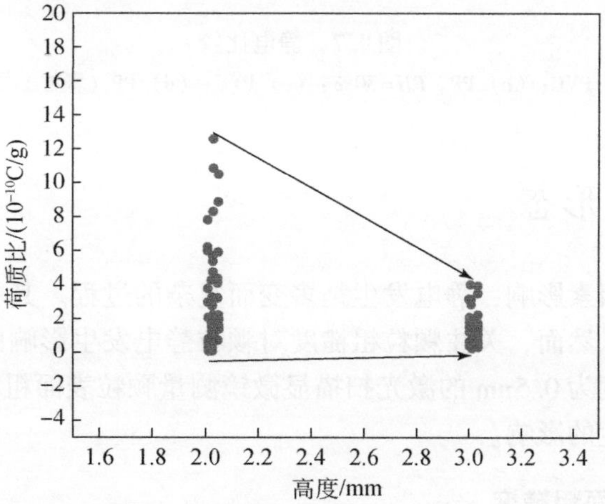

图9.6　不同高度PVC颗粒荷质比（颗粒滑动接触面形状为圆形，180目砂纸研磨，RH=55%）

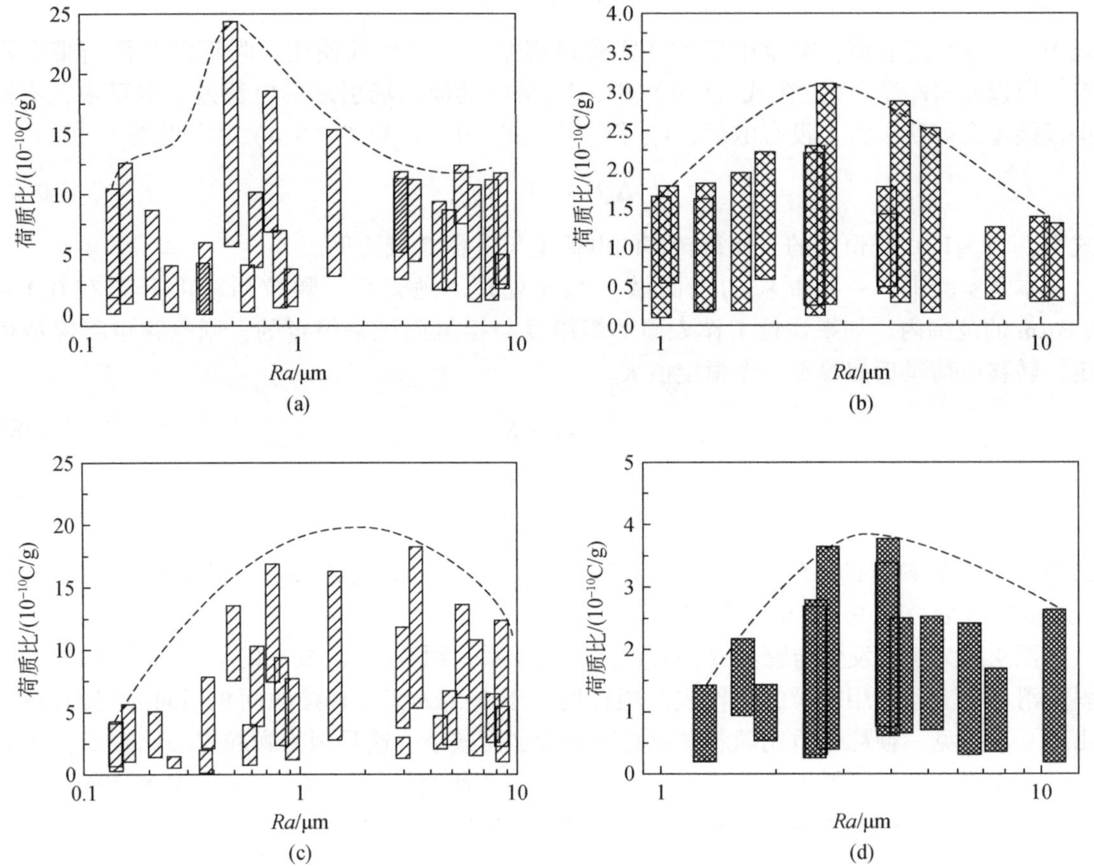

图 9.7　静电比较

RH=55%：(a) PVC；(b) PP。*RH*=30%：(c) PVC；(d) PP（颗粒工作面形状为圆形）

9.3.5　颗粒表面形态

由于同时受众多因素影响，静电发生是多变而复杂的过程。其中颗粒表面粗糙度是其中重要影响因素之一，然而，关注颗粒粗糙度对颗粒静电发生影响的研究还很缺乏。本章实验通过使用最小刻度为 0.5nm 的激光扫描显微镜测量颗粒表面粗糙度进而研究颗粒表面粗糙度对颗粒静电发生的影响。

9.3.5.1　颗粒表面粗糙度

图 9.7 为颗粒表面粗糙度与静电发生（荷质比）变化的关系。两种颗粒 PVC 和 PP，在两种不同的湿度水平下（*RH*=55%，30%），沿着不锈钢板滑动 15cm。图 9.7（a）为 PVC 颗粒在 *RH*=55% 下发生的静电。可见在低粗糙度下，静电随着粗糙度增加而增加，但是当静电达到最大值（2.43×10^{-11} C/g，*Ra*＝0.5μm）之后，静电随着粗糙度的增加而

减小。图9.7（b）与图9.7（a）相同的工作条件，所使用实验颗粒材料为PP。再次可见，颗粒的荷质比首先随着粗糙度增加而增加，但在最大点（3.10×10^{-10} C/g，$Ra=2\mu m$）之后降低。比较图9.7（a）（PVC）和图9.7（b）（PP），PP颗粒具有低一个数量级的最大值，这是因为PVC具有较高的电容。图9.7（c）中PVC颗粒当相对湿度为$RH=30\%$时的带电行为。由图可见，荷质比随粗糙度增大一直到最高水平（1.82×10^{-11} C/g，$Ra=1.2\mu m$），然后迅速随粗糙度增加而减小。在相同湿度下，图9.7（d）中PP颗粒带电过程与粗糙度的关系，表明荷质比随粗糙度增加一直到最大值（3.79×10^{-10} C/g，$Ra=1.3\mu m$），然后随粗糙度增加而减小。与在相同实验条件下PVC［$RH=30\%$，图9.7（c）］颗粒相比，PP颗粒具有低一个数量级的最大值，该结论与图9.7（b）和图9.7（a）发现的结论一致。除了最大值的差异，如图9.7所示变化趋势也表明了PVC和PP之间明显不同的静电发生行为。与PVC［图9.7（a）、（c）］相比，PP颗粒具有更平缓的曲线［图9.7（b）、（d）］，它归因于PP较弱的静电发生能力，如上文分析。

如图9.7所示，无论是PVC颗粒还是PP颗粒，静电荷质比都是先增加然后减小，最大荷质比出现在$Ra=0.5\sim4.0\mu m$。如图9.7（a）所示，当Ra小于$0.5\mu m$，静电发生随粗糙度增加而增大。通过测量，两个表面的接触面积大于95%，所以实际颗粒接触面积几乎相同，它对静电的影响可以忽略。Lu等（2014）发现，在两个固体表面之间的纳米厚的液体润滑剂膜的摩擦特性，对颗粒表面粗糙度敏感，发现摩擦系数随着表面粗糙度的增加而增大。You和Song（2012）发现，摩擦力与表面粗糙度呈正相关关系。随着粗糙度增加，摩擦力增加，颗粒与平板之间的相互作用力增强，导致接触增强并产生更多的静电荷。另一方面，如图9.7（a）所示，Ra大于$0.5\mu m$，产生的静电荷随着粗糙度的增加而减小。这可以做如下解释。首先，随着粗糙度增加，颗粒接触面积减小导致静电发生减少。其次，随着粗糙度增加，两个接触面距离（空隙，z_0）增加，电容随z_0的增加而减小［式（9.2）］。第三，随着粗糙度增加，接触表面之间产生更多的空隙导致更多的放电。

图9.8是静电发生、接触面粗糙度与环境湿度之间关系。由图9.8（a）可知，PVC颗粒静电发生最高峰出现在$Ra=0.7\mu m$，与湿度无关。此外，当Ra大于$0.7\mu m$时静电发生大于Ra小于$0.7\mu m$时静电发生［图9.8（a）］。这可以解释如下：粗糙度低时有更多的面-面接触面积，湿度可能主导静电发生。由此可得到结论，粗糙度低时，湿度为降低静电发生起到更重要作用。如图9.8（a）所示另一个高静电发生区域是湿度低于30%的情况，它与颗粒表面粗糙度无关。图9.8（b）为PP颗粒，最高静电发生再次出现在中等粗糙度$Ra=3\mu m$时。此外，静电发生率在低湿度（低于30%）时较高。与PVC颗粒相比，PP具有较低静电发生能力，所以静电行为表现不活跃。

如图9.8所示，颗粒表面粗糙度较低时，静电发生受湿度影响很大。随着表面粗糙度增加，两接触表面之间的接触面积减小，湿度影响减弱，接触面积决定静电发生速率。因此，在环境湿度与表面粗糙度影响静电发生作用平衡下，最高静电发生在中等粗糙度附近。工作接触面粗糙度与其他因素结合对静电发生的影响总结如图9.9所示。

因此，可以得到结论，工作表面粗糙度与环境湿度是影响颗粒静电发生的两个重要因素。如图9.9所示，从环境湿度与颗粒接触面积对颗粒静电发生的影响中寻找到表面

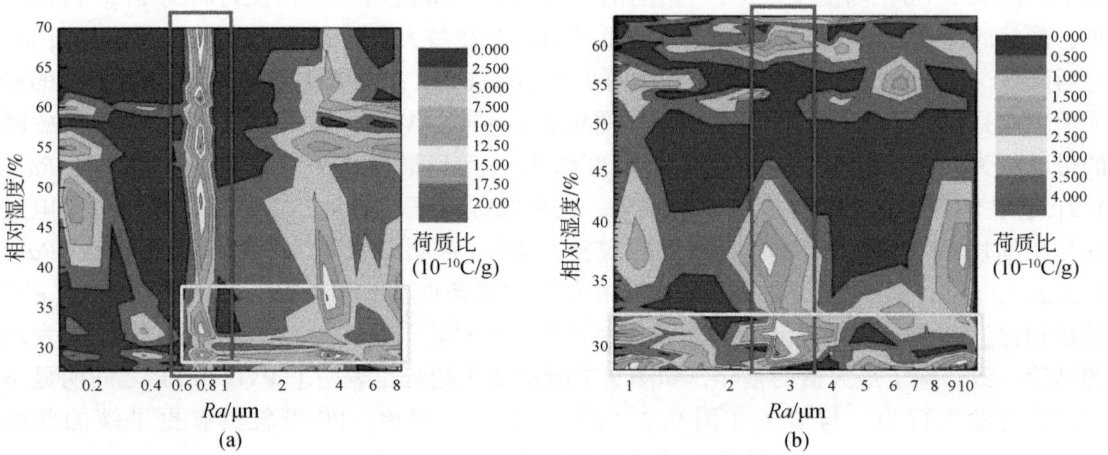

图 9.8　静电发生用相对湿度与粗糙度表征

（a）PVC；（b）PP（颗粒工作面形状为圆形）

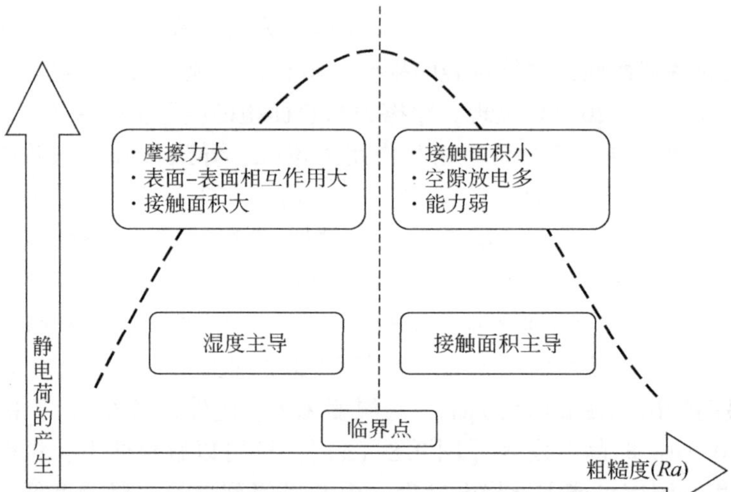

图 9.9　颗粒表面粗糙度与其他因素（湿度、接触面积、摩擦力、界面相互作用）结合对颗粒静电发生的影响

粗糙度临界点。当颗粒表面粗糙度低于静电发生最高时的临界值，面–面接触面积大，湿度主导静电发生。静电发生随着颗粒表面粗糙度增加而增加（两表面之间的相互作用增大）。相反，当粗糙度大于临界点，表面–表面接触面积将决定静电发生。粗糙度越大静电发生越小（具有较小表面接触面积）。随着粗糙度增加，由于表面–表面接触面积减少静电发生减少，同时，由于接触区域处形成更多的空穴促进更多放电，静电发生降低。

9.3.5.2　颗粒接触面积

颗粒表面粗糙度通过实际接触面积影响颗粒静电的发生。通过测量颗粒表面，发现颗粒表面上存在明显的沟或脊，颗粒表面不能与壁面完全接触，因此，在摩擦起电过程中，实际接触面积不等于宏观面积。凸出区域的高度大于颗粒表面平均高度，在本章中进行了测量。研究发现，当颗粒沿金属平板滑行时，颗粒凸出区域中所有的点都与金属平板表面接触，但其他低于平均高度的区域称为“空穴区域”，该区域表面无法与金属平面相接触。本章中，测量凸出区域百分比，用以估算对静电发生的贡献。

图9.10为应用激光扫描显微镜测量颗粒突出区域的表面显微镜照片。图9.10（a）为用180目砂纸打磨PVC颗粒后的表面粗糙度；图9.10（b）为用0.5μm研磨膏抛光PVC颗粒后的表面粗糙度；图9.10（c）为用180目砂纸研磨PP颗粒后的表面粗糙度；图9.10（d）为使用1200目砂纸研磨PP颗粒后的表面粗糙度。图9.10中所用实验颗粒与图9.2与图9.3中所示相同。图9.10中红色区域代表颗粒表面凸出区域。由上分析可知，只有颗粒表面红色区域与钢板平面接触产生静电。在图9.10右侧和底部绘制的长条是中心线的高度，其中红色线表示中间粗糙度。如图9.10（b）、（d）所示，绝大部分是红色，预示它的粗糙度大于中间水平。如表9.5所示实验颗粒凸出面积的百分比，发现凸出面积随着颗粒表面粗糙度减小而增加，这可以通过高砂目数砂纸打磨而获得。颗粒表面凸出面积最高比例可以达到99.992%，可以将PVC颗粒使用0.5μm研磨膏抛光后获得。

表9.5　颗粒突出面积

	材料	打磨砂纸	突出面积/%
1	PVC	180目粒度	43.134
2	PVC	800目粒度	66.211
3	PVC	1200粒度	97.159
4	PVC	0.5μm研磨膏抛光	99.992
5	PP	180目粒度	54.429
6	PP	800目粒度	73.104
7	PP	1200目粒度	95.998

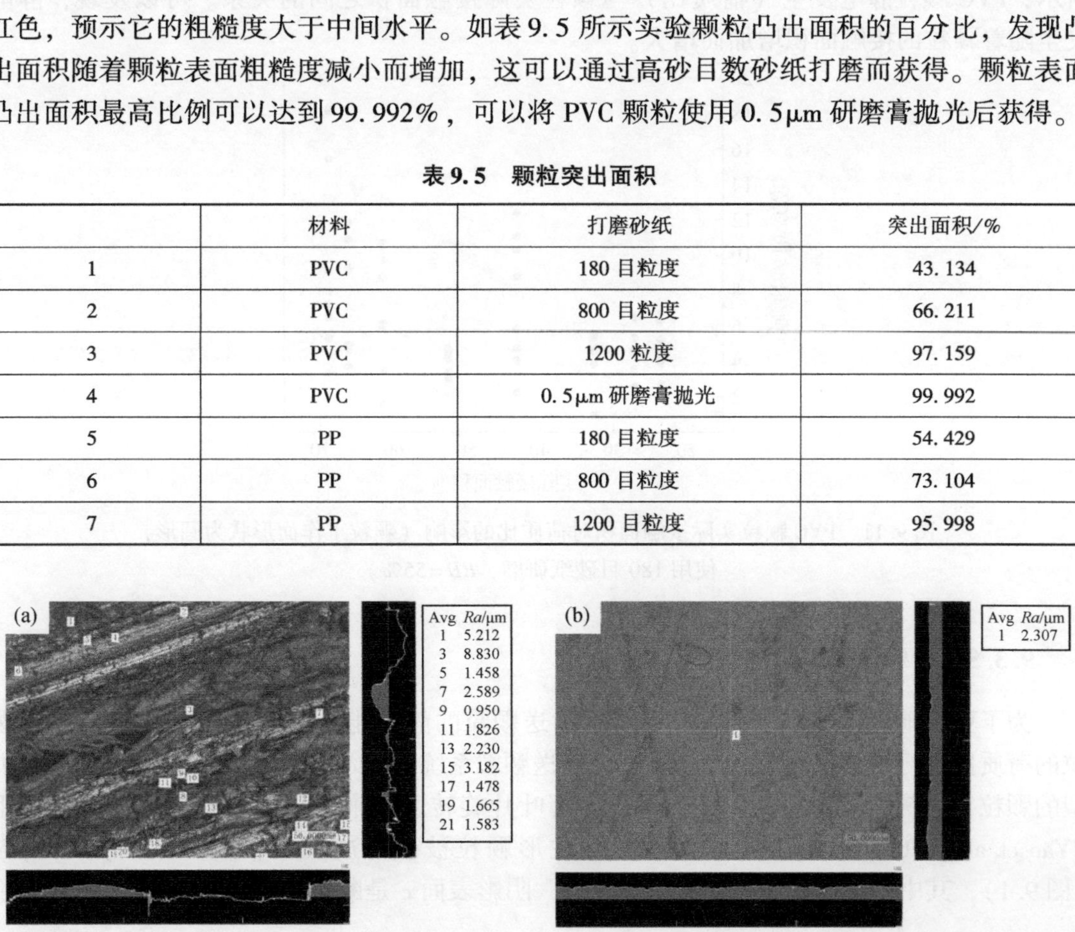

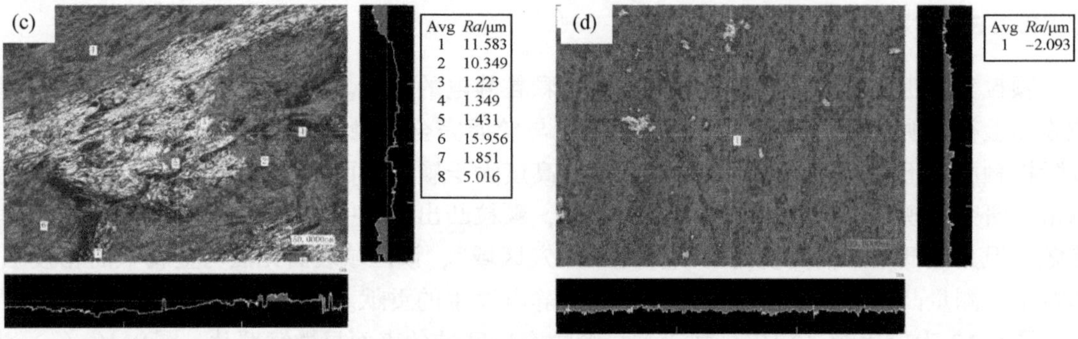

图 9.10　由砂纸研磨 PVC/PP 颗粒的凸出区域

(a) 180 目 (PVC); (b) 用 0.5μm 磨料膏抛光 (PVC); (c) 180 目 (PP); (d) 1200 目 (PP)

由上述分析可知，由于颗粒表面粗糙度存在，颗粒表面宏观面积不是静电发生的实际面–面接触面积，不能用它计算静电生成量。当颗粒进行抛光处理后，它的接触面积几乎等于颗粒整个宏观面积。当颗粒通过砂纸研磨时，实际接触面积将大大减小。如图 9.11 所示，PVC 颗粒静电发生（荷质比）与颗粒实际接触面积之间的关系。可以发现，静电发生随着颗粒的接触面积增加而增大。

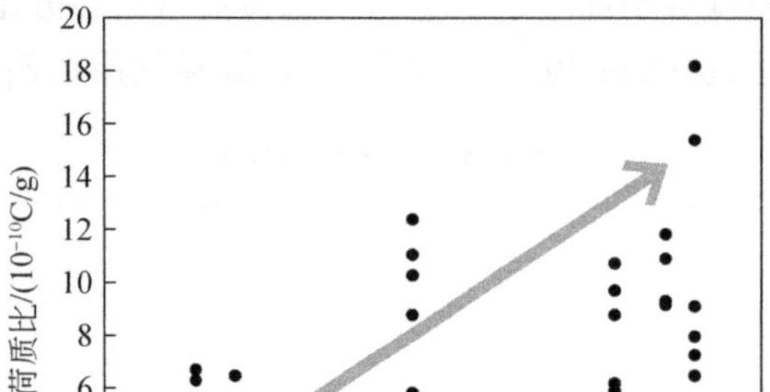

图 9.11　PVC 颗粒实际接触面积对荷质比的影响（颗粒工作面形状为圆形，使用 180 目砂纸研磨，$RH=55\%$）

9.3.5.3　颗粒摩擦带电

为了更好地理解气力输送颗粒系统中输送颗粒的静电能力，本章实验对单个 PVC 颗粒的荷质比进行了测量。图 9.1 是从气力输送颗粒系统（Yao et al.，2004）中遴选三种类型的颗粒，系统中输送的颗粒受到了旋转阀叶片旋转所带来的压缩、碰撞及磨损的作用（Yao et al.，2006）。最后，一个最初圆柱形颗粒被破碎成两个半圆柱形状的子颗粒（图 9.1），其中阴影面 a 和 b 是最初颗粒的，阴影表面 c 是断裂后子颗粒表面。表面 a 用

粗糙度 $Ra = 0.140 \sim 8.600\mu m$ 的砂纸研磨。表面 b 是原始表面，它的粗糙度 $Ra = 2.169 \sim 4.359\mu m$。表面 c 是颗粒在气力输送系统中磨损断裂后产生的，粗糙度 $Ra = 16.345 \sim 22.961\mu m$。由此可见，新生颗粒（子颗粒）有最大粗糙度。

分别测量图 9.12 中三种颗粒的静电发生。荷质比与颗粒表面粗糙度之间的关系如图 9.12（b）所示。实验发现，由表面 a 产生静电比由表面 b 与 c 产生的静电大得多，这可能是因为表面 a 的粗糙度明显小于其他两个表面，因此具有更大的接触面积有助于更多的静电荷产生（图 9.9）。颗粒接触面积随表面粗糙度的减小而增加，所以颗粒表面 a 比其他两表面具有更大的接触面积。

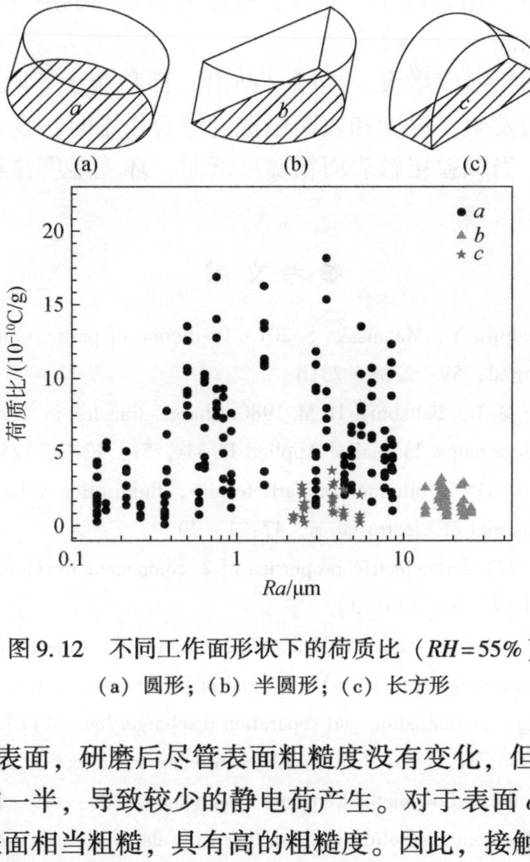

图 9.12　不同工作面形状下的荷质比（$RH = 55\%$）

（a）圆形；（b）半圆形；（c）长方形

颗粒表面 b，初始表面，研磨后尽管表面粗糙度没有变化，但接触面积减少，形状变为半圆，面积为初始的一半，导致较少的静电荷产生。对于表面 c，工作表面是在机械作用下断裂产生，断裂表面相当粗糙，具有高的粗糙度。因此，接触面积随着粗糙度增加而减小，产生较少静电荷。

9.4　结　论

本章选择两种颗粒（PP 和 PVC）研究颗粒表面粗糙度对静电发生的影响。结论总结如下。

首先，使用低目砂纸研磨颗粒，使其具有更宽与更深的壑沟与脊峰，表面粗糙度大大增加，实际接触面积较小，降低颗粒静电发生的能力。两物体接触面粗糙处形成空穴，空穴中的空气可加速放电。粗糙度大小影响空穴数量，粗糙度越大，空穴数量越大并且放电程度越大。此外，研究证实颗粒材料对静电发生具有重要作用。在相同粗糙度下，PVC 比 PP 产生更多的静电，约一个数量级。

其次，本章使用两种材料（PVC 和 PP）实验，研究发现静电发生首先随着表面粗糙度增加而增加，然后随着表面粗糙度增加而减少。当接触面相互作用、接触面积及空穴放电的作用处于平衡时，静电发生达到最大。一方面，随着颗粒表面粗糙度增加，作用平面间摩擦力增大，颗粒与平板之间的相互作用增强，导致更多静电发生。另一方面，静电发生能力随着粗糙度增加而减小。随着粗糙度的增加，颗粒的接触面积减小，两个接触面之间的距离（间隙 z_0）增加，电容减小。此外，接触表面之间的空穴随着颗粒表面粗糙度增大而增多，导致更多放电。

最后，随着颗粒表面粗糙度增大，接触（凸出）面积变小环境湿度作用降低，所以凸出区域的面积决定静电的发生。湿度和表面粗糙度综合作用时，发现静电最强是发生在颗粒粗糙度中等水平附近。当颗粒接触表面粗糙度低时，环境湿度往往对静电发生具有更大的影响。

参 考 文 献

Bunchatheeravate P, Curtis J, Fujii Y, Matsusaka S. 2013. Prediction of particle charging in a dilute pneumatic conveying system. AIChE Journal, 59: 2308 ~ 2316

Fabish T J, Duke C B, Hair M L, Saltsburg H M. 1980. Charge- transfer in metal-polymer contacts and the validity of contact charge spectroscopy. Journal of Applied Physis, 51: 1247 ~ 1249

Guardiola J, Rojo V, Ramos G. 1996. Influence of particle size, fluidization velocity and relative humidity on fluidized bed electrostatics. Journal of Electrostatics, 37: 1 ~ 20

Gutman E J, Hartmann G C. 1992. Triboelectric properties of 2- component developers for xerography. Journal of Imaging Science and Technology, 36: 335 ~ 349

Hogue M D, Calle C L, Weitzman P S, Curry D R. 2008. Calculating the trajectories of triboelectrically charged particles using discrete element modeling (DEM). Journal of Electrostatics, 66: 32 ~ 38

Ireland P M. 2009. Contact charge accumulation and separation discharge. Journal of Electrostatics, 67: 462 ~ 467

Jiang Y B, Matsusaka S, Masuda H, Qian Y. 2008. Characterizing the effect of substrate surface roughness on particle- wall interaction with the airflow method. Powder Technology, 186: 199 ~ 205

Joseph S, Klinzing G E. 1983. Vertical gas- solid transition flow with electrostatics. Powder Technology, 36: 79 ~ 87

Lim E W C, Yao J, Zhao Y L. 2012. Pneumatic transport of granular materials with electrostatic effects. AIChE Journal, 58: 1040 ~ 1059

Lu R G, Zhang H D, Mitsuya Y, Fukuzawa K, Itoh S. 2014. Influence of surface roughness and coating on the friction properties of nanometer- thick liquid lubricant films. Wear, 319: 56 ~ 61

Maria J, Arkadiusz S, Ryszard T. 2003. Experimental study of fly ash precipitation in a model electrostatic precipitator with discharge electrodes of different design. Powder Technology, 135: 295 ~ 301

Masuda H, Itakura T, Gotoh K, Takahashi T, Teshima T. 1995. The measurement and evaluation of the contact potential difference between various powders and a metal. Advanced Powder Technology, 6: 295 ~ 303

Matsusaka S. 2011. Control of particle tribocharging, KONA Powder and Particle Journal, 29: 27 ~ 38

Matsusaka S, Ghadiri M, Masuda H. 2000. Electrification of an elastic sphere by repeated impacts on a metal plate. Journal of Physics D: Applied Physics, 33: 2311 ~ 2319

Matsusaka S, Maruyama H, Matsuyama T, Ghadiri M. 2010. Triboelectric charging of powders: a review. Chemical Engineering Science, 65: 5781 ~ 5807

Matsusaka S, Wei D, Yasuda M, Sasabe S. 2015. Adhesive strength distribution of charged particles on metal substrate in external electric field. Advanced Powder Technology, 26: 149 ~ 155

Matsusyama T, Yamamoto H. 2006. Impact charging of particulate materials. Chemical Engineering Science, 61: 2230 ~ 2238

Mehrani P, Hsiaotao T B, Grace J R. 2005. Electrostatic charge generation in gas-solid fluidized beds. Journal of Electrostatics, 63: 165 ~ 173

Mizutani M, Yasuda M, Matsusaka S. 2015. Advanced characterization of particles triboelectrically charged by a two-stage system with vibrations and external electric fields. Advanced Powder Technology, 26: 454 ~ 461

Nomura T, Satoh T, Masuda H. 2003. The environment humidity effect on the tribo-charge of powder. Powder Technology, 135-136: 43 ~ 49

Prasad L K, McGinity J W, Williams R O. 2016. Electrostatic powder coating: principles and pharmaceutical applications. International Journal of Pharmaceutics, 505: 289 ~ 302

Van Krevelen D W. 1997. Properties of Polymers (Third Edition) Chapter 11: Electrical Properties. Elsevier. 321 ~ 341

Wu J J, Yao J, Zhao Y L. 2016. The effects of granular velocity and shape factors on the generation of polymer-metal electrostatic charge. Journal of Electrostatics, 82: 22 ~ 28

Yao J, Wang C H. 2006. Granular size and shape effect on electrostatics in pneumatic conveying systems. Chemical Engineering Science, 61: 3858 ~ 3874

Yao J, Ge S H, Zhao Y L, Cong S, Wang C H, Li N. 2016a. Investigation of granule electrostatic charge generation with normal stress effect. Advanced Powder Technology, 27: 2094 ~ 2101

Yao J, Lim L K, Xie J W, Hua J S, Wang C H. 2008. Characterization of electrospraying process for polymeric particle fabrication. Journal of Aerosol Science, 39: 987 ~ 1002

Yao J, Wang C H, Lim E W C, Bridgwater J. 2006. Granular attrition in a rotary valve: attrition product size and shape. Chemical Engineering Science, 61: 3435 ~ 3451

Yao J, Wu J J, Zhao Y L, Lim E W C, Cao P G, Zhou F, Wang C H, Li N. 2014. Experimental investigations of granular shape effects on the generation of electrostatic charge. Particuology, 15: 82 ~ 89

Yao J, Zhang Y, Wang C H, Matsusaka S, Masuda H. 2004. Electrostatics of the granular flow in a pneumatic conveying system. Industrial & Engineering Chemistry Research, 43: 7181 ~ 7199

Yao J, Zhou F, Zhao Y L. 2016b. Charge generation and electrostatic equilibrium for single granules. Particuology, 29: 126 ~ 134

You L, Song X P. 2012. Quantitative relationships between surface roughness, hardness, elastic modulus and friction properties of titanium alloys. Rare Metal Materials and Engineering, 41: 294 ~ 297

Zou L, Tu Y, Meng Y P, Cheng H, Zhang K, Li R H, Liu T. 2014. Effects of interface pressure and surface roughness on the partial discharge between polyethylene and silicone rubber. Insulating Materials, 47: 94 ~ 102

附录　符号说明

变量命名	
e	基本电荷量（C）
k	常量
L_r	颗粒长径比
L	颗粒长度（mm）
m_p	颗粒质量（g）
q	静电电荷量（C）
q_d	荷质比密度［C/(g·mm^2)］
q_{de}	平衡荷质比密度［C/(g·mm^2)］
q_e	平衡电荷量（C）
q_m	荷质比（C/g）
q_l	荷质比与颗粒长径比之比（C/g）
q_r	荷质比密度与颗粒长径比之比［C/(g·mm^2)］
S	颗粒接触面面积（mm^2）
t	摩擦起电时间（s）
V_c	颗粒对金属的接触电位差（V）
W	颗粒宽度（mm）
希腊字母	
φ_M	金属的功函数
φ_P	颗粒的有效功函数
τ	特征时间
τ_g	电荷生成的时间常数
τ_r	电荷弛豫时间常数